中國茶書

【唐宋元】

鄭培凱 朱自振 主編

上海大学出版社
·上海·

再版序言：飲茶起源與茶道

鄭培凱

（一）

現代人喝茶，是日用的習慣，不會去想飲茶的起源。古人說，開門七件事，柴米油鹽醬醋茶。這個說法，在唐末五代就已流行，至今也超過一千年了，所以，大多數人認爲，中國人自古就有飲茶的習慣。然而，有人要打破砂鍋問到底："自古"是多古呢？兩千年前，三千年前，還是五千年前？孔子講學，口渴了，喝不喝茶？周朝打敗商朝，頒布禁酒令，是否考慮到老百姓可以喝茶？周文王遭到囚禁，幽居羑里演易，殫精竭慮，探索天地奧秘，一定有口乾舌燥的時候，是不是有茶可喝呢？歷史文獻無徵，我們不知道。

陸羽在《茶經》中說："茶之爲飲，發乎神農氏，聞於魯周公。齊有晏嬰，漢有揚雄、司馬相如，……皆飲焉。"告訴我們自古以來就有這麼多歷史人物飲茶，可以上溯到神農與周公。陸羽說飲茶始於神農，根據《神農食經》的説法："茶茗久服，令人有力，悦志。"他并不知道這部《神農食經》是漢代托名神農的著作，神農其實是漢朝人的神話傳説，不是確鑿的歷史事實。神農不是歷史人物，是上古傳説中的"文化英雄"，是古人創造文字之後，把農耕生活的始源歸諸神話人物的現象，就好像盤古開天地、女媧造人、夸父取火、后羿射日一樣。因此，説飲茶始於神農，只是姑妄言之、姑妄聽之的話頭，當不得真的。

人類飲茶的起源，從古代的記載中，只能找到神農的傳説神話，説他親嘗百草發現了茶，當然經不起驗證。真正可以肯定的文獻資料，明確人工栽種與廣泛飲用的出現，乃在上古的晚期，相當於戰國秦漢時期。西漢宣帝時王褒寫《僮約》，要求僮奴"牽犬販鵝，武陽買荼（茶）"，以及揚雄在《方言》中説"蜀西南人謂荼（茶）爲蔎"，算是比較可靠的文字資料。這種文獻資料的出現，晚到漢朝，當然不能作爲飲茶起源的上限，是研究物質文明史的專家很頭疼的問題。然而，研究上古的歷史，20 世紀以來，除了文獻之外，學者還會"上窮碧落下黄泉"，從考古發現中尋覓實物材料。尤其是到了 21 世紀，科技考古的研究方法相當精密，技術先進，發掘人類聚落的生活遺存，探知食衣住行的遺迹，就能運用科技實證的手段，在實驗室中發現炭化作物的類別屬性，確定出土材料是否暗藏着飲茶的痕迹。

在 1972 年的長沙馬王堆考古發掘中，出土了許多植物食品，而且都裝在竹編的箱籠中，配以木牌，標明作物的種類。當時有考古報導指出，其中有"檟一笥"的木牌明確展示了辛追夫人的陪葬品中有當作食品的茶。這讓研究茶史的朋友大爲興奮，因爲有了考古學的科學證據，指明茶飲在西漢初年已經在長沙一帶流行，進入了日常生活，而且出土墓室的年代下限十分準確，比提供文獻資料的王褒與揚雄時間要早。还有人指出，《漢書·地理志》記載了"荼陵"（今湖南茶陵）地名，可见茶的种植在西漢時就出現在长沙一帶，反映了茶樹栽植已經發展到荆楚一帶，逐漸移向長江中下游地區。可惜好景不長，有古文字學家指出，那個所謂"檟"字，認真辨識之後，是左邊木字旁，右上一個"古"，右下一個"月"，合起來是古文字的"柚"字，并不是"檟"字，認錯字了。負責展示馬王堆考古發現的湖南省博物館，在構築新館之時規劃了馬王堆常設大展，設置特別的展廳，就展出了出土的各種作物并配有標示木牌，清楚列明了"柚一笥"，與茶没有關係。這實在讓茶史專家大失所望，冀望考古發掘能够證實西漢飲茶的實物，結果不是茶，空歡喜了一場。

然而，考古發掘時常會在你希望破滅、感到山窮水盡的時候，柳暗花明又一村，出現意外之喜。2012 年中國考古十大新發現，其中之一是西藏阿里地區故如甲木寺遺址，在約四千五百米的高原上，發現了茶葉的遺存。遺址的年代屬於象雄時期，相當於東漢時代，距今已有一千八百年。這個考古發現的信息量很大，明確顯示，既然在阿里這樣的高寒地區是不可能種植茶葉的，所以這些出土的茶葉遺存，必定從青藏高原的東邊轉運而來，而原産地可能就是巴蜀一帶。

霍巍在《西藏大学学报（社会科学版）》2016 年第 1 期發表一篇《西藏西部考古新發現的茶葉与茶具》的文章，從考古發現的角度，揭示阿里地區漢晉時代的墓葬當中已經有茶和茶具的遺存。這一發現改變了人們的傳統認識與舊有知識，大體可以肯定是在相當於中原漢晉時代甚至更早時期，已經有一定規模和數量的茶葉進入西藏地區。這些茶葉傳入藏地最早的路綫與途徑，也很可能與後來唐蕃之間通過"茶馬貿易"將四川、雲南、貴州等漢藏邊地茶葉輸入藏地的傳統路綫有所不同，而是更多地利用了這一時期通過西域"絲綢之路"進而南下阿里地區，與漢地的絲綢等奢侈品一道，行銷到西藏西部地區。

茶葉作爲商貿産品，轉販到阿里，成爲藏族先民的飲品，結合王褒説的"武陽買荼（茶）"，可見兩千年前茶葉作爲經濟作物，販運的規模應該是相當可觀的。

考古發掘帶來的驚喜，還不止如此。陝西考古研究院的考古專家於 1998 年，在西漢景帝陽陵東側的外藏坑中發現一些樹葉狀的東西，2008 年底送到中國科學院檢測。經過中外專家的研究，發現這些葉子竟然是茶葉，而且是頂級品質的茶芽。漢景帝死於公元前 141 年，由此推斷，外藏坑中出土的茶葉距今至少二千一百五十多年了，應該是目前發現的最早的茶飲實物。這項研究結果，在中國科學院地質與地球物理研究所古生態學專家吕厚遠領銜下，於 2016 年發表在英國《自然》雜志下屬的 *Scientific Reports*（《科學報告》）上，確證西漢初年景帝時代飲茶已經是當時的生活習慣。

近來山東大學考古團隊發表《山東鄒城邾國故城西崗墓地一號戰國墓茶葉遺存分析》（《考古與文物》2021 年第 5 期），正式公布山東濟寧鄒城市邾國故城遺址西崗墓地一號戰國墓隨葬的原始瓷碗中出土的茶葉樣品爲煮（泡）過的茶葉殘渣，比漢景帝外藏坑發現的茶葉實物又提前了至少三百年，證實了顧炎武在《日知録》中的論斷，戰國時期已經有了飲茶習慣。

這些確切的考古材料可以作爲文獻資料的佐證,反映戰國秦漢時期茶飲已經相當普遍。既然西藏阿里地區都有輸入的茶葉,地處西北的漢代陵墓中出現頂級茶芽,而山東地區更有戰國時期飲茶實物的遺存,可想而知,在大量出産茶葉的南方地區,茶飲一定更爲普及。王褒《僮約》裏説的"武陽買荼(茶)",明顯透露出茶葉作爲商品的情況,四川是茶葉流轉的集散地。配合考古材料,與顧炎武在《日知録》中的推斷,茶葉由人工栽培成爲經濟作物,應當始源於中國西南,而以巴蜀爲中心。至於漢人飲茶的方式,漢代文獻無徵,大概還是比較原始的煮湯辦法,就如皮日休《茶中雜詠序》所説:"飲者必渾以烹之,與夫瀹蔬而啜者無異也。"也有可能加入鹽或薑同煮,作爲茶葉菜湯或藥湯飲用。

漢代種茶地區從巴蜀逐漸拓展到荆楚一帶,顯著擴大,到了三國時期,江南和浙江一帶都已經普遍種茶。飲茶的人也明顯增加,不再限於少數的統治階層,茶已變成江南士大夫日常待客之物了。三國魏張揖《廣雅》載:"荆巴間采茶作餅,葉老者餅成,以米膏出之。欲煮茗飲,先炙令赤色,搗末置瓷器中,以湯澆覆之,用蔥薑橘子芼之。其飲醒酒,令人不眠。"這條資料顯示,到了魏晉南北朝時期,除了生煮羹飲之外,還采用將茶制成茶餅并敷以米膏黏合的辦法以便保存。飲用之時,研磨成末,置放在瓷器之中,煮水澆覆烹煎,同時放入葱、薑、橘子之類來調味。可見飲茶的研末煎點方式,在魏晉南北朝時期已經流行,而加果加料的飲用法顯然考慮的是茶湯的味覺口感或養生藥用,與陸羽强調的純粹茶湯不同,顯示茶飲的"史前"階段并不提倡茶的本色,也不會倡導茶能有益於精神德性的特質。

近幾十年考古發現,有些與茶飲起源有關,有的可以厘清歷史文獻的記載,有的却利用未經學術確認的媒體信息,炒作文化噱頭,以達"文化搭臺,經濟唱戲"的商業目的,實不可取。1972年馬王堆大墓隨葬的"檟一笥"事件,就令研究飲茶歷史的學術界十分尷尬。不過,説西漢時期就有飲茶的考古資料,倒是另有證據,在漢景帝陽陵中發現的芽茶實物,證明西漢早期宫廷已經懂得選取茶芽,喝的是上等茶葉。配合王褒《僮約》的記載,可以推論,飲茶習慣漢代已經在民間流傳,上等茶貢入宫廷,民間也普及了茶飲。

我們必須認清，人類飲茶的歷史，與茶樹最古的源頭，是兩件不同的事：一是人類生活因飲茶發生變化的文明進程，屬於人類的歷史；另一則是古植物學的探源，屬於自然界生物演化的歷史，其起源與發展與人類生活及物質文明可以無關。有的人混淆了人類飲茶的歷史與古植物學的歷史，不知是無知還是有意，大肆宣傳古茶樹的起源地，好像發現了千萬年前古茶樹的痕迹，就證明了人類飲茶的源起。這種思維的越界跳躍，不但顯示邏輯思維的混亂，還顯示提倡思維混亂背後的動機，或許有不可告人的商業利益，以及地方政府爲了發展産業，不遺餘力地炒作造勢。

1980 年在貴州晴隆縣出土了一塊茶籽化石，經過中國科學院南京地質古生物研究所三十多年的研究，鑒定爲第三紀至第四紀産物，距今至少一百萬年。這下子，貴州省官員找到天大的商機，在 2009 年中國貴州茶葉博覽會開幕式上，省政協主席向世人宣告："世界之茶，源於中國；中國之茶，源於雲貴；貴州是茶葉的故鄉。"强調茶籽化石源於貴州，目的是什麼呢？我們看到的，不是肯定古生物學的科研成果，而是要興建一個"中國古茶籽化石博物館"，建設世界一流的 4A 級以上古茶園風景區（園區）。貴州政協秘書長特别指出："雲頭大山的古茶籽化石是大自然賜予普安晴隆人民的致富福音，要充分利用好發揮好這塊金字招牌，藉此開發和打造'雲頭古茶'世界級品牌，吸引商賈雲集，造福桑梓鄉親。"這哪裏是探索飲茶的歷史呢？

（二）

20 世紀以来，中国人聽到"茶道"二字，一般都推舉爲日本文化的産物，甚至有人明確指出："中國會喝茶，日本精茶道。"言下之意是，中國雖然喝茶的歷史悠久，却只是滿足口腹之欲的"吃""喝""飲"，没有上升到"道"的境界。而在日本，喝茶除了解渴、品味之外，還有晋升到精神超升領域的"茶道"，有嚴謹的儀式，有複雜的規矩，有冥想的沉思空間，有悟道的心靈感應。因此，在不少 20 世紀中國人的心目中，日本的茶道，日文所説的“茶之湯”(Chanoyu),有了華麗的轉身,成了真正的茶道,而日本茶人强调的“侘”(wabi),儼然就是飲茶的最高境界,是中國茶人難以企及的。甚至有中國學者以日本茶道的特點爲依據,聲稱中國没有茶道,只有茶文化,極言茶而有“道”是日本的文化專利。

這種説法表面上似乎有點道理,其實非常武斷而且片面,昧於茶飲歷史文化的演變不説,還有基本認識的偏差:一是昧於茶道認識論的意識形態偏差,忽視了茶道歷史的多元性格;二是昧於歷史上茶人的精神追求有不同的面向,有的注重文化道德修養,有的醉心審美提升,有的强調宗教超越的開悟;三是昧於東亞傳統文化結構如何定位“道”的意義,有儒家,有佛家,有道家,并非獨尊禪宗,以禪茶爲唯一依歸。

我們首先要問:什麽是道?什麽是茶之道?在普遍理論層次上,要給“茶道”一個恰當的定義,首先要確定飲茶成爲“道”的基本條件,應該是從物質性的喝茶提升到精神性的審美與修養,建立飲茶的規儀,出現精神領域的認知與追求。茶之道,是從飲茶的物質性提升到精神性,從形而下超越到形而上,如此,茶才有道。而不是采取一種獨斷排斥的態度,以日本茶道的踐行形式爲標準,拿日本茶道集大成的千利休作爲標尺,合乎日本標準(如千家茶)就是茶道,不合乎日本標準就不是茶道。這種以日本文化爲中心的意識形態化的劃分,十分荒謬,不但違背歷史文化的真相,而且顯示極端排斥“非我族類”文化的沙文心態。日本人這麽説,猶可目之爲狂妄的自戀;中國人跟着盲從,只好説是奴顔婢膝的媚日了。打個語言文字的比方,就好像説,20世紀以来英美占據世界文化霸權高地,所以英文最偉大,才配稱爲“語文”,其他各種語文都不是語文,只能算是人們進行文化交流的工具,這像話嗎?

日本戰國時代,相當於中國明代的中晚期,出現了以禪宗爲本的日本宗教儀式性茶道,延續至今成爲日本茶道的主流。到了十七八世紀的江户時代,才逐漸確定“茶禪一味”的概念與運作模式,以“侘”爲茶道的精髓。若説只有日本“茶禪一味”的茶道才是茶道,那麽問題就來了:第一,禪道是怎麽來的?第二,日本茶飲規矩的禪茶精神是哪裏來的?其實,都是中國唐宋以來禪宗寺院茶道的支裔,在十五六世紀之後配合日本文化特色,逐漸提煉出來的宗教開悟式的茶道。茶飲之道在日本沿襲禪宗寺院茶道有所提升精進,出現日本特色,當然是很好的發展,值得贊揚。可是,能够以偏概全,説只有日本的宗教儀式性"茶道"是茶道,其他歷史上發展的各種茶飲之道都不是茶道?只有日本有茶道,中國或韓國從來没有嗎?

許多人昧於日本茶道源自中國,更忽略了中國茶道發展有着的不同歷史階段及多元脉絡,而以近百年的特殊歷史節點作爲"放之四海而皆準"的評斷,只看近代歷史的盛衰,不顧歷史文化的源遠流長。没有長遠的歷史視野,只看近百年的世變,則中國的政治、經濟、社會、文化,在在都經歷了天翻地覆的變化,都殘破衰敗到了極點,兵燹四起,革命不斷,哀鴻遍野,民不聊生,飯都没得吃,還談什麽文化,什麽精神超升,什麽審美靈悟,什麽"茶道"!然而,這百年的窳敗,并不能抹殺中國一千多年來茶道發展的歷史,不能磨滅陸羽在唐代中葉寫了《茶經》,開啓了茶道的精神領域的追求,更不能忘記唐宋以來,有成億上萬的民衆與社會精英參與了不同層次的茶飲活動,融入生活經驗的美好體驗與精神追求。歷代的詩人墨客,如陸龜蒙、皮日休、歐陽修、梅堯臣、蔡襄、蘇軾、黄庭堅、宋徽宗、陸游、田藝蘅、馮開之、許次紓等,在文學領域展示了茶飲帶來的文化體悟與審美提升;一般民衆以茶飲爲日常生活所需,從中得到身體感官的愉悦,豐富了生命體驗的深度與廣度;寺院禪林的高僧大德,如百丈懷海、趙州從稔、圜悟克勤,一直到清初渡海傳道的隱元禪師,通過茶飲儀式,進行宗教開悟的啓示,讓人們的宗教情懷得以發抒與精進。這些都是我們不能忘却的文化奠基人,都是中國茶道歷史傳統贈與現代人的文化瑰寶。

東亞傳統文化的意識結構以儒釋道爲基礎,過去以經史子集來劃分知識體系,着重哲學思想與意識形態爲第一性的文化建構,視發揚個人主體意識的文學藝術爲次要,更貶低提升美感與愉悦的日常工藝與生活情趣。這種文化意識的展現,當然有其階級劃分的原因,背後是統治意識作祟,强化孟子所説"治人"與"治於人"的階級分化,順帶也就反映"君子"與"小人"的智能發展領域不同,生命意義出現不同體會。但是,無論社會階級地位的高低,所有人涉及身體感官的接受與認識,所謂“色聲香味觸法”以及“色受想行識”五蘊,都會産生個人主體的具體感受。茶飲從物質性上升到精神性,出現茶道,以及多元發展的過程,就有其超越階級的物質屬性,展現出歷史文化進程的集體記憶。

儒家强調社會秩序與人倫之道,從修身齊家到治國平天下,視經世濟民爲大道,茶飲與藝術審美爲“小道”,貶低生活情趣與癖好,把個人的生命意義捆綁於社會秩序的大我。佛家講究超越紅塵,看透生死,認識現世生命如鏡花水月,以茶飲的儀式與規範摒弃現世的干擾與誘惑,讓人在純净的時空節點,通過心靈的寧静與自省,得到開悟的契機。佛家有言,“如人飲水,冷暖自知”,説的是悟道的體會,是自我體悟的經驗。禪林茶道的基本精神與此相若,是通過茶飲的過程達到禪悟的境界,基本是宗教超升的追求,并不太在乎茶飲的色香味物質本性。道家則順應自然,在現世生活中發現與遵循大化的運行,茶飲帶來的心靈超升是個人對自我實存的肯定,也是天人交融的互動。飲茶品水,在道家追隨者心目中,是接近自然與體會自然的途徑,春芽瑩曄,山水清澈,有如錢起詩句所説:“竹下忘言對紫茶,全勝羽客對流霞。塵心洗盡興難盡,一樹蟬聲片影斜。”由此可以得到與自然和諧共處的契機。

以現代意識回顧過去,當然會感到儒釋道傳統有其封閉性,與現代人强調的個人主體性有所扞格。但是,我們也不能忘記人類在歷史迂迴的途徑上前進,總是希望生活得更幸福,更能接近美好理想的生活情境。茶飲之有道,不管過去的文化意識如何封閉,總能展現其多元性,可以雅俗共賞,在不同歷史階段、不同社會階層、不同族群或民衆之中,發展出各色各樣的茶飲形式,讓人們探尋稱心美好生活情境。中國俗語自唐宋以來就有“柴米油鹽醬醋茶”之説,點明了茶是生活所必需,讓生活豐實美滿;也有“琴棋書畫詩酒茶”之説,顯示茶是閑情逸致的風雅之必需,可以提升文化修養與藝術情趣,讓人翱翔於風清月白的精神境界。

説起茶道的創制,還得歸功於唐代的陸羽,因爲他對茶發生了與前人不同的濃厚興趣,把種茶、制茶、喝茶、茶具、品茶以及相關的人物事項,全都當成學問,作爲文化藝術來鑽研與投入,在 758 年左右寫了《茶經》一書，使得喝茶超越了只是爲解渴、解乏、提神這樣的實用功能，開拓了飲茶之道的精神領域與審美境界。他不但創制了二十四種茶具，還規定了飲茶的儀式，讓喝茶的人按部就班進入茶飲的天地，進入一種净化心靈的程序，由此得到毫不參雜任何功利的純粹歡愉。這種飲茶之道，真是"史無前例"，開闢了茶飲的新天地，不就是"茶道"的開始嗎？在一千三百年前，陸羽以畢生的追求與執着，爲人類文明的發展增添了一頁新篇，就是"喝茶有道"。

陸羽不但創制了茶道，規定了茶儀，講究場合，還告訴我們，"茶性儉，不宜廣"，"最宜精行儉德之人"，提倡 minimalism，講究簡約與德行，也可說是日本茶道"謹敬清寂"（村田珠光）、"和敬清寂"（千利休）觀念的濫觴。陸羽撰著《茶經》，在人類物質文明發展史上是一件頭等大事，因爲它肯定了茶飲生活的知識性地位，把日常生活中的"飲茶"作爲一門知識領域來探索。從茶飲歷史的整體發展來觀察，陸羽《茶經》的出現，不但總結了古代飲茶的經驗，歸納了茶事的特質，也奠定了茶道的規矩。通過陸羽《茶經》的影響，特别是後世茶人遵循陸羽設定的品茶脉絡，對飲茶之道進行審美的品評與探索，飲茶成了一門學問，成了體會生活品味提升的修養法門，開啓了茶道。因此，唐代以後的飲茶風尚與上古飲茶解渴的實用性質完全不同，涉及了精神文化層面。

中國茶飲的歷史，以陸羽代表的唐代飲茶作爲分水嶺，可以粗略劃分爲茶飲的"史前史"與茶飲的"歷史"，前者以茶的物質性功能爲着眼點，後者開始注意茶飲發展的精神領域。陸羽《茶經》的出現，總結了唐人飲茶的經驗與反思，開啓了飲茶有道的脉絡。之前的"草昧羹飲"，屬於解渴、解乏、藥用的實用性質；之後的茶飲有道，則聯繫文明的開創，思考茶飲的精神領域，提升文化修養與審美追求，以期陶冶性格，改變人的精神面貌。茶飲歷史的階段劃分，還可以把茶飲之道的後期細分成唐宋的"研末煎點"與明清以來的"芽葉衝泡"兩個時期，以闡明飲茶主流形式的演化。這樣的歷史劃分，雖然稍嫌簡略，却有提綱挈領之效，便於解釋不同階段的茶飲情况。本書以下的討論，就按照這種歷史分期，先論唐代以前飲茶的起源及成爲社會習俗的發展過程，再以專題方式探討唐代以後飲茶風尚的變化及品茗藝術在不同時代的側重。由於歷史資料豐富,涉及多類面向的物質文化與精神領域,還可以探討不同地域及不同社會階層的飲茶習俗的差异,展示茶道的多元化現象。其中會出現茶飲的精粗之分,茶道的雅俗之别,也顯示了文明進展的複雜多樣情況。

(三)

本書輯録校注從唐代陸羽《茶經》到 20 世紀初的歷代茶書,主要的目的是提供堅實的文獻資料,以供學者與茶人參考。歷代書寫茶書的作者,一般而言,可歸於精英階層的士大夫文人,因此茶書的書寫也反映了他們的文化意識與生活環境。茶書作者的關注與書寫策略,籠統言之,可分爲三大類:一是與茶飲相關的自然與歷史知識,可算是專門類别的農書,其中包括茶樹的植物學性質,茶樹種植與采摘、製茶技術、茶葉産地、飲茶的方法與器具、歷代飲茶的文獻記録,屬於飲茶的物質性客觀知識探索;二是品茶方式與感官享受的探究,在飲食生活範疇進行探索與品味,聯繫茶葉的物理性質與飲茶帶來的口感與生活愉悦,通過色香味的飲茶體驗提升個人審美情趣,屬於飲茶生命體驗性的主觀認知;三是通過品茶及其儀式的運作上升到精神世界的冥想及超越,精進道德修養與宗教意識領域的追求,使茶飲化作精神超越的道場,讓茶人從形而下的品茶進入形而上的悟道,從飲茶的物質層面飛躍到精神層面,這也是禪宗大德提倡的精神超升之道。

這三類飲茶關注與書寫策略,在不同時代各有其遵循的主流風尚,由此顯示了精英階層飲茶習俗的歷史變化。值得注意的是,文人書寫的茶書有兩個領域極少涉及,一是茶業規模與政府茶葉貿易政策,二是各地百姓飲茶習慣的差异。偶爾論及,着墨不多,也語焉未詳,可見文人著述茶書志不在此。古代茶書作者多從自己個人經驗出發,爲了品嘗極品茗茶的滋味,對各地出産的上等名茶充滿興趣,自唐代開始,就記載全國出産的精品茶葉,如蒙頂茶、顧渚茶之類,對大宗量産的茶業經濟及其流通情況論述不多,很少論及長江流域的量産茶葉,如蜀地茶、浮梁茶的年産量及物流運輸情況。唐宋以來，歷代政府管理茶業税收以及茶馬貿易政策，都是全國經濟的重要環節，在大多數茶書中也很少提及。中國幅員廣大，不同地域與社會階層的飲茶習慣有所差异，民衆飲茶的方式經常與文人主流風尚不同，有的是沿襲舊俗不變，如加果加料的習慣，陸羽《茶經》就批評："或用葱、薑、棗、橘皮、茱萸、薄荷之等，煮之百沸，或揚令滑，或煮去沫。斯溝渠間棄水耳，而習俗不已。"再如可以療飢充腹的擂茶，自宋朝以來就流行在茶肆與民間，許多地區沿襲千年不改，茶書中却記載不多。

歷代茶書論述最多的，是上層社會的主流飲茶風尚，也就是宋徽宗趙佶在《大觀茶論》中所説的"盛世之清尚"。唐朝中晚期講究煎茶的"沫餑"，到了宋代專注於擊拂拉花的點茶。甚至連茶器的形制與釉色都順應風尚而改變，影響了中國瓷器品鑒歷史的變化，在唐代講究的是越窑青瓷，如施肩吾在《蜀茗詞》所説："越碗初盛蜀茗新，薄煙輕處攪來勻。山僧問我將何比，欲道瓊漿卻畏嗔。"最上等可以進貢朝廷的珍品是"秘色瓷"，也就是陸龜蒙詩中形容的，"九秋風露越窯開，奪得千峰翠色來"。宋朝茶人爲了點茶拉花的精緻持久，以及顯示沫餑的青白色"粟粒乳花"，則專用建窯厚重的黑釉茶盞，最上等爲人珍藏的就是兔毫盞與油滴盞，即日本茶道以訛傳訛而盛稱的"天目碗"，現在成了文物收藏的精品，在國際拍賣場上動輒百萬元以至千萬元一隻。歷史的變化，使得唐宋飲茶風尚完全消失，在明代以後講究的是近代人熟悉的新鮮細嫩芽茶品飲，而以環太湖區的江南緑茶爲最，如蘇州的碧螺春與杭州的龍井。茶器精品的賞鑒，也轉爲細緻精巧的白瓷與青花，以及在白色瓷胎上發揮點綴作用的鬥彩與粉彩。

必須指出，所謂"書寫策略"，是我們研究古人茶書寫作的觀點，不是古代茶書作者有意識進行的書寫策略。由於并非有意爲之，更顯示了不同歷史階段的茶書作者的思維傾向與關注，反映了飲茶心理的真實情況。

本書的另一位主編朱自振先生，在二十年前與本人合作編輯此書，朝夕相處，前後達六年之久，協同其他五六位參與項目工作的同事，爲搜集資料及整理校注，竭慮殫精，不遺餘力。朱先生今年仙去，不及見到此書在内地再版，本人深感遺憾，謹奉上書香一瓣，以慰老友在天之靈。

（上海大學出版社即將再版2007年版的《中國歷代茶書匯編校注本》，并改名爲《中國茶書》，以饗國内讀者，特撰寫新序記盛。2021年11月12日初稿於香港烏溪沙，修訂於2021年11月29日）

再版編輯説明

一、2007 年,商務印書館(香港)有限公司出版了繁體橫排版《中國歷代茶書匯編校注本》(上下)。現上海大學出版社有限公司從商務印書館(香港)有限公司購買了該書版權,并公開再版該書。

二、本次再版仍采用繁體橫排形式,除適當調整開本大小和版式設計外,儘可能保留 2007 年版原貌,不做考訂校正工作。

三、本次再版將書名改爲《中國茶書》,原"上編 唐宋茶書"改爲《中國茶書・唐宋元》,原"中編 明代茶書"改爲《中國茶書・明》(上下),原"下編 清代茶書"改爲《中國茶書・清》(上下)。也就是將 2007 年版的"一種兩册"改爲"三種五册"。

四、本次再版保留 2007 年版序言、凡例、附録,放在每种的目録後面。

五、本次再版在字形運用上遵循以下原則:舊字形统一改爲新字形;古代文獻原文,以及人名、書名、地名、國號、年號等專有名詞,保留 2007 年版原貌;其他内容所用字形,以 2013 年 6 月 5 日國務院公布的《通用規範汉字表》上的規範字形为標準。

六、鄭培凱先生爲本次再版所寫的序言,與再版編輯説明一起排在目録前面。鄭培凱先生所寫再版序言,涉及古代文獻原文、專有名詞的内容,仍保留部分异体字,以便與其他再版内容在字形使用上相協調。

目　録

唐五代茶書

宋元茶書

茶書與中國飲茶文化(代序)

鄭培凱

(一)

在人類文明進程中,衣食住行是最基本的生活需求,也是物質文明發展的明確指標。吊詭的是,因爲最基本,是人人生活必需,也是須臾不離的日常所見,古代文獻就不去詳爲記述。如有詳細記載,總是與信仰、祭祀、社會等級之類的上層建築思維有關。《禮記・禮運》説:“夫禮之初,始諸飲食。”説的是禮制之肇始,與生活最基本的飲食相關。我們同時也可以反過來理解,飲食見諸上古文獻,詳爲形諸文字,還是靠禮儀規矩,成了生活秩序必須遵循的具體材料。同在《禮記・禮運》,還有這一句大家耳熟能詳的話:“飲食男女,人之大欲存焉。”説的是“大欲”,是人類最基本的欲求,照現代人的邏輯,應該是大書特書,仔細列明飲食的種類、材料獲取的方法、整治烹調之道、與健康養生的關係等,應當寫出類似當今流行的“飲食手册”“飲食譜”,以及“性愛手册”“性的歡愉”或“生育之道”之類。然而不然,古代文獻直接記載飲食男女,以之作爲人類物質生活主旨的書册不多,即使偶有著述,也完全不入古代知識人的法眼。

這種對待最基本物質文明的鄙薄態度,以之爲“小道”,以爲無關乎國計民生,貫穿了整個歷史傳統,中外皆然。翻檢《四庫全書總目》,就會發現,在“子部”先列了思想學派、農家、醫家、天文算法、術數、藝術之後,有“譜録”一類,“以收諸雜書之無可繫屬者”,“門目既繁,檢尋頗病於瑣碎”,即是收録了一些烏七八糟不入流的知識材料。再仔細看看,此類雜書有博古金石、文房四寶、錢幣、香譜,之下還有“附録”,即是在知識譜系上更低一等的“另册”。另册之中,才列了陸羽《茶經》、蔡襄《茶録》、黄儒《品茶要録》、熊蕃《宣和北苑貢茶録》、宋子安《東溪試茶録》、陸廷燦《續茶經》、張又新《煎茶水記》等茶書。在“譜録類存目”,也就是更不入法眼、只存目不收書的項下,列了一批次級的茶書:陸樹聲《茶寮記》、何彬然《茶約》、玉茗堂湯顯祖《别本茶經》、夏樹芳《茶董》、屠本畯《茗笈》、萬邦寧《茗史》、許次紓《茶疏》、劉源長《茶史》、徐獻忠《水品》、田藝蘅《煮泉小品》等。

由《四庫全書總目》的分類,可見得古代士大夫對茶書的態度,在知識譜系中列入無關宏旨的雜碎堆中。紀昀在“農家類”前叙就已明確説道:“茶事一類,與農家稍近,然龍團、鳳餅之製,銀匙玉碗之華,終非耕織者所事。今亦别入譜録類,明不以末先本也。”這裏特别批評了上層階級飲茶的奢華與精緻,與大多數農耕織作的老百姓無關,因此,不能歸入以農爲本業的“農家類”。這樣的批評表面上有道理,實際上却忽略了兩個事實:一、大多數茶書都記述種植、采造、儲存及飲用的方法,與人民生活日用有極大的關係;二、即使有些茶書對飲茶的講究達到奢華成癖的地步,如宋徽宗的《大觀茶論》,其講究的細緻過程也是一種品味藝術的發展與提升,是人類追求物質生活享受的經驗,不必扣上“以末先本”這樣的大帽子。

説到底,真正的關鍵在於,傳統中國士大夫在知識分類上,并不認爲民生日用最基本的“飲食男女”應該作爲人類文明知識的重要環節。飲食既爲小道,飲食的基本知識就不是古人認知體系中值得特别關注的項目。然而,文明日進,物質文明的發展却有實在的一面,不但能夠滿足上層階級的口腹之欲,還能提供涉及精神層次與藝術品位的享受。茶書在中國的出現,就反映了士大夫思維兩面性的矛盾:一方面貶低茶飲在歷史文化發展中的地位,然而又不能不承認“出門七件事:柴米油鹽醬醋茶”是生活必需,只是在内心深處不斷自我洗腦,複誦着生活必需爲小道,不能與詩書禮樂相提并論。另一方面却由於生活優裕,得以享受物質文明最精華的産品,喝到芬芳清爽的雀舌紫筍,甚至是靈巖仙崖所産的玉液瓊漿,便踵事增華,寫出一些令人欣羡的詩文,豐富了人類飲食品味的範域,更提升了人們在品味享受過程中的藝術體會。

陸羽《茶經》的出現,在人類物質文明發展史上是一件頭等大事,因爲它肯定了茶飲生活的知識性地位,把日常生活中的"飲茶"作爲一門知識領域來探索。從茶飲歷史的整體發展來觀察,陸羽《茶經》的出現,不但總結了古代飲茶的經驗,歸納了茶事的特質,也奠定了茶道的規矩。通過陸羽《茶經》的影響,特别是後世茶人遵循陸羽設定的品茶脉絡,對飲茶之道進行審美的品評與探索,飲茶成了一門學問,也成了體會生活品位提升的修養法門。因此,唐代以後的飲茶風尚,與上古飲茶解渴的實用性質完全不同,涉及了精神文化的層面。

要理解中國茶飲的歷史,以陸羽爲代表的唐代飲茶作爲分水嶺,分爲草昧羹飲的前期與精製品茗的後期,雖然稍嫌簡略,却是提綱挈領、明晰恰確的説法。以下的討論,就按照這個簡略的歷史分期,先論唐代以前飲茶的起源及成爲社會習俗的發展過程,再論唐代以後飲茶風尚的變化及品茗藝術在不同時代的側重。叙及元明清時期,由於歷史資料比較豐富,還可以探討不同地域及不同社會階層的飲茶習俗的差异。

(二)

談到上古時期的飲茶,第一個問題就是,飲茶起源於何時?

這不是容易回答的問題,因爲資料不足,不可能得到確實的答案。古代文獻記載飲茶,已是很晚的事,不能反映最初起源的情況。再如《茶經》中説的:"茶之爲飲,發乎神農氏。"則叙説的是傳説神話人物,完全不能確定其具體歷史時期。至於考古發掘的資料,目前累積的也不够多,還不能提供超乎古文獻資料的情況。

顧炎武在《日知録》中,根據古文獻提供的材料指出:"是知自秦人取蜀而後,始有茗飲之事。"也就是説,至少在戰國中期,今天四川一帶已經有飲茶的習俗。

茶飲首先出現在四川一帶,若配合植物分類學與考古發掘的研究,是十分合理的情況,同時也爲《茶經》一開頭説的"茶者,南方之嘉木也"作了最好的注脚。植物學家一般認爲,茶樹的原産地是在中國西南與印度東北地區,有人則推測最初的人工采植或栽培,可能發生在新石器時代末期的巴蜀地帶。

長沙馬王堆西漢墓的發掘,在一號墓及三號墓的隨葬品中,發現了"楕(檟)一笥"和"楕笥"的竹簡與木牌。楕是檟的古體,也即是茶的别名。《漢書・地理志》則記載"荼陵"(今湖南茶陵)地名,在西漢時就已出現,反映了茶樹栽植已經發展到荆楚一帶,逐漸移向長江中下游地區。

漢代的種茶地區雖已拓展到荆楚一帶,四川仍是主要的産區。王褒《僮約》裏説的"武都(陽)買荼",明顯透露出茶葉作爲商品的情況,是以四川爲集散中心的。至於漢人飲茶的方式,文獻無徵,大概還是比較原始的煮湯辦法,也有可能放進鹽或薑同煮,作爲藥湯飲用。

到了三國兩晉時期,種茶的地區顯著擴大,江南和浙江一帶都已經種茶。飲茶的人也明顯增加,不再限於少數的貴族之家,而變成江南士大夫日常待客之物了。根據《廣雅》所記:"荆巴間採茶作餅,葉老者,餅成以米膏出之。"則説明了壓榨茶葉成餅,以米膏作黏合劑的製茶法已經使用。飲用之時就需研磨茶屑,再以沸水沖泡或煎煮。

魏晉南北朝這一段期間,關於飲茶的資料,流傳到今天的很少。但文人在詩賦中逐漸提到飲茶的軼事,使我們知道,上層社會不但以茶待客,也用茶飲作爲祭祀的品類。北方民族雖然習慣上不飲茶,但北朝宫廷却備有茶葉招待南方來的使節與降臣。至於長江中下游,屬於南朝的地區,茶飲的習慣已經相當普遍,烹茶時用水擇器,也都開始講究起來。

大體而言,唐代以前,北方不太飲茶,南方則從四川,沿着長江,逐漸發展到荆楚吴越一帶。飲茶的方式,則大都如皮日休所説:"必渾而烹之,與瀹蔬而啜者無異。"是把茶葉放進水裏煮,喝的茶湯與喝蔬菜湯是同樣的處理方式,是比較原始粗糙的。

(三)

假如我們把先秦到唐代以前的飲茶歷史歸爲上古期,也可戲稱這段漫長的時期爲茶飲歷史的"史前史"。一方面是因爲史料不足,難以深究;

另一方面也由於這段期間的飲茶經驗,大體上還停留在"喝菜湯"式的實用階段,尚未進入精神境界提升的領域。

到了唐代,情況大爲改觀。茶葉種植區域的廣泛拓展,反映了飲茶風氣的興盛,不止是遍及大江南北,而是已經從華北關中地區擴展到塞外了。唐代政府開始正式建立茶政,徵收茶稅,乃至於成了中晚唐時期經濟貿易的重要一環。這種普遍飲茶的情況,更由於陸羽《茶經》一書的出現,總結了前人飲茶經驗的累積,羅列了相關的植茶、製茶、烹茶的知識,使得茶飲的内容大爲豐富,而出現了飲茶之道,開拓了茶飲生活的精神境界領域。

飲茶風氣在唐代中期大盛的現象,學者曾提出各種解釋。一説是當時經濟發達,交通暢便,促使茶業興起,貿易各地;一説是禪教大興,寺廟提倡飲茶,更由之普及到民間;一説是陸羽著《茶經》,綜述了飲茶知識,提高了茶飲的品位。其實,這些説法都對;但僅標舉其一,不及其餘,則未免偏頗其辭。飲茶風氣在唐代流行,絶對不是單一原因造成,而有着更深厚長期的經驗累積之背景,也就是茶飲的上古期間,人們逐漸由"喝菜湯"進入烹煎品飲的過程。在社會經濟的發展上,則由戰亂紛仍的魏晉南北朝進入安定繁榮的唐朝,使得茶飲經驗的累積得以飛躍,展現爲一代的文化風尚。從這種宏觀歷史文化發展的角度來看,禪教大興雖是唐代的特殊歷史現象,却能配合茶飲的發展與普及,反映出唐代追求精神超升的時代風氣,也賦予茶飲風習一種精神超越的性格。

唐代封演的《封氏聞見記》(約八世紀末)卷六,講的就是唐中葉飲茶風尚的普遍情況:

南人好飲之,北人初不多飲。開元中,泰山靈巖寺有降魔師,大興禪教。學禪,務於不寐,又不夕食,皆許其飲茶。人自懷挾,到處煮飲。從此轉相仿效,遂成風俗。自鄒、齊、滄、棣,漸至京邑城市,多開店舖,煎茶賣之,不問道俗,投錢取飲。其茶自江淮而來,舟車相繼,所在山積,色額甚多。楚人陸鴻漸爲茶論,説茶之功效,並煎茶炙茶之法。造茶具二十四事,以都統籠(應作籠統)貯之。遠近傾慕,好事者家藏一副……於是茶道大行,王公朝士無不飲者……古人亦飲茶耳,但不如今人溺之甚。窮日盡夜,殆成風俗。始自中地,流於塞外。往年回鶻入朝,大驅名馬,市茶而歸,亦足怪焉。

這段文獻資料,反映了許多重要的歷史情況,説明了茶飲風習,如何從簡單的"喝菜湯"轉變成繁複的社會經濟文化現象:

① 喝茶本來是南方人的習慣,北方人以前不太喝。

② 禪教大興,爲了提神不寐,飲茶成了寺院生活習慣,又轉而影響到民間。

③ 從華北到關中,到處都開了茶鋪,有錢就可以買到茶喝。

④ 茶葉多自江淮而來,成了貿易大宗。

⑤ 陸羽寫《茶經》,并提倡喝茶品味的方式,創新了飲茶的規矩,茶道大行。

⑥ 茶飲由中土流到塞外,産生了茶馬貿易。

唐代有許多文獻資料,都記載了當時茶葉種植精益求精的情況,有的地區以貴精的質量取勝,有的地區則强調數量的多産多銷。如李肇的《唐國史補》就説到當時名貴的茶葉精品:"劍南有蒙頂石花,或小方,或散芽,號爲第一。湖州有顧渚之紫筍。東川有神泉小團、昌明獸目……壽州有霍山之黄牙。蘄州有蘄門團黄,而浮梁之商貨不在焉。"同書還提到,名貴茶種的重視,不僅是中土的風尚,連西藏都受到影響。當唐朝使節到了西藏,蕃王贊普就向他展示各類名茶:"此壽州者,此舒州者,此顧渚者,此蘄門者,此昌明者,此灉湖者。"

這裏特别指出"浮梁之商貨不在焉",是很有趣的現象。因爲浮梁茶葉貿易在當時是商業大宗,但却是以量取勝的"商貨",不是蒙山、顧渚之類的精品;是給一般大衆的商品茶,而非宫廷貴族所享用的貢品茶。白居易《琵琶行》一詩中有句:"商人重利輕别離,前月浮梁買茶去。"其中説的滿腦子生意經的商人,經營的就是浮梁茶葉貿易。據《元和郡縣圖志》(813年成書),浮梁縣設置於武德五年(622),名新平,後廢,開元四年(716)再置,改名新昌,天寶元年(742)改名浮梁,"每歲出茶七百萬馱,税十五餘萬貫”。

由此可以看出,唐代的茶葉種植與飲茶風尚,已經循着兩條相輔相成的脉絡,有了長足的發展:一方面是作爲商品經濟的貨品茶,普及到了廣大民衆,確立了茶業的社會經濟基礎。《舊唐書》卷一七三載李珏上疏説:“茶爲食物,無異米鹽,於人所資,遠近同俗。既祛竭乏,難捨斯須,田閭之間,嗜好尤切。”浮梁一類的商品茶,就是提供給一般百姓日用,不可一日所無的。另一方面則出現了茶中的珍品及飲茶的品賞藝術,這當然僅限於少數上層階級,也是文人雅士提高生活情趣所進行的非實用活動。陸羽《茶經》的撰著,便爲這種品茗的休閑藝術活動提供了最寶貴的文獻資源,也從此建立了品茶藝術的傳統。封演所説的“茶道大行”,主要還是指這一方面。

(四)

陸羽的《茶經》成書在公元 758 年前後,是飲茶史上第一部有系統的著作,全書七千多字,總結了古代有關茶事的知識,并對飲茶的方法提出了品評鑒别之道。書分三卷十節,分門别類,展現了他的茶學知識。

上卷共三節,分爲一之源,談茶的性質、名稱與形狀;二之具,羅列采造的工具;三之造,説明種植與采製的方法,并及辨識精粗之道。

中卷只有一節,四之器,詳列了烹茶飲茶的器具,從風爐一直講到都籃。這節篇幅甚多,表面上是一一列舉烹煮的器具,實質上則是制定了飲茶的規矩及品賞鑒别的審美標準。《封氏聞見記》特别指出陸羽“造茶具二十四事,以都籠統貯之”,説的就是飲茶規矩的建立。所謂“茶道大行,王公朝士無不飲者”,也就顯示了陸羽創制的茶道儀式,在上層社會已經成爲禮節,人人遵守了。因此,《茶經》花費如此篇幅,詳列茶具及其使用之法,便不僅是單純技術性地叙述器具用途,而是通過器具的規劃,建構了飲茶的特殊氛圍,規定使用器具的儀式,提供心靈超升的場域。也可以説,陸羽是創建茶道的祖師;一切後世茶道的根本精神,莫不源自陸羽所設立的茶飲禮儀。

且舉陸羽對“碗”的説明來看：

> 碗，越州上，鼎州次，婺州次；岳州次（明鄭熜校本作“上”），壽州、洪州次。或者以邢州處越州上，殊爲不然。若邢瓷類銀，越瓷類玉，邢不如越一也；若邢瓷類雪，則越瓷類冰，邢不如越二也；邢瓷白而茶色丹，越瓷青而茶色緑，邢不如越三也……越州瓷、岳瓷皆青，青則益茶。茶作白紅之色。邢州瓷白，茶色紅；壽州瓷黄，茶色紫。洪州瓷褐，茶色黑；悉不宜茶。

這一段叙述茶碗的擇用，分别不同瓷類的等第，不是以瓷器本身的質地爲選擇的標準。而是着眼於瓷器的質感與色調，如何配合茶湯所呈現的色度，讓飲茶者得到色澤美感。嚴格來説，茶碗的色澤與茶葉的品質是不相干的，然而，飲茶作爲美感體會的藝術，茶碗的形制與色調，配合盛出的茶湯色度，就使人在特定的空間氛圍中得到相應的感受，從而産生心靈的迴響。因此，陸羽以青瓷系統的越州瓷高於白瓷系統的邢州瓷，是有茶道整體藝術感受作爲品評標準的。

以青瓷系統的越州窑碗爲品賞茶道的上品，也與唐代茶葉珍品所出的茶湯相關，因爲唐代所尚的烹茶方式是碾末烹煮，湯呈“白紅”（即是淡紅）之色，盛在色澤沉穩的青瓷茶碗中，相映而成高雅之趣。邢州瓷雖然潔白瑩亮，就未免稍嫌輕浮了。歷史文獻中盛稱的皇室專用“秘色瓷”，因1987年陝西扶風法門寺地宫出土了唐僖宗的供奉茶具，讓我們清楚看到，其中的五瓣葵口圈足秘色瓷碗，就是質樸大方、色澤沉穩的青瓷茶碗，也就是陸羽標爲上品的茶具。

法門寺地宫出土了一整套茶具，可以作爲《茶經》叙述茶具的實物證據，其中包括了金銀絲結條籠子、鎏金鏤空鴻雁球路紋銀籠子、鎏金銀龜盒、摩羯紋蕾紐三足鹽台、鎏金人物畫銀罎子、鎏金伎樂紋調達子、壺門高圈足座銀風爐、繫鏈銀火筯、鎏金飛鴻紋銀匙、鎏金壺門座茶碾子、鎏金仙人駕鶴紋壺門座茶羅子、素面淡黄色琉璃茶盞及茶托等等，美不勝收。由這些實物證據，可以看到《茶經》撰述一個世紀之後，唐代皇室飲茶的器具是多麼講究與奢侈，同時也可以推想，其禮儀必然毫不輕忽，或許還有繁文縟節之傾向。

《茶經》下卷共六節: 五之煮,論炙茶、用水、煮茶之法;六之飲,講飲茶的精粗之道;七之事,列述古代飲茶的記載;八之出,列舉全國各地的茶產;九之略,説田野之間飲茶,繁複的茶具可以省略;十之圖,則主張圖繪《茶經》所言諸事。

相對於卷中而言,《茶經》卷下六節,論列的事體紛雜,頭緒繁多,難免顯得材料叙述不清。從飲茶歷史發展的角度來看,《茶經》卷下則有幾項重要的提示:

(一) 擇水的重要。陸羽指出:“山水上,江水中,井水下。”對山水也做了清楚的分别,是要“揀乳泉、石池慢流者上”,不要瀑涌湍漱的水,也不要山谷中積浸不洩的水。江水則取離人遠者,井水則取汲多者。這也就是後世飲茶不斷强調的“活水”觀念。

(二) 火候的重要。陸羽特别指出煮水烹茶,要注意辨别湯水沸騰的情况,要控制沸水的勢頭。再進一步就是控制火勢與温度,如温庭筠在《採茶録》引李約的解説:“茶須緩火炙、活火煎。活火謂炭之有焰者,當使湯無妄沸,庶可養茶。”這裏提出的是“活火”的觀念。後來蘇東坡在《汲江煎茶》一詩中,就連合以上兩個重要的烹茶守則,寫出了“活水還須活水煎”的名句。

(三) 本色的重要。茶有其真香,加料加味都非必要,然而世上的習俗却不肯改易,使陸羽憤慨説出:“或用葱、薑、棗、橘皮、茱萸、薄荷之等,煮之百沸,或揚令滑,或煮去沫,斯溝渠間棄水耳。”這個“茶有真香”的觀念,到了宋代的蔡襄,則提得更爲明確;宋徽宗趙佶在《大觀茶論》中,也明白指出“茶有真香,非龍麝可擬”。但歷代飲茶習俗,加果加香的傳統延綿不絶,造成飲茶史上雅俗并進的有趣現象。

(四) 儉約的重要。陸羽説“茶性儉,不宜廣”,是要人不可牛飲,同時要從體會茶味精華之中,了解藝術的高雅提升,不是以量取勝。《紅樓夢》第四十一回《賈寶玉品茶櫳翠庵》中,寫妙玉在櫳翠庵親手泡茶待客,俏皮地説:“一杯是品,二杯即是解渴的蠢物,三杯便是驢飲了。”就很能生動解説陸羽關於飲茶“最宜精行儉德之人”的看法。

陸羽在飲茶之道上的重大影響,唐代時就傳説得神乎其神,以至在民間奉若茶神。張又新的《煎茶水記》(成書於公元825年前後)就述説了一個陸羽飲茶辨水的故事:李季卿任湖州刺史時,道經揚州,剛好遇到了陸羽,高興萬分。不禁向陸羽説,你精於茶道,天下聞名,現在又剛好在揚州,鄰近天下名泉揚子江心南零水(即中泠泉水),真是千載難逢的好機會。便派了一個可靠的軍士,駕舟執瓶,到揚子江心去取南零水。陸羽則安排好茶具,準備烹茶。不一會兒,水取到了,陸羽用杓揚起水來,説:"是揚子江水没錯,却非南零水,好像是靠近岸邊的水。"派去的軍士説:"我駕舟深入江心,看到我取水的人至少上百,怎麼會騙你呢?"陸羽便不再言語。既而把水倒進盆裏,倒了一半,突然停了下來,又拿杓去揚水,然後説:"從這裏開始是南零水了。"軍士大駭,仆伏在地請罪,説:"我取了南零水之後,在靠岸之時,船身摇蕩,灑掉了一半,因怕不够,就在岸邊取水補足。您能鑒别入微,簡直就是神仙,我不敢再騙你了。"李季卿及在場的賓客隨從數十人,都大駭嘆服。

這個故事到了後來,又改頭换面,變成宋朝王安石與蘇東坡的一段過節。故事説王安石晚年退居南京,患有痰火之症,惟有用瞿塘峽的中峽水烹煮陽羨茶,才能治療。有一次他拜托蘇東坡經過三峽時在瞿塘中峽取水,誰知蘇東坡在船上觀望景色,把此事忘了,到了下峽才想起,急忙取了一瓮下峽水,以爲同是三峽水,没有甚麽差别。王安石得了遠方來水之後,煮茶品味,馬上就告訴東坡,這不是瞿塘中峽水,東坡大驚失色,忙問是如何辨别的。王安石便説,瞿塘上峽水流急,下峽水流緩,唯有中峽緩急各半。以瞿塘水烹陽羨茶,上峽水太濃,下峽水味淡,中峽水則在濃淡之間,可以治痰火之疾。

這兩則杜撰的故事,雖然違反基本的物理常識,却顯示飲茶辨水的技藝,從陸羽以來,已經誇大成神話式的品賞藝術,給後人在提升飲茶藝術的心靈境界方面,展開了無限的想象空間。

(五)

唐代飲茶蔚爲風尚之時,宫廷自然會要求最高的享受,品嘗最好的茶葉,因此有顧渚貢焙的興起。唐人品茶,有所謂“蒙頂第一,顧渚第二”之説,那麼,爲甚麼上貢給宫廷的是第二等的茶葉呢?其實,四川的蒙頂茶也上貢的,但一來數量不够多,二來蜀道難行,趕不上宫廷每年舉辦的清明宴,因此才有今天宜興一帶顧渚貢焙之建,專供宫廷使用,民間不許買賣。每年春天采製顧渚茶,役工達到三萬人之多,多日方能完成,急急忙忙趕送京城,供王公貴族清明佳節享用。

唐代皇室享用貢焙,獨占茶中極品的情況,經過五代十國,一直到宋朝都延續不停。其中主要的變化,則是貢焙地區,由太湖附近的顧渚,逐漸移到了武夷山區建安的北苑。

宋代上貢茶葉的極品,捨三吴地區的顧渚,轉爲福建山區的建安北苑,有内在與外在兩個原因。建茶的内在質地優良,其香甘醇厚超過顧渚茶。宋徽宗《大觀茶論》就明確指出:“夫茶以味爲上,甘香重滑,爲味之全。惟北苑、壑源之品兼之。”在唐代時期,福建的茶業尚未興起,故不爲人所知。到了五代時期,閩國已設置建州貢茶,到了閩爲南唐所滅,南唐宫廷就捨弃了陽羡(顧渚)而代之以建州茶。宋朝立國之後,一開始還恢復了唐代的制度,以顧渚紫笋茶入貢,但在十幾年後就轉到福建建安,“始置龍焙,造龍鳳茶”。

外在的原因則是,五代北宋期間氣候産生巨大變化,明顯由暖轉寒。宋代的常年氣温,一度較唐代要低兩三攝氏度。種植在較北太湖地區的茶樹,即使没有凍死,也推遲萌發,不可能在清明以前如數上貢。宋子安《東溪試茶録》的“採茶”一節説:“建溪茶,比他郡最先,北苑、壑源者尤早。歲多暖,則先驚蟄十日即芽;歲多寒,則後驚蟄五日始發……民間常以驚蟄爲候。諸焙後北苑者半月,去遠則益晚。”《大觀茶論》也説:“茶工作於驚蟄,尤以得天時爲急。”建安北苑的茶,在驚蟄前後就可以采製,離清明還有一整個月,當然可以保證如期運到京師汴京(開封)。歐陽修《嘗新茶呈聖俞詩》就生動描寫了這情況:

> 建安三千里,京師三月嘗新茶。人情好先務取勝,百物貴早相矜誇。年窮臘盡春欲動,蟄雷未起驅龍蛇。夜聞擊鼓滿山谷,千人助叫

> 聲喊呀。萬木寒癡睡不醒,唯有此樹先萌芽。乃知此爲最靈物,宜其獨得天地華。終朝採摘不盈掬,通犀銙小圓復窊。鄙哉穀雨槍與旗,多不足貴如刈麻。建安太守急寄我,香蒻包裹封題斜。泉甘器潔天色好,坐中揀擇客亦嘉。新香嫩色如始造,不似來遠從天涯。停匙側盞試水路,拭目向空看乳花。可憐俗夫把金錠,猛火炙背如蝦蟆。由來真物有真賞,坐逢詩老頻咨嗟。須臾共起索酒飲,何異奏雅終淫哇。

梅堯臣(聖俞)的和詩,有這麼一段:

> 近年建安所出勝,天下貴賤求呀呀。東溪北苑供御餘,王家葉家長白芽。造成小餅若帶銙,鬥浮鬥色傾夷華。味甘迴甘竟日在,不比苦硬令舌窊。此等莫與北俗道,只解白土和脂麻。歐陽翰林最別識,品第高下無欹斜。晴明開軒碾雪末,衆客共嘗皆稱嘉。建安太守置書角,青蒻色封來海涯。清明纔過已到此,正是洛陽人寄花。兔毛紫盞自相稱,青泉不必求蝦蟇。石缾煎湯銀梗打,粟粒鋪面人驚嗟。詩腸久饑不禁力,一啜入腹鳴咿哇。

這兩首詩除了提到建茶精品在清明前後就已抵達京師開封,還説到宋代飲茶方式的講究,比之唐代有過之而無不及。

宋代上層社會飲茶的習慣,特别是在宫廷之中,基本沿襲唐代。貢焙精製的茶葉研製成餅團,烹茶之時用碾磨成粉末,或煎煮或衝泡。據《宣和北苑貢茶録》所載,北苑貢焙,先只造龍鳳團茶,後來又造石乳、的乳、白乳。再來又有蔡襄監造的小龍團,以及後來的密雲龍、瑞雲祥龍等名色,精益求精,越來越細緻。再到後來還有三色細芽、試新銙、貢新銙、龍團勝雪等花樣,層出不窮。歐陽修詩中"通犀銙小圓復窊"及梅堯臣詩句"造成小餅若帶銙",都是形容這種精製的小團茶,可以用來品賞的。

宋代品茶,有所謂"點茶""鬥茶"之名目。關於"點茶"之法,蔡襄有明確的解説:"茶少湯多,則雲腳散;湯少茶多,則粥面聚。鈔茶一錢匕,先注湯調令極勻,又添注入,環迴擊拂,湯上盞可四分則止。視其面色鮮白,着盞無水痕爲絶佳。"講的是茶葉與湯水要用得恰當,否則點泡出來的茶湯沫餑不勻。點泡之時,要先將茶末調勻,添加沸水,還迴擊拂,才會出現鮮白色的沫餑。泡沫浮起,貼近茶盞時,要没有水痕才是絶佳的點泡。蔡襄還説,"鬥茶"就是點泡的技術:"建安鬥試,以水痕先者爲負,耐久者爲勝。故較勝負之説,曰相去一水兩水。"好像鬥茶勝負的計算之法,跟下棋輸一子兩子一樣,可以清楚地比較。

由唐到宋,調製茶湯的最大變化是,唐代烹茶把碾細的茶葉投入沸湯之中,再澆水入湯,控制沫餑的浮起;宋代則以沸水點泡已經調好在茶盞裏的茶膏,然後迴旋擊拂,打起沫餑,好像浮起一層白蠟一樣。關於擊拂的茶具,蔡襄《茶録》説用"茶匙":"茶匙要重,擊拂有力,黄金爲上。人間以銀鐵爲之。竹者輕,建茶不取。"茶匙而用黄金,當然是只有宫廷才用得起,一般用銀就是極爲講究的了。歐陽修詩句"停匙側盞試水路,拭目向空看乳花",及梅堯臣的"石缾煎湯銀梗打,粟粒鋪面人驚嗟",正是形容用銀匙擊拂茶湯,泛起如粟粒乳花一般的沫餑,是典型的宋代飲茶方式。

比蔡襄《茶録》早半個多世紀,宋初陶穀的《荈茗録》(成書於公元963—970年之間),曾提到有人烹茶運匙之妙,可以在調製茶湯時點出圖畫、物象,甚至詩句。如記"生成盞":

> 饌茶而幻出物象於湯面者,茶匠通神之藝也。沙門福全生於金鄉,長於茶海,能注湯幻茶,成一句詩,並點四甌,共一絶句,泛乎湯表。小小物類,唾手辦耳。檀越日造門求觀湯戲,全自詠曰:生成盞裏水丹青,巧盡工夫學不成。却笑當時陸鴻漸,煎茶贏得好名聲。

還記有"茶百戲":

> 茶至唐始盛。近世有下湯運匕,别施妙訣,使湯紋水脈成物象者,禽獸蟲魚花草之屬,纖巧如畫。但須臾即就散滅。此茶之變也,時人謂之茶百戲。

可見宋朝初年還出現點茶繪圖的花樣,茶匙居然是用作畫筆的。

蔡襄所記用重匙打出沫餑,到後來就用新的茶具"筅"來運作。筅是竹製的攪打茶器,形狀頗似西洋的打蛋器,但細密得多。《大觀茶論》指出,茶筅要用筯竹老而堅者,器身要厚重,器端要有疏勁。體幹要堅壯,而末端要鋭細,像劍脊一樣。因爲幹身厚重,就容易掌握,易於運用。筅端有疏勁,操作如劍脊,則擊拂稍過,也不會産生不必要的浮沫。

使用竹筅點茶,擊拂出沫餑,造就一碗至善至美的茶湯,《大觀茶論》有極其詳盡的説明,也可説是宋代飲茶藝術的極致了。宋徽宗指出,點茶的方式有多種,但基本上都是先把茶膏調開,再注以湯水。點茶方式不對的,有一種叫“静面點”:

手重筅輕,無粟文蟹眼者,謂之静面點。蓋擊拂無力,茶不發立。水乳未浹,又復增湯,色澤不盡,英華淪散,茶無立作矣。

另一種不恰當的點法叫“一發點”:

有隨湯擊拂,手筅俱重,立文泛泛,謂之一發點。蓋用湯已故,指腕不圓,粥面未凝,茶力已盡。雲霧雖泛,水脚易生。

真正會點茶的,應該是:

妙於此者,量茶受湯,調如融膠。環注盞畔,勿使侵茶。勢不欲猛,先須攪動茶膏,漸如擊拂,手輕筅重,指遶腕旋,上下透徹,如酵蘖之起麵,疏星皎月,燦然而生,則茶面根本立矣。

然後再繼續注湯:

第二湯自茶面注之,周回一線,急注急上,茶面不動,擊拂既力,色澤漸開,珠璣磊落。三湯多寡如前,擊拂漸貴輕匀,周環旋復,表裏洞徹,粟文蟹眼,泛結雜起,茶之色十已得其六七。四湯尚嗇,筅欲轉稍寬而勿速,其清真華彩,既已焕然,輕雲漸生。五湯乃可稍縱,筅欲輕盈而透達,如發立未盡,則擊以作之。發立已過,則拂以斂之,結浚靄,結凝雪,茶色盡矣。六湯以觀立作,乳點勃然,則以筅著居,緩遶拂動而已。七湯以分輕清重濁,相稀稠得中,可欲則止。乳霧洶湧,溢盞而起,周回凝旋不動,謂之咬盞,宜均其輕清浮合者飲之。

由於崇尚這種擊拂起沫的飲茶方式,茶碗的選用也就與唐代崇尚青瓷不同,而轉爲標舉建安的黑瓷。蔡襄《茶録》論"茶盞"就説:"茶色白,宜黑盞,建安所造者,紺黑,紋如兔毫,其坯微厚,熁之久熱難冷,最爲要用。出他處者,或薄,或色紫,皆不及也。其青白盞,鬥試家自不用。"這是説明茶湯沫餑呈白色,需要黑盞來相映。點茶費時頗久,就需要茶碗厚實,可以保温。過去視爲上品的青瓷、白瓷,完全不適用了。

《大觀茶論》更就使用竹筅擊拂這一點,申説了建窑茶盞的優越性:

> 盞色貴青黑,玉毫條達者爲上,取其焕發茶采色也。底必差深而微寬,底深則茶直立,易於取乳;寬則運筅旋徹,不礙擊拂。然須度茶之多少,用盞之小大。盞高茶少,則掩蔽茶色;茶多盞小,則受湯不盡。盞惟熱,則茶發立耐久。

梅堯臣詩中所説的"兔毛紫盞自相稱",在品茶大家蔡襄及宋徽宗的眼裏,大概只是勉强可用而已,因爲最好的兔毛盞應該是青黑色的。

(六)

宋代品茶的藝術,經蔡襄到宋徽宗,已經臻於登峰造極之境,其細緻講究真是無可比擬。然而,這種把茶葉極品製成團餅,再碾成細末,在茶盞中擊拂出沫餑的飲茶法,固然有其"微危精一"、引人入勝之處,却也難免雕鑿太過,鑽入了藝術品賞"取其一點,不及其餘"的牛角尖。

正當唐宋宫廷與上層社會飲用團餅茶,并日益發展出精緻的點泡法之時,民間的飲茶習慣亦有大發展,而且是沿着通俗的、下里巴人的脉絡廣爲流傳。特别是由宋入元期間,通俗的茶飲方式,主要有兩個傾向:一是在茶中加果加料;二是飲用散茶。

上引梅堯臣的詩中有句"此等莫與北俗道,只解白土和脂麻",是説點茶的精妙跟北方俗人是講不清的,因爲北方人只懂得使用白瓷茶碗,飲茶時還放芝麻。這是自以爲陽春白雪的詩人看不起通俗的品味,貶斥喝茶加果加料,混攪了茶的真香。

茶中加果加料,是自古以來的俗習。陸羽已經指出,茶中加料,就跟喝“溝渠間棄水”一樣。蔡襄也指出,有人在製造上貢團茶時,加入龍腦香,在烹點之時,又“雜珍果香草”,都是不對的。然而,説者自説,用者自用。如陶穀《荈茗録》中就有“漏影春”的點茶法,其中就用荔肉、松實、鴨脚之類。蘇轍在寫給蘇東坡的一首和詩裏,也提到北方人飲茶習慣俚俗,與閩地發展出的精緻品賞法不同:“君不見,閩中茶品天下高,傾身事茶不知勞。又不見,北方俚人茗飲無不有,鹽酪椒薑誇滿口。”

這種北方俚俗的喝茶法,其實不限於遼金統治的北方;南方市井通衢一般人喝茶,也經常如此。吴自牧《夢粱録》説宋代都市中茶館業興隆,在南宋臨安(今杭州)的茶館裏,不但賣各種奇茶异湯,到冬天還賣“七寶擂茶”。

關於奇茶异湯,南宋趙希鵠的《調燮類編》説各種茶品,可以用花拌茶,“木樨、茉莉、玫瑰、薔薇、蘭蕙、橘花、梔子、木香、梅花,皆可作茶”。比較脱俗的,有“蓮花茶”:

> 於日未出時,將半含蓮撥開,放細茶一撮,納滿蕊中。以麻皮略縶,令其經宿。次早摘花,傾出茶葉,用建紙包茶焙乾。再如前法,又將茶葉入别蕊中。如此者數次,取其焙乾收用,不勝香美。

蓮花茶的製作,雖然費工費時,頗耗心血,但在追求高雅脱俗之時,却違背了“茶有真香”的道理。

至於“七寶擂茶”,明初朱權的《臞仙神隱》書中記有“擂茶”一條:是將芽茶用湯水浸軟,同炒熟的芝麻一起擂細。加入川椒末、鹽、酥油餅,再擂匀。假如太乾,就加添茶湯。假如没有油餅,就斟酌代之以乾麵。入鍋煎熟,再隨意加上栗子片、松子仁、胡桃仁之類。明代日用類書《多能鄙事》也有同樣的記載。可見一般老百姓喝茶,雖然得不到建茶極品,倒是有不少花樣翻新。

若再看看元代忽思慧的《飲膳正要》(成書於1330年),更可看到各種花樣的茶。如枸杞茶,是用茶末與枸杞末,入酥油調匀;玉磨茶,是用上等紫笋茶,拌和蘇門炒米,匀入玉磨内磨成;酥簽茶,是攪入酥油,用沸水點泡。這一類的喝茶法,經歷唐宋元明,特别是在契丹、女真、蒙古所統治過的北方地區,一直流傳下來。讀一讀《金瓶梅詞話》,就可發現,加料潑滷的飲茶法,到了明代中晚期,仍是北方大衆的日常茶飲方式。

由宋入元,另一種通俗飲茶方式的發展,則是散茶冲泡的逐漸普遍。散茶的製作方法,有蒸青,有炒青,都是唐代就有的工藝,也是民間日常飲用。然而,散茶的製作與烹煎方式雖然比團餅簡便,唐宋上層社會的品茶方式却偏要采用壓製團餅、碾末篩羅、擊拂起沫的程序,才達到他們心目中的陽春白雪境界。南宋以後,點茶的風尚逐漸式微,散茶的生産愈來愈多,民間講究品賞的也愈來愈以散茶爲着眼了。《王禎農書》(1313 年成書)所記農事,主要是宋末元初之情況,就説"茶之用有三,曰茗茶,曰末茶,曰蠟茶"。茗茶即指茶芽散裝者,南方已經普遍使用;末茶指細碾點試的茶,"南方雖産茶,而識此法者甚少";蠟茶指上貢的茶,"民間罕見之"。可見宋末元初,普遍飲茶的南方已經是以散茶爲主了。

依照傳統的説法,唐宋製茶都以團餅壓模爲主,到元代仍是如此,直到明太祖朱元璋下詔改革,"罷造龍團,一照各處,採芽以進",才變成製散茶爲主的局面。這個説法十分偏頗,與歷代發展的真相不符,因爲説的只是貢茶的情況,是以宫廷崇尚的茶種及其飲用情况作爲普遍的歷史現象,完全忽視了廣大民間飲茶方式的轉變。

中國傳統製茶工藝出現伊始,當是從摘采嫩葉羹煮,發現可以曬乾保存,再出現了蒸青、炒青的技術,然後才有壓製團餅的工序。因此,在唐宋元宫廷貢茶崇尚團餅末茶之時,民間使用散茶的傳統并不可能斷絶,只是不爲人所推崇,文獻的記載很少而已。從南宋到元朝,正當上層社會注意力全放在建茶團餅的製造與上貢之時,散茶已經逐漸先在江浙皖南,然後在全國範圍内蓬勃發展,占了生産的主導地位。也就是説,到了元明之際,全國的普遍飲茶方式已經是散裝的茗茶了。明朝建都南京,一開始仍然承襲元制,還是進貢建寧的大小龍團,但不久便改貢芽茶,從此廢止了團餅茶,顯然是"隨俗"的表現,是順應飲茶風氣的潮流,而非創造新式的飲茶方法。

(七)

明太祖廢團餅茶,以芽茶入貢,雖然只是因勢利導,却對芽茶製作工藝的精進,產生了很大的刺激作用。同時,也因廢止建寧一帶的團餅貢茶,對福建茶業產生了很大影響,迫使福建茶業轉型,由本來的皇家壟斷包辦,轉而要考慮商品市場的行銷。由於明代新興蓬勃的茶飲風尚,講究芽茶的清香空靈,福建武夷系茶葉却質地偏濃郁甘醇,一輕揚,一厚重,就使得福建茶葉必須發展出一條新的品茶途徑。這也就是明清時期福建發展出紅茶和烏龍茶的歷史背景。

明代茶葉製作工藝的重大發展,是在炒青與烘焙方面,依照各地茶產的特性,掌握炒青的火候,研製出各種有特色的名茶。萬曆年間的羅廩著《茶解》,其中說到"唐宋間,研膏蠟面,京挺龍團。或至把握纖微,直錢數十萬,亦珍重哉。而碾造愈工,茶性愈失,矧雜以香物乎?曾不若今人止精於炒焙,不損本真"。即指唐宋貢茶,到了後來細工雕琢,一小把茶葉就價值數十萬錢。然而碾造工藝太過,茶之本性與真香反而受損,甚至還摻入香物,就不如明代製茶,精於炒焙,可以保持茶的本色真香。

《茶解》對采茶、製茶的要訣,有很詳細的指示,可說是古代製造炒青茗茶最有系統的説明。采茶之法:

> 雨中採摘,則茶不香。須晴晝採,當時焙;遲則色、味、香俱減矣。故穀雨前後,最怕陰雨。陰雨寧不採。久雨初霽,亦須隔一兩日方可。不然,必不香美。採必期於穀雨者,以太早則氣未足,稍遲則氣散。入夏,則氣暴而味苦澀矣。採茶入簞,不宜見風日,恐耗其真液,亦不得置漆器及瓷器内。

至於製作時的炒青工序,則解説得更是清楚:

> 炒茶,鐺宜熱;焙,鐺宜溫。凡炒,止可一握,候鐺微炙手,置茶鐺中,札札有聲,急手炒匀;出之箕上,薄攤用扇搧冷,略加揉挼。再略炒,入文火鐺焙乾,色如翡翠。若出鐺不扇,不免變色。茶葉新鮮,膏液具足,初用武火急炒,以發其香。然火亦不宜太烈,最忌炒製半乾,不於鐺中焙燥而厚罨籠内,慢火烘炙。

此外還解釋了茶炒熟後必須揉挼的原因,是爲了讓茶葉中的脂膏可以溶液方便,在沖泡時可以把香味發散出來。至於炒茶用的鐵鐺,最好是熟用光净的,炒時就滑脱。新鐺不好,因爲鐵氣暴烈,茶易焦黑;年久生銹的老鐺也不能用。書中還指出,炒茶要用手操作,不僅匀適,還能掌握適當的温度。茶中摻有茶梗,也有説明,認爲"梗苦澀而黄,且帶草氣。去其梗,則味自清澈"。但若"及時急採急焙,即連梗亦不甚爲害。大都頭茶可連梗,入夏便須擇去"。

明中葉以後,各地名茶大有發展。特别是因爲江南商品經濟的迅速發展,使得長江中下游及沿着大運河一帶的地區都跟着富庶起來,人們的生活也講求精緻的享受與品位。茶飲的品賞就在士大夫的生活藝術追求中占了重要的一席,與製茶工藝的新發展相輔相成,展開了晚明士大夫的高雅品茗藝術。

高濂的《遵生八箋》中,品評當時的名茶,就説到蘇州的虎丘茶及天池茶,都是不可多得的妙品。至於杭州的龍井茶更是遠超天池茶,其關鍵在茶葉質地好,又要炒法精妙。龍井茶一出名,以假亂真的現象就出現了:"山中僅有一二家炒法甚精,近有山僧焙者亦妙,但出龍井者方妙。而龍井之山不過十數畝,外此有茶,似皆不及。附近假充猶之可也。至於北山西溪,俱充龍井,即杭人識龍井茶味者亦少,以亂真多耳。"

萬曆年間住在西子湖畔,精於生活品位與藝術鑒賞的馮夢禎,對當時茶品中最著名的羅岕、龍井、虎丘、天池等種,也有所評騭,但指出世間真贋相雜,實在難辨。他舉自己有一次到老龍井去買茶的經驗爲例:

> 昨同徐茂吴至老龍井買茶。山民十數家各出茶,茂吴以次點試,皆以爲贋。曰,買者甘香而不洌,稍洌便爲諸山贋品。得一二兩以爲真物,試之,果甘香若蘭,而山人及寺僧反以茂吴爲非。吾亦不能置辨,僞物亂真如此。
>
> 茂吴品茶,以虎丘爲第一。常用銀一兩餘,購其斤許。寺僧以茂吴精鑑,不敢相欺。他人所得,雖厚價亦贋物也。子晉云,本山茶葉微帶黑,不甚清翠,點之色白如玉,而作寒荳香,宋人呼爲白雪茶,稍緑便爲天池物。天池茶中雜數莖虎丘,則香味迥别。虎丘其茶中王

種耶？岕茶精者，庶幾妃后。天池龍井，便爲臣種。餘則民種矣。

這裏提到幾個現象，可以看到明代中葉以後品茗藝術與商品市場經濟發展的關係，與中古的唐宋時期大不相同了。唐宋以迄元代，最精美的貢品茶葉，完全由官府設監製作，嚴禁流入民間，根本不可能出現真贋相雜的情況。明代中葉以後，茶葉精品却是待價而沽，争奇鬥妍，同時也出現真僞難辨的現象。馮夢禎説他與徐茂吴到龍井去試茶，在辨識真贋之時，他自己這個品茶名家已經力不從心，需要仰仗徐茂吴的功力了。由此可以推知，到了最精微的品評辨識階段，譬如是真龍井還是附近山區所産的冒名茶品，一般人是無法辨别真贋的。

馮夢禎所記，是把虎丘列爲第一，羅岕可以作爲后妃來相匹配，天池、龍井則爲次等，其餘的茶就等而下之了。這個説法，袁宏道（中郎）是大體贊同的，不過又把羅岕的地位提高了一級：

龍井泉既甘澄，石復秀潤。流淙從石澗中出，泠泠可愛，入僧房爽峒可棲。余嘗與石簣、道元、子公汲泉烹茶於此。石簣因問，龍井茶與天池孰佳？余謂，龍井亦佳，但茶少則水氣不盡，茶多則澀味盡出。天池殊不爾。大約龍井頭茶雖香，尚作草氣。天池作荳氣。虎邱作花氣。唯岕非花非木，稍類金石氣，又若無氣，所以可貴。岕茶葉粗大，真者每斤至二十餘錢。余覓之數年，僅得數兩許。近日徽有送松蘿茶者，味在龍井之上，天池之下。

袁中郎品第名茶，是羅岕第一，天池第二，松蘿第三，龍井第四，虎邱則與天池在伯仲間。

品第茶的等級，主觀成分很大，見仁見智，意見時常不同。李日華在《紫桃軒雜綴》（成書於1620年）中説到"羅山廟後岕"，就在推崇之中稍有保留："精者亦芬芳，亦回甘。但嫌稍濃，乏雲露清空之韻。以兄虎邱則有餘，以父龍井則不足。"在《六硯齋筆記》中，則對虎邱茶作了一些批評，認爲虎丘"有芳無色"，而芬芳馥郁之氣又不如蘭香，止與新剥荳花一類。聞起來不怎麽香，喝入口又太淡，實在不太高明。因此，這種"有小芳而乏深味"的茶，其實是比不上松蘿、龍井的。

文震亨在稍後的《長物志》、陳繼儒在《農圃六書》、張岱在《陶庵夢憶》中,都提到羅岕茶爲茶中珍品,看來是明末清初士大夫品茶的共識。看看晚明的茶書,專論羅岕茶的就有好幾本,如熊名遇的《羅岕茶記》(1608年前後)、周高起的《洞山岕茶系》(1640年前後)、馮可賓的《岕茶箋》(1642年前後)及冒襄的《岕茶彙鈔》(1683年前後)。羅岕茶與明末清初其他高檔茶最不同處,是製作法不同,爲當時名茶中唯一的蒸青茶,不用炒青法。再者,岕茶葉大梗多,外形並不纖巧。馮夢禎《快雪堂漫録》就説過一個李于鱗鬧的笑話。李于鱗是北方人,任浙江按察副史時,有人以岕茶最精者送禮。過了不久才知道,他已經賞給傭人皂役了,因爲看到岕茶葉大多梗,以爲是下等的粗茶,也就打賞給下等的粗人去喝了。

許次紓《茶疏》(1597年成書),盛贊羅岕茶,説"其韻致清遠,滋味甘香,清肺除煩,足稱仙品",并對岕茶葉大梗多的情況,作了一番説明:

> 岕之茶不炒,甑中蒸熟,然後烘焙。緣其摘遲,枝葉微老,炒亦不能使軟,徒枯碎耳。亦有一種極細炒岕,乃採之他山,炒焙以欺好奇者。彼中甚愛惜茶,決不忍乘嫩摘採,以傷樹本。

可見羅岕茶不能早采,所以葉大梗多,并不細巧。《羅岕茶記》説岕茶産在高山上,沐櫛風露清虛之氣。其實,茶生長在高冷之處,抽芽就慢,不可能在早春就采,要過了立夏才開園。因此,别處的茶以"雨前"(穀雨以前)爲佳,甚至有"明前"(清明以前)的佳品,羅岕茶却要等到立夏以後。也因此,"吴中所貴,梗觕葉厚,有簫箬之氣"。《洞山岕茶系》也説:"岕茶採焙,定以立夏後三日,陰雨又需之。世人妄云:雨前真岕,抑亦未知茶事矣。"由此可知,陽曆五月之前,是不可能有羅岕茶的,所謂"雨前真岕"當然是贋品,是騙不了懂茶事的人的。

(八)

明代茶葉精品的出現,既與經濟生活的富庶相關,也就出現了相對應的品賞情趣之提高。明中葉以後品茗藝術的發展,一方面是恢復了唐宋品茗賞器的樂趣,對茶飲的程序與器物的潔雅再三致意,另一方面却更着重性靈境界的質樸天真,追求品茶過程心靈超升的修養,以期融入天然和諧的天人合一之境,不但得到個人心理的祥和平安,也在哲理與藝術的探索上得到智性的滿足。相對而言,唐宋品茶比較重視儀式,通過繁瑣的程序,講究的器具,得到一種心理的秩序與平衡,是通過禮儀感受茶道的精神。明代的茶道則比較重視天機,減少了繁瑣的儀式與道具,順應品茗者的心性與興趣,在藝術創造的樂趣中,追求人生美好時光的體會。

我們若舉日本茶道與明清發展出來的中國茶道相比,當更能了解,唐宋品茶之道與明清是有差异的。日本茶道的成長,基本上沿襲中國唐宋茶道的儀式,到了17世紀經千利休的改進發展,强調"和敬清寂"爲其精髓,有着濃重的儀式性、典禮性,同時也呈現了禪教影響的出世清修精神。可以説日本茶道是唐宋茶道儀式的延伸,而在精神上突出了"寂",也就是對出世清修的宗教嚮往。明清茶道則不同,在品茶的儀式及茶具的形製上,都因茶葉質地的變化,而産生相應的更動,甚至弃而不用。也就是在追求茶道本質之時,永遠没忘記品茶的基本物質基礎,一是茶葉的味質與香氣,二是品嘗者的味覺與嗅覺。因此,相應的茶道精神是突出"趣",冀期在品茗的樂趣中,對人格清高有所培養與提升,着眼點仍是人間入世的修養,宗教性不强。從歷史發展的角度來看,唐宋茶道的儀式,日本可説一成不變地學去,保留了形式,抽换了内容,根本不講求飲茶的樂趣,只强調茶飲的"苦口師"作用,成了禪修的法門。明清茶道,則繼續了唐宋點茶與鬥茶的樂趣,在儀式上却出現了根本的變化,再也不用竹筅擊打出白蠟一般的沫餑了。

明人發展出來的飲茶之"趣",在當時的茶書及散文小品,甚至日記書札中,都時常提及。這裏只舉許次紓《茶疏》爲例。其中説到茶的烹點:

> 未曾汲水,先備茶具,必潔必燥,開口以待。蓋或仰放,或置瓷盂,勿竟覆之,案上漆氣、食氣,皆能敗茶。先握茶手中,俟湯既入壺,隨手投茶湯,以蓋覆定。三呼吸時,次滿傾盂内。重投壺内,用以動盪香韻,兼色不沉滯。更三呼吸,頃以定其浮薄,然後瀉以供客,則乳

嫩清滑,馥郁鼻端。病可令起,疲可令爽,吟壇發其逸思,談席滌其玄矜。

這裏講求茶具的安排與置放,以及品茗的過程,考慮的不是儀式的重要,而是味覺與嗅覺的享受與快感,通過五官感覺的舒適,産生吟詩玄談的精神提升。

飲茶的場合,許次紓還做了細節的羅列,舉出喝茶的適當時光:心手閒適。披詠疲倦。意緒棼亂。聽歌聞曲。歌罷曲終。杜門避事。鼓琴看畫。夜深共語。明窗凈几。洞房阿閣。賓主款狎。佳客小姬。訪友初歸。風日晴和。輕陰微雨。小橋畫舫。茂林脩竹。課花責鳥。荷亭避暑。小院焚香。酒闌人散。兒輩齋館。清幽寺觀。名泉怪石。

也列舉了不適合喝茶的場合:

作字。觀劇。發書柬。大雨雪。長筵大席。繙閱卷帙。人事忙迫。及與上宜飲時相反事。

喝茶時不宜用的:

惡水。敝器。銅匙。銅銚。木桶。柴薪。麩炭。粗童。惡婢。不潔巾帨。各色果實香藥。

飲茶的場所不宜靠近:

陰室。廚房。市喧。小兒啼。野性人。童奴相鬨。酷熱齋舍。

飲茶還不適合人多,三兩個人還好,五六個人就要點燃兩個爐子,再多就不行了。至於以壺衝泡,用江南出産的茗茶,兩巡正好,三巡就有點乏了:

一壺之茶,只堪再巡。初巡鮮美,再則甘醇,三巡意欲盡矣。余嘗與馮開之(馮夢禎)戲論茶候,以初巡爲婷婷嫋嫋十三餘,再巡爲碧玉破瓜年,三巡以來緑葉成蔭矣。開之大以爲然。所以茶注欲小,小則再巡已終。寧使餘芬剩馥尚留葉中,猶堪飯後供啜嗽之用,未遂葉之可也。若巨器屢巡,滿中瀉飲,待停少温,或求濃苦,何異農匠作勞,但需涓滴,何論品賞,何知風味乎。

馮可賓的《岕茶箋》也簡略地羅列宜茶的場合與禁忌,可與許次紓的事例相對照。宜茶的場合:“無事。佳客。幽坐。吟詠。揮翰。徜徉。睡起。宿酲。清供。精舍。會心。賞鑒。文僮。”禁忌:“不如法。惡具。主客不韻。冠裳苛禮。葷肴雜陳。忙冗。壁間案頭多惡趣。”

可以看出,明代文人雅士在茶飲過程中講求的情趣,都與日常生活的情調有關,希望得到的是閑適的心情、明朗的感覺、親切的氛圍、清静的環境與澄澈的觀照。這是一種清風朗月式的情趣,很像儒家傳統形容人品的高潔,有着人世間活生生的脉動,而非宗教性的清寂。

由於明代文人雅士講究葉茶衝泡,并特别强調茶葉的本色真香,以追求茶飲的清靈之境,自然就會反對在泡茶時摻加珍果香草。但是明代的大衆飲茶方式,特别是江南以外的地區,却承襲了加果加料的習俗未改,甚至變本加厲,在茶裏加入各種佐料。許多强調茶有真香,嚴忌加果加料的茶書,也經常做出妥協,列舉了各種用花果熏茶與點茶的方法。如朱權的《茶譜》就反對“雜以諸香,失其自然之性,奪其真味”,但又提供了“熏香茶法”:

> 百花有香者皆可。當花盛開時,以紙糊竹籠兩隔,上層置茶,下層置花。宜密封固,經宿開换舊花;如此數日,其茶自有香味可愛。有不用花,用龍腦熏者亦可。

再如錢椿年編、顧元慶删定的《茶譜》(成書於 1541 年),記有點茶三要,其中“擇果”一條,讀來就似前後矛盾:

> 茶有真香,有佳味,有正色。烹點之際,不宜以珍果香草雜之。奪其香者,松子、柑橙、杏仁、蓮心、木香、梅花、茉莉、薔薇、木樨之類是也。奪其味者,牛乳、番桃、荔枝、圓眼、水梨、枇杷之類是也。奪其色者,柿餅、膠棗、火桃、楊梅、橙橘之類者是也。凡飲佳茶,去果方覺清絶,雜之則無辨矣。若必曰所宜,核桃、榛子、瓜仁、棗仁、菱米、欖仁、栗子、雞頭、銀杏、出藥、筍乾、芝麻、莒窩、萵苣、芹菜之類精製,或可用也。

這裏説的"或可用"的果品,香味與色調雖然不及前列幾種那麽濃烈,但仍會攪亂茶的真香本色。文震亨《長物志》中也提到,假如要在茶中置果,"亦僅可用榛、松、新筍、雞豆、蓮實不奪香味者,他如柑、橙、茉莉、木樨之類,斷不可用"。總之是妥協從俗的辦法。

然而,也有些自命雅士的,喜愛在茶中添料,甚至還别出心裁,創造風雅的加料茶。如元代的倪瓚,就發明"清泉白石茶"。據顧元慶《雲林遺事》:

> 元鎮(倪瓚)素好飲茶。在惠山中,用核桃松子肉和真粉,成小塊如石狀,置茶中,名曰清泉白石茶。有趙行恕者,宋宗室也,慕元鎮清致,訪之。坐定,童子供茶。行恕連啖如常。元鎮艴然曰,吾以子爲王孫,故出此品,乃略不知風味,真俗物也。自是交絶。

倪瓚自以爲所創的清泉白石茶是極爲高雅的花樣,没想到宗室貴胄却不懂得欣賞,因此斥爲庸俗,大怒絶交。但是倪瓚自命清雅無比的創舉,羅廪却在《茶解》中視爲可笑:"茶内投以果核及鹽、椒、薑、橙等物,皆茶厄也……至倪雲林點茶用糖,則尤爲可笑。"

到了清代乾隆皇帝,也是自以爲清雅,特製"三清茶":"以梅花、佛手、松子瀹茶,有詩紀之。茶宴日,即賜此茶,茶碗亦摹御製詩於人。宴畢,諸臣懷之以歸。"(見《西清筆記》)茶碗摹上乾隆那一手學趙孟頫却又畫虎不成的字,抄的又是似通非通的御製詩,再喝碗内不倫不類的三清茶,在當時作官也實在高雅不起來。

至於民間的加果加料茶,在浙江就有"果子茶""高茶""原汁茶"等名目。18世紀茹敦和的《越言釋》就記有這種俚俗:

> 此極是殺風景事,然里俗以此爲恭敬,斷不可少。嶺南人往往用糖梅,吾越則好用紅薑片子。他如蓮菂榛仁,無所不可。其後雜用果色,盈杯溢盞,略以甌茶注之,謂之果子茶,以失點茶之舊矣。漸至盛筵貴客,累果高至尺餘,又復雕鸞刻鳳,綴緑攢紅,以爲之飾。一茶之值,乃至數金,謂之高茶,可觀而不可食。雖名爲茶,實與茶風馬牛。又有從而反之者,聚諸乾撩爛煮之,和以糖蜜,謂之原汁茶。可以食

> 矣,食竟則摩腹而起。蓋療饑之上藥,非止渴之本謀,其於茶亦了無干涉也。他若蓮子茶、龍眼茶,種種諸名色,相沿成故。而種種年餻餐餅餌,皆名之爲茶食,尤爲可笑。

殺風景固然是殺風景,但也可以看到一般老百姓喝茶的習俗,與文人雅士提倡的風尚,有相當的距離。

(九)

從明清之際到近代,中國茶飲的傳統開始没落。一方面是種茶飲茶的工藝没有太大的發展,另一方面則是由於民生經濟的凋敝,晚明發展起來的品茗雅趣,到了清代中期,就逐漸走了下坡。

明清茶事值得一提的,還有兩件。第一是茶碗的變化,不但由大變小,也由崇尚厚重青黑的建窑,轉而崇尚青花白瓷,最後又出現了宜興紫砂茶具傲視群倫的現象。第二則是福建製茶工藝的變化,出現了武夷工夫茶一系的水仙和烏龍茶,同時也種植製做遠銷外洋的紅茶。

這兩種發展,都出現在明代後期到清代中葉之間,其後則是中國茶業與茶藝的没落期。特别是在清朝末葉,19 世紀 90 年代之後,茶業一蹶不振,與中國近代的動蕩戰亂相應。進入 20 世紀以後,戰事與革命頻仍,品茗的藝術當然無從發展,而且逐漸爲國人遺忘了。以至於現代人提到"茶道",直接的反應居然是日本的茶道,好像那是日本的"國粹",與中國文化無關似的。

然而,明清飲茶的風尚雅趣,雖然在近代没有得到提升,却在幾個世紀的潛移默化之中,使得大多數中國老百姓,遵循了明清雅士所提倡的"茶有真香"的質樸本色飲茶講究,喝茶以葉茶衝泡爲主,既不加香,也不加果,全成了晚明雅士眼中的陽春白雪派了。

或許有人會説這是歷史的反諷,現代人根本不清楚茶飲歷史的情況,竟然糊裏糊塗成了高雅的陽春白雪派。可是,反過來看,也可説茶飲歷史的發展,有其自身客觀的發展脉絡,中國飲茶方式的演變正是循着這個脉絡自然生成的。古人説,茶有真香、有本色、有正味,現代人的葉茶衝泡方式,正符合最質樸的品味之道。

從這個角度來看,日本茶道發展的前途堪虞,因爲其着眼點已經不是"茶之道",而是從唐宋茶道禮儀形式,發展出來的"茶以外之道",可以説與茶本身無關。而20世紀80年代以來我國臺灣地區發展的茶藝,特别是以烏龍茶爲主,倒是在注重茶葉本身的色、香、味之時,逐漸提煉出一套新的品茶程序與儀式,有利於茶道的進一步演變。

回顧中國茶飲的歷史,可以發現長遠的文化進程,提供了許多歷史經驗與前人努力創造的文化資源。有的可以汲取使用,有的可供反省思考,有的則是前人的覆轍,值得作爲警惕之用的。品茗藝術的創新,應當是建築在歷史反思的基礎上,才能事半功倍,有所飛躍。

(十)

本書是中國歷代茶書匯編,可稱得上是現存所見茶書總匯中收録最豐富的編著。相較明代喻政的《茶書》,本書不計清代所録,多出五十六種。又與近出的《中國古代茶葉全書》比對,本書所收唐至清代的茶書,實際多出三十九種(詳見"主要茶書總匯收録對照表")。另外,本書於不同書志中搜得六十五種逸書遺目以作附録,并撰寫簡短的介紹,較《中國古代茶葉全書》的"存目茶書"多十四種。本書在編著時,除選定較佳版本外,還重新予以標點,并附以簡明題記、注釋和校記。全書更以繁體字排印,目的是提供一本既有學術價值、又方便實用的茶書總匯,一方面使學者在查考茶飲歷史文化時,有所依據,不至於墜入錯綜紛繁的史料糾纏;另一方面則對茶人與愛好茶飲的廣大讀者,提供一本既可靠又方便實用的茶文化讀本。

這樣兼顧學術與實用的編輯方針并不容易執行,實踐起來是一種"由繁入簡""深入淺出"的過程。首先,我們要搜集所有的茶書版本,相互比對校勘,還要遍訪各大圖書館所藏的善本,以免滄海遺珠。然後,參考前人的研究成果,整理出頭緒,詳加校注,并删除大量抄襲段落與重複的篇章。最後,綜覽歷代茶書資料,删繁化簡,減少校注紛繁混亂的情況,以免校注本身就連篇累牘,令讀者望而却步。

整理本書的過程,并非一帆風順。搜集茶書必須親赴各大圖書館,費盡唇舌才得窺珍藏的茶書善本,却往往是失望者居多。如山東省圖書館藏有《茶書十三種》,查閱之後才發現,不過是十三種茶書湊合在一起,都是我們早已熟知的版本。再如北京故宫博物院圖書館藏有明代朱祐檳編的《茶譜》,秘藏稀見,爲海内孤本。我們前後安排了三次校閱,詳爲抄録,却發現書中所輯,只不過是常見茶書二十多種,并無特别珍稀的資料。類似的情況很多,反映了過去茶書版本紊亂,刊印者以其爲實用書册,隨意删削并合,甚至作爲謀利圖書售賣,删動情況更爲嚴重。我們若對這種任意删改的情況一一標明,當作异文出校,本書的校讎部分恐怕要增加十倍不止。因此,我們采取删繁化簡法,凡是抄自前人著作,并無增勝之處,而任意删動更改者,一律删除,不再出校。

主要茶書總匯收録對照表

本　　書:《中國歷代茶書匯編校注本》
喻　　政:明代喻政《茶書》〔見布目潮渢編:《中國茶書全集》(東京:汲古書院,1987 年)〕
阮浩耕等:《中國古代茶葉全書》(點校注釋本)(杭州:浙江攝影出版社,1999 年)

	本書	喻政	阮浩耕	備　注
唐五代				
陸羽《茶經》	✓	✓	✓	
張又新《煎茶水記》	✓	✓	✓	
蘇廙《十六湯品》	✓	✓	✓	
王敷《茶酒論》	✓			
輯　佚				
陸羽《顧渚山記》	✓		存目	

續　表

	本書	喻政	阮浩耕	備　　注
陸羽《水品》	✓			
裴汶《茶述》	✓		✓	
温庭筠《採茶録》	✓		✓	
毛文錫《茶譜》	✓		✓	
小計	9 種	3 種	7 種	
宋　元				
陶穀《茗荈録》	✓	✓	✓	
葉清臣《述煮茶泉品》	✓	✓	✓	
歐陽修《大明水記》	✓	✓		
蔡襄《茶録》	✓	✓	✓	
宋子安《東溪試茶録》	✓	✓	✓	
黄儒《品茶要録》	✓	✓	✓	
沈括《本朝茶法》	✓		✓	
唐庚《鬥茶記》	✓		✓	
趙佶《大觀茶論》	✓	✓	✓	
曾慥《茶録》	✓			
熊蕃《宣和北苑貢茶録》	✓	✓	✓	
趙汝礪《北苑别録》	✓	✓	✓	
魏了翁《邛州先茶記》	✓			
審安老人《茶具圖贊》	✓	✓	✓	
楊維楨《煮茶夢記》	✓		✓	
輯　佚				
丁謂《北苑茶録》	✓		✓	
周絳《補茶經》	✓		✓	
劉异《北苑拾遺》	✓		✓	
沈括《茶論》	✓			輯自陸廷燦《續茶經》
范逵《龍焙美成茶録》	✓			輯自熊蕃《宣和北苑貢茶録》及陸廷燦《續茶經》

續　表

	本書	喻政	阮浩耕	備　注
謝宗《論茶》	√			
曾伉《茶苑總録》	√		存目	
桑莊《茹芝續茶譜》	√		√	
羅大經《建茶論》	√		存目	
佚名《北苑雜述》	√			
小計	**25 種**	**10 種**	**16 種**	
明　代				
朱權《茶譜》	√		√	
顧元慶　錢椿年《茶譜》	√	√	√	
真清《水辨》	√		√	
真清《茶經外集》	√		√	
田藝蘅《煮泉小品》	√	√	√	
徐獻忠《水品》	√	√	√	
陸樹聲《茶寮記》	√	√	√	
孫大綬《茶經外集》	√			
孫大綬《茶譜外集》	√		√	
徐渭《煎茶七類》	√		存目	
屠隆《茶箋》	√	√	√	
高濂《茶箋》	√			
陳師《茶考》	√		√	
張源《茶録》	√	√	√	
胡文焕《茶集》	√		存目	
蔡復一《茶事詠》		√		
張謙德《茶經》	√		√	
許次紓《茶疏》	√	√	√	
陳繼儒《茶話》	√	√	√	
高元濬《茶乘》	√		存目	

續　表

	本書	喻政	阮浩耕	備　注
程用賓《茶録》	✓		✓	
馮時可《茶録》	✓		✓	
熊明遇《羅岕茶記》	✓		✓	
羅廩《茶解》	✓	✓	✓	
徐𤊹《蔡端明别紀・茶癖》	✓	✓	✓	
屠本畯《茗笈》	✓	✓	✓	
夏樹芳《茶董》	✓		✓	
陳繼儒《茶董補》	✓		✓	
龍膺《蒙史》	✓	✓	✓	
徐𤊹《茗譚》	✓	✓	✓	
喻政《茶集》	✓	✓	✓	
喻政《茶書》	✓		✓	
聞龍《茶箋》	✓		✓	
顧起元《茶略》	✓			
黄龍德《茶説》	✓		✓	
程百二《品茶要録補》	✓		✓	
萬邦寧《茗史》	✓		✓	
李日華《竹嬾茶衡》	✓			輯自陸廷燦《續茶經》
李日華《運泉約》	✓			
曹學佺《茶譜》	✓			
馮可賓《岕茶箋》	✓	✓	✓	
朱祐檳《茶譜》	✓		存目	
華淑　張瑋《品茶八要》	✓			
周高起《陽羨茗壺系》	✓	✓	✓	
周高起《洞山岕茶系》	✓	✓	✓	
鄧志謨《茶酒争奇》	✓		存目	

續 表

	本書	喻政	阮浩耕	備　　注
醉茶消客《明抄茶水詩文》	✓			
輯　佚				
周慶叔《岕茶別論》	✓			輯自陸廷燦《續茶經》
朱日藩　盛時泰《茶藪》	✓			
佚名《岕茶疏》	✓			輯自黄履道《茶苑》
佚名《茶史》	✓			輯自黄履道《茶苑》
邢士襄《茶説》	✓			輯自《茗笈》及陸廷燦《續茶經》
徐𤍠《茶考》	✓	✓		輯自喻政《茶集》及陸廷燦《續茶經》
吴從先《茗説》	✓			輯自陸廷燦《續茶經》
王毗《六茶紀事》	✓			
小計	**54 種**	**19 種**	**33 種**	
清　代				
《六合縣志》輯録《茗笈》	✓			
陳鑒《虎丘茶經注補》	✓		✓	
劉源長《茶史》	✓		✓	
冒襄《岕茶彙鈔》	✓		✓	
余懷《茶史補》	✓		✓	
黄履道　佚名《茶苑》	✓		存目	
程作舟《茶社便覽》	✓		✓	
陸廷燦《續茶經》	✓		✓	
葉雋《煎茶訣》	✓			
顧蘅《湘皋茶説》	✓			
吴騫《陽羨名陶録》	✓			
翁同龢《陽羨名陶録摘抄》	✓			
吴騫《陽羨名陶續録》	✓			
朱濂《茶譜》	✓			
陳元輔《枕山樓茶略》	✓			

續　表

	本書	喻政	阮浩耕	備　注
胡秉樞《茶務僉載》	✓			
佚名《茶史》	✓			
程雨亭《整飭皖茶文牘》	✓		✓	
震鈞《茶説》	✓			
康特璋、王實父《紅茶製法説略》	✓			
鄭世璜《印錫種茶製茶考察報告》	✓			
高葆真(英)　曹曾涵校潤《種茶良法》	✓			
程淯《龍井訪茶記》	✓		✓	
輯　佚				
卜萬祺《松寮茗政》	✓			輯自陸廷燦《續茶經》
王梓《茶説》	✓			
王復禮《茶説》	✓			輯自陸廷燦《續茶經》
小計	**26 種**	**0 種**	**8 種**	**喻政《茶書》成書於明中晚期,故不收後出茶書**
總計	**114 種**	**32 種**	**64 種(75 種)(1)**	

(1) 此處 75 種茶書,包括了未被單獨列出的 11 種。

於此,我們必須指出,本書雖然對重要版本詳加校注,但目的是方便學者查考與讀者閱讀,絶不是一部茶書版本研究總匯。我們在陸羽《茶經》的題記中列了五十四種版本,固然是因爲此書的重要性遠超群倫,但也只是供學者參考而已。我們最後選用的版本,還是根據近代學者吴覺農及布目潮渢的研究成果,再比對幾種重要的通行版本出校,并非一一列舉五十四種不同版本的异文。又例如五代蜀毛文錫的《茶譜》,是一部重要的經典,本書收録時即以今人陳尚君的《毛文錫〈茶譜〉輯考》爲底本,再以陳祖槼、朱自振的《中國茶葉歷史資料選輯》爲校,儘量采用現今學者的研究成果。

本書所收茶書,内容以茶葉種植、采造、儲存、飲用的茶事爲主,不收歷代茶馬制度類的志書,也不收屬於文學創作的茶詩專書。但一般茶書分類繁雜,包羅甚廣,時有涉及茶馬制度之處,更大量收録了咏茶詩,本書亦不刻意删除,以存所收茶書原來面目。

本書的構思與策劃,起自 2000 年,由朱自振先生與我倡導,得到香港商務印書館陳萬雄兄支持,答允出版。本書最初規劃曾送交香港政府研究撥款委員會,請求資助。所有學術審核委員一致評定爲優越研究計劃,推薦政府資助,但委員會承辦官員却以"古籍校刊注釋非學術研究"爲由,不予撥款。幸虧獲得城市大學張信剛校長及高彦鳴副校長支持,本計劃才得以在中國文化中心進行。然而工作之繁重及瑣碎,遠遠超出原先之預期,歷時六載,方得完成。在這漫長的歲月中,全書編輯體例幾經調整變動,在實踐的磨練中逐漸成形。我要特别感謝城市大學提供的長期研究資助,也得感謝香港商務印書館同仁的耐心等待。特别是陳萬雄與張倩儀總編輯與我幾次會商,確定編輯體例,重申出版承諾,使我五内銘感。

本書之成,雖是衆人之力,但最重要的則是朱自振先生的前期工作。他負責搜集資料,并帶領沈冬梅、賴慶芳、周立民、陳鎮泰整理校勘,撰寫題記及校注初稿。商務印書館特約編輯莊昭亦參與前期工作,提供許多珍貴建議。後期整理及定稿工作,由我負責,得現任復旦大學中文系戴燕教授及本中心張爲群襄助,重新改寫了題記,整理了校注,并確定收録的版本,删除諸茶書重複抄襲的段落。最後的繁瑣校對工作,不僅由商務同仁承擔,本中心的毛秋瑾博士、黄海濤、林嘉敏、陳煒楨都全力以赴。此外,還有馬家輝博士與林學忠博士在旁掖助,與諸多勝友的鼓勵,才完成這項歷時六年的"豐功偉業"。

希望讀者翻閲此書時,能够想到這些合作者的辛勞,那麼,六年的心血也就值得了。

二〇〇七年二月十四日於香港城市大學中國文化中心

(附記:本序文關於茶飲歷史文化的材料,來自拙文《茶飲歷史的回顧》)

凡　例

1. 本書匯集自唐代陸羽《茶經》至清代王復禮《茶説》共一百十四種茶書,并以1911年爲限。當中清代胡秉樞的《茶務僉載》原文已佚,編者今據日文譯本再翻譯爲中文,并附於日文刻本後;又英人所撰并由英人高葆真摘譯的《種茶良法》亦在收録之列,這些書都反映了中國和世界茶業、茶學近代化的過程,極有價值。另外,本書兼輯佚散見於各處的茶書,例如陸羽的《顧渚山記》《水品》等,共二十六種。

2. 本書主要收録現存與茶葉、茶飲相關的茶書,而歷代茶馬志,主要記載茶馬制度,不入本書收集範圍,故不録。另外,清代李鳴韶等的《詠嶺南茶》,雖被陝西省圖書館《館藏古農書目録》及《中國農業古籍目録》列爲茶書,但與茶葉、茶飲没有直接關係,故不收録。又胡文焕《新刻茶譜五種》《茶書五種》及現存山東圖書館的明代佚名《茶書十三種》,因是前代茶書的合集,所輯茶書俱見本書,雖有版本研究的價值,但因篇幅所限,亦不收入。

3. 中國茶葉的發展具有階段性的特點,因此本書是根據茶葉的種植、製作和飲用習慣來編次的。全書現分上中下三編,上編爲唐五代茶書及宋元茶書,中編爲明代茶書,下編爲清代茶書,各編除上編分爲兩部分外,皆先排現存茶書,再排輯佚茶書。其編次以成書先後爲序,成書年代不可考者,參以作者的生卒年,或參以登第、仕履之年,或參以其親屬、交游之有關年代,略推其大約生年。成書年份及作者生卒年不可考者,參前人排序,如喻政《茶書》、陳祖槼及朱自振《中國茶葉歷史資料選輯》。佚名作者,世次無可考者,則列於該部分最後。

4. 一般情況下,每種茶書均含題記、正文、注釋和校記四部分。

5. 每篇題記主要記述作者的生平事迹、成書過程、該書的内容及其在茶文化史上的地位、版本的傳存情況。

6. 茶書抄襲情況嚴重，是以内容多有重出，爲避免過多重複，本書儘量作出適當的删節，并於删節處加注，説明參見本書某代某人某書。删節文字如與原文有些微出入，不影響大致内容，則不詳加説明。若原文作者對删節的内容有注解，則保留注解文字。個别情況的特殊處理，則於題記交代。另外，本書所收茶書有不少重複引録前人的茶詩、茶詞、茶歌、茶賦，例如明代醉茶消客《明抄茶水詩文》、清代佚名《茶史》尤其多。遇到重出的韵文，本書一律删節，僅保留作者、題目及首句。

7. 凡現存茶書，俱選擇公認的善本或年代最早的足本爲底本，并參校其他本子，比勘校對，所參者包括已出版的標點本及校箋本。現存的孤本茶書，只作理校。正文重新予以標點，正文中引用他人著作者而經核實的，俱用引號，無法查證的，則酌情而定或不荞下引號。

8. 歷來茶書的版本龐雜、多作爲一般的通俗書籍，出版也較爲隨意，因此誤、遺、衍、竄、异的情況頗爲常見，本書已儘量指出，并在校記中説明。至於附録序跋，則不出校。

9. 异體字和俗字，一律改爲正體或通行寫法，主要參考《康熙字典》和《漢語大字典》，例如岕茶的“岕”字，茶書中作“岕”或“岎”，今則據《康熙字典》及《漢語大字典》所定，俱統一爲“岎”。避諱字恢復原字，并出校。

10. 文中缺漏、編者所添加的字詞或句子，一律補上，并以六角括號〔　〕標示及出校。

11. 文中本闕或模糊不清之字詞，一律以方格□標示。

12. 本書主要選擇與茶有關的詞條作注解，人名和地名亦儘量作注，古代職官、名物、典故、史事則選擇難懂者加注。凡難字、僻字均注音及釋義。所有注釋均在全書第一次出現時加。

13. 本書題記、注釋及校記中出現的地名乃籠統言之，并未按當今行政區域標明省、市、縣等，僅爲示意。

14. 校記中的版本俱用簡稱，簡稱一律於校記首次出現的條目内説明。

15. 本書末并附"中國古代茶書逸書遺目"及"主要參考引用書目"。

16. 除清代胡秉樞《茶務僉載》以日文原刻本印上爲直排外,全書俱爲繁體字横排。

唐五代茶書

茶經

◇唐　陸羽　撰

陸羽(733—804),字鴻漸,一名疾,字季疵,復州竟陵(今湖北天門)人。據説他是弃嬰,爲竟陵智積禪師所收養,隨智積禪師姓陸。成年後,再由《易經》卦辭"鴻漸於陸,其羽可用爲儀",得其名和字。天寶(742—755)年間,先爲伶正之師,參與編導演出地方戲,後來受到竟陵太守李齊物、竟陵司馬崔國輔的賞識,負書居天門山。至德初年,因避安史之亂移居江南,上元初,隱居苕溪(今浙江湖州),自稱桑苧翁、竟陵子,號東崗子。在此期間,與詩僧皎然"爲緇素忘年之交",與張志和、孟郊、皇甫冉等學者詩人也多有交往,又入湖州刺史顔真卿幕下,參與編纂《韻海鏡源》。《茶經》三卷也即成書於此時。建中(780—783)年間,詔拜太子文學,遷太常寺太祝,皆不就。貞元(785—804)末,卒。正如歐陽修在《集古録跋尾》所説,陸羽一生"著書頗多",詩賦而外,更有不少《吴興記》《慧山寺游記》一類的地方風土記,關於茶,則有《顧渚山記》《茶記》《泉品》《毁茶論》等。陸羽的傳記資料,主要見於他生前撰寫的《陸文學自傳》(《文苑英華》卷七九三)、《新唐書》卷一九六《隱逸傳》、《唐才子傳》卷三和《唐國史補》。

陸羽嗜茶,同時代人耿湋已在詩中描寫他"一生爲墨客,幾世做茶仙"。《茶經》的初稿,大概完成於上元二年(761),這以後的修訂工作持續了將近二十年,直到建中元年(780)付梓。《新唐書》稱《茶經》一出而"天下益知飲茶",宋人陳師道在《茶經序》中也説:"茶之者書自羽始,其用於世亦自羽始,羽誠有功於茶者也。"李肇《唐國史補》記載唐代後期,還有商人準備了以陸羽爲名的玩偶,"買數十茶器得一鴻漸,市人沽茗不利,輒灌注之"。

《茶經》在《新唐書·藝文志》小説類、《通志·藝文略》食貨類、《郡齋讀書志》農家類、《直齋書録解題》雜藝類、《宋史・藝文志》農家類等書中,都有記載。

《茶經》版本甚多,從陳師道《茶經序》中可知,北宋時即有畢氏、王氏、張氏及其家傳本等多種版本,據不完全統計,歷來相傳的《茶經》刊本約有以下五十餘種:

(1) 宋左圭編咸淳九年(1273)刊百川學海壬集本;

(2) 明弘治十四年(1501)華珵刊百川學海壬集本;

(3) 明嘉靖十五年(1536)鄭氏文宗堂刻百川學海本;

(4) 明嘉靖壬寅(二十一年,1542)柯雙華竟陵刻本;

(5) 明萬曆十六年(1588)孫大綬秋水齋刊本;

(6) 明萬曆十六年(1588)程福生刻本;

(7) 明萬曆癸巳(二十一年,1593)胡文焕百家名書本;

(8) 明萬曆癸卯(三十一年,1603)胡文焕格致叢書本;

(9) 明萬曆中汪士賢山居雜志本;

(10) 明鄭熜校刻本;

(11) 明萬曆四十一年(1613)喻政《茶書》本;

(12) 明重訂欣賞編本;

(13) 明宜和堂刊本;

(14) 明樂元聲刻本(在欣賞編本之後);

(15) 明朱祐檳《茶譜》本;

(16) 明湯顯祖(1550—1616)玉茗堂主人别本茶經本;

(17) 明鍾人傑張逐辰輯明刊唐宋叢書本;

(18) 明人重編明末刊百川學海辛集本;

(19) 明人重編明末葉坊刊百川學海辛集本;

(20) 明馮夢龍(1574—1646)輯五朝小説本;

(21) 元陶宗儀輯,明陶珽重校,清順治丁亥(三年,1646)兩浙督學李際期刊行,宛委山堂説郛本;

(22) 清陳夢雷、蔣廷錫等奉敕編雍正四年(1726)銅活字排印古今圖書集成本;

(23) 清雍正十三年(1735)壽椿堂刊陸廷燦《續茶經》本;

(24) 文淵閣四庫全書本(清乾隆四十七年〔1782〕修成);

(25) 清乾隆五十七年(1792)陳世熙輯挹秀軒刊唐人説薈本;

(26) 清張海鵬輯嘉慶十年(1805)虞山張氏照曠閣刊學津討原本;

(27) 清王文浩輯嘉慶十一年(1806)唐代叢書本;

(28) 清王謨輯《漢唐地理書鈔》本[1];

(29) 清吴其濬(1789—1847)植物名實圖考長編本;

(30) 道光二十三年(1843)刊唐人説薈本;

(31) 清光緒十年(1884)上海圖書集成局印扁木字古今圖書集成本;

(32) 清光緒十六年(1890)總理各國事務衙門委托同文書局影印古今圖書集成原書本;

(33) 清宣統三年(1911)上海天寶書局石印唐人説薈本;

(34) 國學基本叢書本——民國八年(1919)上海商務印書館印清吴其濬植物名實圖考長編本;

(35) 吕氏十種本;

(36) 小史雅集本;

(37) 文房奇書本;

(38) 張應文藏書七種本;

(39) 民國西塔寺刻本;

(40) 常州先哲遺書本;

(41) 民國十年(1921)上海博古齋據明弘治華氏本景印百川學海(壬集)本;

(42) 民國十一年(1922)上海掃葉山房石印唐人説薈本;

(43) 民國十一年(1922)上海商務印書館據清張氏刊本景印學津討原本(第十五集);

(44) 民國十二年(1923)盧靖輯沔陽盧氏刊湖北先正遺書本;

(45) 民國十六年(1927)陶氏涉園景刊宋咸淳百川學海乙集本;

(46) 民國十六年(1927)張宗祥校明鈔説郛涵芬樓刊本;

(47) 民國二十三年(1934)中華書局影印殿本古今圖書集成本;

(48) 萬有文庫本,民國二十三年(1934)上海商務印書館印清吴其濬植物名實圖考長編本;

(49) 五朝小説大觀本,民國十五年(1926)上海掃葉山房石印本;

(50) 叢書集成初編本等多種刊本。

此外還有明代多種説郛鈔本。還有其他國家的刊本:

(51) 日本宫内廳書陵部藏百川學海本;

(52) 明鄭熜校日本翻刻本;

(53) 日本大典禪師茶經詳説本;

(54) 日本京都書肆翻刻明鄭熜校本。

歷來爲《茶經》作序跋者也很多,傳今可考的有:(1) 唐皮日休序,(2) 宋陳師道序,(3) 明嘉靖壬寅魯彭敘,(4) 明嘉靖壬寅汪可立後序,(5) 明嘉靖壬寅吴旦後序,(6) 明嘉靖童承敘跋,(7) 明萬曆戊子陳文燭序,(8) 明萬曆戊子王寅序,(9) 明李維楨序,(10) 明張睿卿跋,(11) 清徐同氣引,(12) 清徐篁跋。

近代學者對《茶經》多有研究及校注,本書即采用吴覺農主編的《茶經評述》及布目潮渢的《茶經詳解》作底本,并參校宋咸淳刊百川學海本、明嘉靖柯雙華竟陵本、明萬曆孫大綬秋水齋本、明鄭熜校本、明喻政《茶書》本、明湯顯祖玉茗堂主人别本茶經本、清四庫全書本、清學津討原本、清吴其濬植物名實圖考長編本、民國張宗祥校明鈔説郛涵芬樓本等版本。

卷上①

一之源②

茶者,南方之嘉木也。一尺[2]、二尺乃至數十尺。其巴山峽川[3],有兩人合抱者,伐而掇之。其樹如瓜蘆[4],葉如梔子[5],花如白薔薇[6],實如栟櫚[7],莖③如丁香[8],根如胡桃[9]。瓜蘆木出廣州[10],似茶,至苦澀。栟櫚,蒲葵[11]之屬,其子似茶。胡桃與茶,根皆下孕,兆至瓦礫,苗木④上抽。

其字,或從草,或從木,或草木並。從草,當作"茶",其字出《開元文字音義》[12];從木,當作"梌",其字出《本草》[13];草木並,作"荼"⑤,其字出《爾雅》[14]。

其名，一曰茶，二曰檟，三曰蔎，四曰茗，五曰荈。[15]周公[16]云："檟，苦荼。"揚執戟[17]云："蜀西南人謂茶曰蔎。"郭弘農[18]云："早取爲茶，晚取爲茗，或一曰荈耳。"

其地，上者生爛石，中者生礫壤[19]，下者生黄土。凡藝而不實，植而罕茂，法如種瓜[20]，三歲可採。野者上，園者次。陽崖陰林，紫者上，緑者次；筍者上，牙⑥者次；葉卷上，葉舒次。陰山坡谷者，不堪採掇，性凝滯，結⑦瘕[21]疾。

茶之爲用，味至寒，爲飲，最宜精行儉德之人。若⑧熱渴、凝悶，腦疼、目澀，四支⑨煩、百節不舒，聊四五啜，與醍醐[22]、甘露抗衡也。

採不時，造不精，雜以卉莽，飲之成疾。茶爲累也，亦猶人參。上者生上黨[23]，中者生百濟、新羅[24]，下者生高麗[25]。有生澤州、易州、幽州、檀州[26]者爲藥無效，況非此者？設服薺苨[27]⑩，使六疾不瘳[28]⑪，知人參爲累，則茶累盡矣。

二之具

籝加追反[29]，一曰籃，一曰籠，一曰筥[30]，以竹織之，受五升[31]，或一㪷、二㪷、三㪷者[32]，茶人負以採茶也。籝，《漢書》音盈，所謂"黄金滿籝，不如一經"[33]。顔師古[34]云："籝，竹器也，受四升耳。"

竈，無用突[35]者。釜，用唇口者。

甑[36]，或木或瓦，匪腰而泥，籃以箄[37]之，篾以系之。始其蒸也，入乎箄；既其熟也，出乎箄。釜涸，注於甑中。甑，不帶而泥之。又以穀木[38]枝三亞者制之，散所蒸牙筍並葉，畏流其膏[39]。

杵臼，一曰碓，惟恆用者佳。

規，一曰模，一曰棬[40]，以鐵制之，或圓，或方，或花。

承，一曰臺，一曰砧，以石爲之。不然，以槐桑木半埋地中，遣無所摇動。

襜[41]，一曰衣，以油絹或雨衫、單服敗者爲之。以襜置承上，又以規置襜上，以造茶也。茶成，舉而易之。

芘莉[42]音杷离，一曰籝子，一曰篣筤[43]⑫。以二小竹，長三尺，軀二尺五寸，柄五寸。以篾織方眼，如圃人土羅，闊二尺以列茶也。

棨[44]，一曰錐刀。柄以堅木爲之，用穿茶也。

撲⑬，一曰鞭。以竹爲之，穿茶以解[45]茶也。

焙[46]，鑿地深二尺，闊二尺五寸，長一丈。上作短牆，高二尺，泥之。

貫，削竹爲之，長二尺五寸，以貫茶焙之⑭。

棚，一曰棧。以木構於焙上，編木兩層，高一尺，以焙茶也。茶之半乾，昇下棚，全乾，昇上棚。

穿[47]音釧，江東、淮南剖竹爲之[48]。巴川峽山紉穀皮爲之。江東以一斤爲上穿，半斤爲中穿，四兩五兩爲小⑮穿。峽中[49]以一百二十斤爲上穿，八十斤爲中穿，五十斤爲小穿。字舊作釵釧之"釧"字，或作貫串。今則不然，如磨、扇、彈、鑽、縫五字，文以平聲書之，義以去聲呼之：其字以穿名之。

育，以木制之，以竹編之，以紙糊之。中有隔，上有覆，下有床，傍有門，掩一扇。中置一器，貯煻煨[50]火，令熅熅[51]然。江南梅雨時，焚之以火。育者，以其藏養爲名。

三之造

凡採茶在二月、三月、四月之間。

茶之筍者，生爛石沃土，長四五寸，若薇蕨始抽，凌露採焉[52]。茶之牙⑯者，發於叢薄[53]之上，有三枝、四枝、五枝者，選其中枝穎拔者採焉。其日有雨不採，晴有雲不採；晴，採之，蒸之，擣之，拍之，焙之，穿之，封之，茶之乾矣。

茶有千萬狀，鹵莽而言，如胡人靴者，蹙縮京雖⑰文也；犎牛臆[54]者，廉襜[55]然⑱；浮雲出山者，輪囷[56]然；輕飈拂水者，涵澹[57]然。有如陶家之子，羅膏土以水澄泚[58]之謂澄泥也。又如新治地者，遇暴雨流潦之所經。此皆茶之精腴。有如竹籜者[59]，枝幹堅實，艱於蒸搗，故其形籭簁[60]然上離下師。有如霜荷者，莖⑲葉凋沮，易其狀貌，故厥狀委萃⑳然。此皆茶之瘠老者也。

自採至於封七經目，自胡靴至霜荷八等。或以光黑平正言嘉者，斯鑒之下也；以皺黄坳垤[61]言佳者，鑒之次也；若皆言嘉及皆言不嘉者，鑒之上也。何者？出膏者光，含膏者皺；宿製者則黑，日成者則黄；蒸壓則平正，縱之則坳垤。此茶與草木葉一也。茶之否臧，存於口訣。

卷中

四之器

風爐灰承	筥	炭檛[62]㉑	火筴	
鍑	交床	夾	紙囊	
碾拂末[63]	羅合	則	水方	
漉水囊	瓢	竹筴	鹾簋[64]揭㉒	
熟㉓盂	碗	畚㉔	札	
滌方	滓方	巾	具列	都籃㉕

風爐灰承

風爐以銅鐵鑄之,如古鼎形,厚三分,緣闊九分,令六分虛中,致其杇墁[65]。凡三足,古文[66]書二十一字。一足云“坎上巽下離於中”[67],一足云“體均五行去百疾”,一足云“聖唐滅胡明年[68]鑄”。其三足之間,設三窗。底一窗以爲通飈漏燼之所。上並古文書六字,一窗之上書“伊公[69]”二字,一窗之上書“羹陸”二字,一窗之上書“氏茶”二字。所謂“伊公羹,陸氏茶”也。置墆㙇[70]於其内,設三格:其一格有翟[71]焉,翟者火禽也,畫一卦曰離;其一格有彪焉,彪者風獸也,畫一卦曰巽;其一格有魚焉,魚者水蟲也,畫一卦曰坎。巽主風,離主火,坎主水,風能興火,火能熟㉖水,故備其三卦焉。其飾,以連葩、垂蔓、曲水、方文之類。其爐,或鍛鐵爲之,或運泥爲之。其灰承,作三足鐵柈[72]擡之。

筥

筥,以竹織之,高一尺二寸,徑闊七寸。或用藤,作木楦㉗如筥形織之。六出[73]圓眼,其底蓋若利篋口,鑠[74]之。

炭檛

炭檛,以鐵六稜制之,長一尺,鋭一㉘豐中,執細頭系一小鍰[75]以飾檛㉙也,若今之河隴[76]軍人木吾[77]也。或作鍾,或作斧,隨其便也。

火筴

火筴，一名筯[78]，若常用者，圓直一尺三寸，頂平截，無蔥臺勾鏁之屬[79]，以鐵或熟銅製之。

鍑音輔，或作釜，或作鬴

鍑，以生鐵爲之，今人有業冶者，所謂急鐵。其鐵以耕刀之趄[80]，鍊而鑄之。内摸土，而外摸沙。土滑於内，易其摩滌；沙澀於外，吸其炎焰。方其耳，以正令也。廣其緣，以務遠也。長其臍，以守中也。臍長，則沸中；沸中，則末易揚；末易揚，則其味淳也。洪州[81]以瓷爲之，萊州[82]以石爲之。瓷與石皆雅器也，性非堅實，難可持久。用銀爲之，至潔，但涉於侈麗。雅則雅矣，潔亦潔矣，若用之恆，而卒歸於鐵也。

交床[83]

交床，以十字交之，剜中令虚，以支鍑也。

夾

夾，以小青竹爲之，長一尺二寸。令一寸有節，節已上剖之以炙茶也。彼竹之篠[84]，津潤於火，假其香潔以益茶味，恐非林谷間莫之致。或用精鐵熟銅之類，取其久也。

紙囊

紙囊，以剡藤紙[85]白厚者夾縫之。以貯所炙茶，使不泄其香也。

碾拂末

碾，以橘木爲之，次以梨、桑、桐、柘爲之[30]。内圓而外方。内圓備於運行也，外方制其傾危也。内容墮[86]而外無餘。木墮，形如車輪，不輻而軸焉。長九寸，闊一寸七分。墮徑三寸八分，中厚一寸，邊厚半寸，軸中方而執[31]圓。其拂末以鳥羽製之。

羅合

羅末,以合蓋貯之,以則置合中。用巨竹剖而屈之,以紗絹衣之。其合以竹節爲之,或屈杉以漆之。高三寸,蓋一寸,底二寸,口徑四寸。

則

則,以海貝、蠣蛤之屬,或以銅、鐵、竹匕策之類。則者,量也,准也,度也。凡煮水一升,用末方寸匕[87]。若好薄者,減之,嗜濃者,增之,故云則也。

水方

水方,以椆木、槐、楸、梓[88]等合之,其裏並外縫漆之,受一斗。

漉[89]水囊

漉水囊,若常用者,其格以生銅鑄之,以備水濕,無有苔穢腥澀意。以熟銅苔穢,鐵腥澀也。林棲谷隱者,或用之竹木。木與竹非持久涉遠之具,故用之生銅。其㉜囊,織青竹以捲之,裁碧縑[90]以縫之,紐㉝翠鈿以綴之。又作綠油囊以貯之,圓徑五寸,柄一寸五分。

瓢

瓢,一曰犧杓。剖瓠爲之,或刊木爲之。晉舍人杜毓《荈賦》[91]云:"酌之以匏。"匏,瓢也。口闊,脛薄,柄短。永嘉中,餘姚[92]人虞洪入瀑布山採茗,遇一道士,云:"吾丹丘子[93],祈子他日甌犧之餘,乞相遺也。"犧,木杓也。今常用以梨木爲之。

竹筴

竹筴,或以桃、柳、蒲葵木爲之,或以柿心木爲之。長一尺,銀裹兩頭。

鹺簋揭

鹺簋,以瓷爲之。圓徑四寸,若合形㉞,或瓶、或罍[94],貯鹽花也。其揭,竹制,長四寸一分,闊九分。揭,策也。

熟[35]盂

熟[36]盂,以貯熟[37]水,或瓷,或沙,受二升。

碗

碗,越州[95]上,鼎州[96]次,婺州[97]次;岳州[98]次,壽州[99]、洪州次。或者以邢州[100]處越州上,殊爲不然。若邢瓷類銀,越瓷類玉,邢不如越一也;若邢瓷類雪,則越瓷類冰,邢不如越二也;邢瓷白而茶色丹,越瓷青而茶色緑,邢不如越三也。晉杜毓《荈賦》所謂:“器擇陶揀,出自東甌。”甌,越也。甌,越州上,口唇不卷,底卷而淺,受半升已下。越州瓷、岳瓷皆青,青則益茶。茶作白紅之色。邢州瓷白,茶色紅;壽州瓷黄,茶色紫;洪州瓷褐,茶色黑;悉不宜茶。

畚[38]

畚,以白蒲[101]捲而編之,可貯碗十枚。或用筥。其紙帊[102]以剡紙夾縫,令方,亦十之也。

札

札,緝栟櫚皮以茱萸木夾而縛之,或截竹束而管之,若巨筆形。

滌方

滌方,以貯滌洗之餘,用楸木合之,制如水方,受八升。

滓方

滓方,以集諸滓,製如滌方,處[39]五升。

巾

巾,以絁[103]布爲之,長二尺,作二枚,互用之,以潔諸器。

具列

具列,或作床,或作架,或純木、純竹而製之。或木或布作"法"⑩竹,黄黑可扃[104]而漆者,長三尺,闊二尺,高六寸。具列者,悉斂諸器物,悉以陳列也。

都籃

都籃,以悉設諸器而名之。以竹篾内作三角方眼,外以雙篾闊者經之,以單篾纖者縛之,遞壓雙經,作方眼,使玲瓏。高一尺五寸,底闊一尺、高二寸,長二尺四寸,闊二尺。

卷下

五之煮

凡炙茶,慎勿於風燼間炙,熛焰如鑽,使炎涼不均。持以逼火,屢翻正,候炮普教反出培塿[105],狀蝦蟆背,然後去火五寸。卷而舒,則本其始又炙之。若火乾者,以氣熟止;日乾者,以柔止。

其始,若茶之至嫩者,蒸罷熱搗,葉爛而牙筍存焉。假以力者,持千鈞杵亦不之爛。如漆科珠,壯士接之,不能駐其指。及就,則似無穰[106]骨也。炙之,則其節若倪倪[107]如嬰兒之臂耳。既而承熱用紙囊貯之,精華之氣無所散越,候寒末之。末之上者,其屑如細米。末之下者,其屑如菱角。

其火用炭,次用勁薪。謂桑、槐、桐、櫪之類也。其炭,曾經燔炙,爲膻膩所及,及膏木、敗器不用之。膏木謂柏、桂、檜也。敗器,謂朽廢器也。古人有勞薪之味[108],信哉。

其水,用山水上,江水中,井水下。《荈賦》所謂:"水則岷方之注,挹彼清流。"其山水,揀乳泉[109]、石池慢流者上;其瀑涌湍漱,勿食之,久食令人有頸疾。又多别流於山谷者,澄浸不泄,自火天至霜降[110]以前,或潛龍蓄毒於其間,飲者可決之,以流其惡,使新泉涓涓然,酌之。其江水取去人遠者,井取汲多者。

其沸如魚目,微有聲,爲一沸。緣邊如湧泉連珠,爲二沸。騰波鼓浪,爲三沸。已上水老,不可食也。初沸,則水合量調之以鹽味,謂棄其啜餘啜,嘗也,市税反,又市悦反,無乃䖳[111]而鍾其一味乎?上古暫反,下吐濫反,無味也。第二沸出水一瓢,以竹筴環激湯心,則量末當中心而下。有頃,勢若奔濤濺沫,以所出水止之,而育其華也。

凡酌,置諸碗,令沫餑[112]均。《字書》並《本草》:餑,茗沫也,蒲笏反。沫餑,湯之華也。華之薄者曰沫,厚者曰餑。細輕者曰花,如棗花漂漂然於環池之上;又如迴潭曲渚青萍之始生;又如晴天爽朗有浮雲鱗然。其沫者,若緑錢[113]浮於水渭㊶,又如菊英墮於鐏俎[114]之中。餑者,以滓煮之,及沸,則重華累沫,皤皤然若積雪耳,《荈賦》所謂"焕如積雪,燁若春藪[115]"有之。

第一煮水沸,而棄其沫,之上有水膜,如黑雲母,飲之則其味不正。其第一者爲雋永,徐縣、全縣二反。至美者,曰雋永。雋,味也,永,長也。味長曰雋永。《漢書》:蒯通著《雋永》二十篇也㊷。或留熟〔盂〕㊸以貯之,以備育華救沸之用。諸第一與第二、第三碗次之。第四、第五碗外,非渴甚莫之飲。凡煮水一升,酌分五碗。碗數少至三,多至五。若人多至十,加兩爐。乘熱連飲之,以重濁凝其下,精英浮其上。如冷,則精英隨氣而竭,飲啜不消亦然矣。

茶性儉,不宜廣,〔廣〕㊹則其味黯澹。且如一滿碗,啜半而味寡,況其廣乎!其色緗[116]也。其馨欸[117]也。香至美曰欸,欸音使㊺。其味甘,檟也;不甘而苦,荈也;啜苦咽甘,茶也。一本云:其味苦而不甘,檟也;甘而不苦,荈也。

六之飲

翼而飛,毛而走,呿[118]而言。此三者俱生於天地間,飲啄以活,飲之時義遠矣哉!至若救渴,飲之以漿;蠲憂忿,飲之以酒;蕩昏寐,飲之以茶。

茶之爲飲,發乎神農氏,聞於魯周公。齊有晏嬰,漢有揚雄、司馬相如,吴有韋曜,晉有劉琨、張載、遠祖納、謝安、左思之徒[119],皆飲焉。滂時浸俗,盛於國朝,兩都並荊渝間[120],以爲比屋之飲。

飲有觕茶、散茶、末茶、餅茶者,乃斫、乃熬、乃煬、乃舂,貯於瓶缶之中,以湯沃焉,謂之痷[121]茶。或用葱、薑、棗、橘皮、茱萸、薄荷之等,煮之百沸,或揚令滑,或煮去沫。斯溝渠間棄水耳,而習俗不已。

於戲!天育萬物,皆有至妙。人之所工,但獵淺易。所庇者屋,屋精極;所着者衣,衣精極;所飽者飲食,食與酒皆精極之。茶有九難:一曰造,二曰别,三曰器,四曰火,五曰水,六曰炙,七曰末,八曰煮,九曰飲。陰採夜焙,非造也;嚼味嗅香,非别也;羶鼎腥甌,非器也;膏薪庖炭,非火也;飛湍壅潦,非水也;外熟内生,非炙也;碧粉縹塵,非末也;操艱攪遽,非煮也;夏興冬廢,非飲也。夫珍鮮馥烈者,其碗數三。次之者,碗數五。若坐客數至五,行三碗;至七,行五碗;若六人已下,不約碗數,但闕一人而已,其雋永補所闕人。

七之事

三皇:炎帝神農氏

周:魯周公旦

齊:相晏嬰

漢:仙人丹丘子,黄山君[122],司馬文園令相如,揚執戟雄

吴:歸命侯[123],韋太傅弘嗣

晉:惠帝[124],劉司空琨,琨兄子兖州刺史演,張黄門孟陽[125],傅司隸咸[126],江洗馬統[127],孫參軍楚,左記室太沖,陸吴興納,納兄子會稽内史俶,謝冠軍安石,郭弘農璞,桓揚州温[128],杜舍人毓,武康小山寺釋法瑶,沛國夏侯愷[129],餘姚虞洪[130],北地傅巽,丹陽[131]弘君舉,安丘任育長[132],宣城秦精[133],燉煌單道開,剡縣陳務妻[134],廣陵老姥[135],河内山謙之

後魏:瑯琊王肅[136]

宋:新安王子鸞[137],鸞弟豫章王子尚,鮑照妹令暉[138],八公山沙門曇濟

齊:世祖武帝[139]

梁:劉廷尉[140],陶先生弘景

皇朝:徐英公勣[141]

《神農食經》[142]:"茶茗久服,令人有力、悦志。"

周公《爾雅》:"檟,苦荼。"《廣雅》[143]云:"荆、巴間採葉作餅,葉老者,餅成,以米膏出之。欲煮茗飲,先炙令赤色,搗末置瓷器中,以湯澆覆之,用葱、薑、橘子芼[144]之。其飲醒酒,令人不眠。"

《晏子春秋》[145]:嬰相齊景公時,食脱粟之飯,炙三弋、五卯,茗菜而已。

司馬相如《凡將篇》[146]:烏喙、桔梗、芫華、款冬、貝母、木蘗、蔞、芩草、

芍藥、桂、漏蘆、蜚廉、藋菌、荈詫、白斂、白芷、菖蒲、芒硝、莞椒、茱萸[147]。

《方言》[148]：蜀西南人謂茶曰蔎。

《吴志・韋曜傳》：孫皓每饗宴，坐席無不率以七升爲限，雖不盡入口，皆澆灌取盡。曜飲酒不過二升。皓初禮異，密賜茶荈以代酒。

《晉中興書》：陸納爲吴興太守時，衛將軍謝安常欲詣納。《晉書》云：納爲吏部尚書。納兄子俶怪納無所備，不敢問之，乃私蓄十數人饌。安既至，所設唯茶果而已。俶遂陳盛饌，珍羞必㊻具。及安去，納杖俶四十，云：汝既不能光益叔父，奈何穢吾素業?[149]

《晉書》：桓温爲揚州牧，性儉，每宴飲，惟下七奠拌茶果而已。

《搜神記》[150]：夏侯愷因疾死。宗人字苟奴察見鬼神。見愷來收馬，並病其妻。著平上幘，單衣，入坐生時西壁大床，就人覓茶飲。

劉琨《與兄子南兖州[151]刺史演書》云：前得安州[152]乾薑一斤，桂一斤，黄芩㊼一斤，皆所須也。吾體中潰㊽悶，常仰真茶，汝可置之[153]。

傅咸《司隸教》曰：聞南方有以困㊾，蜀嫗作茶粥賣，爲廉事㊿打破其器具，後又賣餅於市。而禁茶粥以困蜀姥，何哉?

《神異記》[154]：餘姚人虞洪入山採茗，遇一道士，牽三青牛，引洪至瀑布山曰："吾，丹丘子也。聞子善具飲，常思見惠。山中有大茗可以相給。祈子他日有甌犧之餘，乞相遺也。"因立奠祀，後常令家人入山，獲大茗焉。

左思《嬌女詩》：吾家有嬌女，皎皎頗白皙。小字爲紈素，口齒自清歷。有姊字惠芳，眉目粲如畫。馳騖翔園林，果下皆生摘。貪華風雨中，倏忽數百適。心爲茶荈劇，吹嘘對鼎鑩。

張孟陽《登成都樓》[155]詩云：借問揚子舍，想見長卿廬。程卓[156]累千金，驕侈擬五侯[157]。門有連騎客，翠帶腰吴鈎[158]。鼎食隨時進，百和妙且殊。披林採秋橘，臨江釣春魚，黑子過龍醢，果饌踰蟹蝑。芳茶冠六清[159]，溢味播九區。人生苟安樂，兹土聊可娱。

傅巽《七誨》：蒲桃宛柰[160]，齊柿燕栗，峘陽[161]黄梨，巫山朱橘，南中[162]茶子，西極石蜜[163]。

弘君舉《食檄》：寒温既畢，應下霜華之茗；三爵而終，應下諸蔗、木瓜、元李、楊梅、五味、橄欖、懸豹[164]、葵羹各一杯。

孫楚《歌》：茱萸出芳樹顛，鯉魚出洛水泉。白鹽出河東，美豉出魯淵。薑、桂、茶荈出巴蜀，椒、橘、木蘭出高山。蓼蘇出溝渠，精稗出中田。

《華佗食論》[165]：苦茶久食，益意思。

壺居士《食忌》：苦茶久食，羽化；與韭同食，令人體重。

郭璞《爾雅注》云：樹小似梔子，冬生，葉可煮羹飲。今呼早取爲茶，晚取爲茗，或一曰荈，蜀人名之苦茶。

《世説》：任瞻，字育長，少時有令名，自過江失志。既下飲，問人云："此爲茶？爲茗？"覺人有怪色，乃自分明云："向問飲爲熱爲冷。"

《續搜神記》：晉武帝時，宣城人秦精，常入武昌山採茗。遇一毛人，長丈餘，引精至山下，示以叢茗而去。俄而復還，乃探懷中橘以遺精。精怖，負茗而歸。

晉四王起事，惠帝蒙塵還洛陽，黄門以瓦盂盛茶上至尊[166]。

《異苑》[167]：剡縣陳務妻，少與二子寡居，好飲茶茗。以宅中有古塚，每飲輒先祀之。二子患之曰："古塚何知？徒以勞意。"意欲掘去之。母苦禁而止。其夜，夢一人云："吾止此塚三百餘年，卿二子恆欲見毀，賴相保護，又享吾佳茗，雖潛[51]壤朽骨，豈忘翳桑之報[168]。"及曉，於庭中獲錢十萬，似久埋者，但貫新耳。母告二子，慚之，從是禱饋愈甚。

《廣陵耆老傳》：晉元帝時有老姥，每旦獨提一器茗，往市鬻之，市人競買。自旦至夕，其器不減。所得錢散路傍孤貧乞人。人或異之，州法曹縶之獄中。至夜，老姥執所鬻茗器，從獄牖中飛出。

《藝術傳》[169]：燉煌人單道開，不畏寒暑，常服小石子。所服藥有松、桂、蜜之氣，所餘茶蘇而已。

釋道説《續名僧傳》：宋釋法瑶，姓楊[52]氏，河東人。元嘉中過江，遇沈臺真，請真君[53]武康[170]小山寺，年垂懸車[54]，飯所飲茶。永明中，敕吴興禮致上京，年七十九。

宋《江氏家傳》：江統，字應元，遷愍懷太子洗馬，常上疏諫云："今西園賣醯、麵、藍子、菜、茶之屬，虧敗國體。"

《宋録》：新安王子鸞、豫章王子尚詣曇濟道人於八公山，道人設茶茗。子尚味之曰："此甘露也，何言茶茗？"

王微《雜詩》[171]：寂寂掩高閣，寥寥空廣廈。待君竟不歸，收領今就檟。

鮑照妹令暉著《香茗賦》。

南齊世祖武皇帝遺詔：我靈座上慎勿以牲爲祭，但設餅果、茶飲、乾飯、酒脯而已。

梁劉孝綽《謝晉安王[172]餉米等啟》：傳詔李孟孫宣教旨，垂賜米、酒、瓜、筍、菹、脯、酢、茗八種[173]。氣苾新城，味芳雲松。江潭抽節，邁昌荇[174]之珍；疆埸[175]擢翹，越葺精[176]之美。羞非純束野麐[177]，裛[178]似雪之驢。鮓異陶瓶河鯉，操如瓊之粲。茗同食粲[179]，酢類望柑。免千里宿舂，省三月種聚[180]。小人懷惠，大懿難忘。

陶弘景《雜録》：苦茶輕身换骨，昔丹丘子、黄山君服之。

《後魏録》：瑯琊王肅仕南朝，好茗飲、蓴羹[181]。及還北地，又好羊肉、酪漿。人或問之："茗何如酪？"肅曰："茗不堪與酪爲奴。"

《桐君録》[182]：西陽、武昌、廬江、晉陵好茗[183]，皆東人作清茗。茗有餑，飲之宜人。凡可飲之物，皆多取其葉。天門冬[184]、拔揳取根，皆益人。又巴東[185]别有真茗茶，煎飲令人不眠。俗中多煮檀葉並大皂李[186]作茶，並冷。又南方有瓜蘆木，亦似茗，至苦澀，取爲屑茶飲，亦可通夜不眠。煮鹽人但資此飲，而交、廣[187]最重，客來先設，乃加以香芼輩。

《坤元録》：辰州溆浦縣[188]西北三百五十里無射山，云蠻俗當吉慶之時，親族集會歌舞於山上。山多茶樹。

《括地圖》：臨遂縣東一百四十里有茶溪。

山謙之《吴興記》：烏程縣[189]西二十里，有温山，出御荈。

《夷陵圖經》：黄牛、荆門、女觀、望州等山[190]，茶茗出焉。

《永嘉圖經》：永嘉縣[191]東三百里有白茶山。

《淮陰圖經》：山陽縣[192]南二十里有茶坡。

《茶陵圖經》云：茶陵[193]者，所謂陵谷生茶茗焉。

《本草・木部》[194]：茗，苦茶。味甘苦，微寒，無毒。主瘻瘡，利小便，去痰渴熱，令人少睡。秋採之苦，主下氣消食。注云："春採之。"

《本草・菜部》：苦菜，一名荼，一名選，一名游冬，生益州[195]川谷，山陵道傍，凌冬不死。三月三日採，乾。注云："疑此即是今茶，一名荼，令人不眠。”《本草注》:“按《詩》云‘誰謂荼苦’又云‘堇荼如飴’[196],皆苦菜也。陶謂之苦茶,木類,非菜流。茗春採,謂之苦榛。途遐反。”

《枕中方》:療積年瘻,苦茶、蜈蚣並炙,令香熟,等分,搗篩,煮甘草湯洗,以末傅之。

《孺子方》:療小兒無故驚蹶,以苦茶、葱鬚煮服之。

八之出

山南[197]

以峽州上[198],峽州生遠安、宜都、夷陵三縣山谷[199]。襄州[200]、荊州次,襄州生南漳縣山谷,荊州生江陵縣[201]山谷。衡州[202]下,生衡山、茶陵二縣山谷[203]。金州、梁州又下[204]。金州生西城、安康二縣山谷[205],梁州生襄城、金牛二縣山谷[206]。

淮南[207]

以光州上[208],生光山縣[209]黃頭港者,與峽州同。義陽郡、舒州次[210],生義陽縣鍾山者[211]與襄州同,舒州生太湖縣[212]潛山者與荊州同。壽州下,盛唐縣[213]生霍山者與衡山同也。蘄州、黃州又下[214]。蘄州生黃梅縣[215]山谷,黃州生麻城縣[216]山谷,並與荊州、梁州同也。

浙西[217]

以湖州上[218],湖州,生長城縣[219]顧渚山谷,與峽州、光州同;生山桑儒師二寺、白茅山懸腳嶺,與襄州、荊南、義陽郡同;生鳳亭山伏翼閣飛雲、曲水二寺、啄木嶺,與壽州、常州[220]同;生安吉[221]、武康二縣山谷,與金州、梁州同。常州次,常州義興縣[222]生君山懸腳嶺北峰下,與荊州、義陽郡同;生圈嶺善權寺、石亭山與舒州同。宣州、杭州、睦州、歙州下[223],宣州生宣城縣雅山,與蘄州同;太平縣[224]生上睦、臨睦,與黃州同;杭州,臨安、於潛二縣生天目山[225],與舒州同。錢塘[226]生天竺、靈隱二寺,睦州生桐廬縣[227]山谷,歙州生婺源[228]山谷,與衡州同。潤州、蘇州又下[229]。潤州江寧縣[230]生傲山,蘇州長洲縣[231]生洞庭山,與金州、蘄州、梁州同。

劍南[232]

以彭州[233]上,生九隴縣[234]馬鞍山至德寺、棚口,與襄州同。綿州、蜀州次[235],綿州龍安縣[236]生松嶺關，與荆州同；其西昌、昌明、神泉縣西山者並佳[237]，有過松嶺者不堪採。蜀州青城縣[238]生丈人山，與綿州同。青城縣有散茶、木茶。邛州[239]次，雅州、瀘州下[240]，雅州百丈山、名山，瀘州瀘川[241]者，與金州同也。眉州、漢州又下[242]。眉州丹棱縣[243]生鐵山者，漢州，綿竹縣[244]生竹山者，與潤州同。

浙東[245]

以越州上，餘姚縣生瀑布泉嶺曰仙茗，大者殊異，小者與襄州同。明州[246]、婺州次，明州貿縣[247]生榆筴村，婺州東陽縣[248]東白山與荆州同。台州[249]下。台州始豐縣[250]生赤城者，與歙州同。

黔中[251]

生恩州、播州、費州、夷州[252]。

江南[253]

生鄂州、袁州、吉州[254]。

嶺南[255]

生福州、建州、韶州、象州[256]。福州生閩方山之陰縣也。[55]

其恩、播、費、夷、鄂、袁、吉、福、建、韶、象十一州未詳，往往得之，其味極佳。

九之略

其造具，若方春禁火[257]之時，於野寺山園，叢手而掇，乃蒸，乃舂，乃復，以火乾之，則又棨、樸、焙、貫、棚、穿、育等七事皆廢。

其煮器，若松間石上可坐，則具列廢。用槁薪、鼎鑩[258]之屬，則風爐、灰承、炭檛、火筴、交床等廢。若瞰泉臨澗，則水方、滌方、漉水囊廢。若五人已下，茶可末而精者，則羅廢。若援藟[259]躋巖，引絙[260]入洞，於山口炙而末之，或紙包合貯，則碾、拂末等廢。既瓢、碗、筴、札、熟盂、鹺簋悉以一筥盛之，則都籃廢。

但城邑之中，王公之門，二十四器[261]闕一，則茶廢矣。

十之圖

以絹素或四幅或六幅[262]，分布寫之，陳諸座隅，則茶之源、之具、之造、之器、之煮、之飲、之事、之出、之略目擊而存，於是《茶經》之始終備焉。

附録一：陸羽傳記

一、《文苑英華》卷十《陸文學自傳》[263]

陸子，名羽，字鴻漸，不知何許人也。或云字羽，名鴻漸，未知孰是？有仲宣、孟陽之貌陋，而有相如、子雲之口吃，而爲人才辯，爲性褊躁多自用意，朋友規諫，豁然不惑。凡與人宴處，意有所適，不言而去。人或疑之，謂生多嗔。又與人爲信，縱冰雪千里，虎狼當道，不僁也。

上元初，結廬於苕溪之湄，閉關讀書，不雜非類，名僧高士，談讌永日。常扁舟往山寺，隨身唯紗巾、藤鞵、短褐、犢鼻。往往獨行野中，誦佛經，吟古詩，杖擊林木，手弄流水，夷猶徘徊，自曙達暮，至日黑興盡，號泣而歸。故楚人相謂，陸子蓋今之接輿也。

始三歲，惸露育於竟陵太師積公之禪。自九歲學屬文，積公示以佛書出世之業，予答曰："終鮮兄弟，無復後嗣，染衣削髮，號爲釋氏，使儒者聞之，得稱爲孝乎？羽將授孔氏之文可乎？"公曰："善哉！子爲孝，殊不知西方染削之道，其名大矣。"公執釋典不屈，予執儒典不屈。公因矯憐撫愛，歷試賤務，掃寺地，潔僧廁，踐泥圬牆，負瓦施屋，牧牛一百二十蹄。

竟陵西湖無紙，學書以竹畫牛背爲字。他日，於學者得張衡《南都賦》，不識其字，但於牧所仿青衿小兒，危坐展卷口動而已。公知之，恐漸漬外典，去道日曠，又束於寺中，令芟剪卉莽，以門人之伯主焉。或時心記文字，懵然若有所遺，灰心木立，過日不作，主者以爲慵墮，鞭之，因歎云"恐歲月往矣，不知其書"，嗚呼不自勝。主者以爲蓄怒，又鞭其背，折其楚，乃釋。因倦所役，捨主者而去。卷衣詣伶黨，著《謔談》三篇，以身爲伶正，弄木人、假吏、藏珠之戲。公追之曰："念爾道喪，惜哉！吾本師有言：我弟子十二時中，許一時外學，令降伏外道也。以吾門人衆多，今從爾所欲,可捐樂工書。"

天寶中,郢人酺於滄浪,邑吏召予爲伶正之師。時河南尹李公齊物黜守,見異,提手撫背,親授詩集,於是漢沔之俗亦異焉。後負書火門山鄒夫子墅,屬禮部郎中崔公國輔出守竟陵,因與之遊處,凡三年。贈白驢烏犎牛一頭,文槐書函一枚,云:"白驢犎牛,襄陽太守李憕見遺;文槐函,故盧黄門侍郎所與。此物,皆己之所惜也。宜野人乘蓄,故特以相贈。"

洎至德初,秦人過江,予亦過江,與吴興釋皎然爲緇素忘年之交。少好屬文,多所諷諭,見人爲善若己有之,見人不善,若己羞之,忠言逆耳,無所回避,由是俗人多忌之。

自禄山亂中原,爲《四悲詩》,劉展窺江淮,作《天之未明賦》,皆見感激,當時行哭涕泗。著《君臣契》三卷,《源解》三十卷,《江表四姓譜》八卷,《南北人物志》十卷,《吴興歷官記》三卷,《湖州刺史記》一卷,《茶經》三卷,《占夢》上、中、下三卷,並貯於褐布囊。

上元辛丑歲子陽秋二十有九日

二、《新唐書》卷一九六《陸羽傳》

陸羽,字鴻漸,一名疾,字季疵,復州竟陵人,不知所生,或言有僧得諸水濱,畜之。既長,以《易》自筮,得"蹇"之"漸",曰:"鴻漸于陸,其羽可用爲儀",乃以陸爲氏,名而字之。

幼時,其師教以旁行書,答曰:"終鮮兄弟,而絶後嗣,得爲孝乎?"師怒,使執糞除圬塓以苦之,又使牧牛三十,羽潛以竹畫牛背爲字。得張衡《南都賦》不能讀,危坐效羣兒囁嚅若成誦狀,師拘之,令薙草莽。當其記文字,懵懵若有遺,過日不作,主者鞭苦,因歎曰:"歲月往矣,奈何不知書!"嗚咽不自勝,因亡去,匿爲優人,作詼諧數千言。

天寶中,州人酺,吏署羽伶師,太守李齊物見,異之,授以書,遂廬火門山。貌侻陋,口吃而辯。聞人善,若在己,見有過者,規切至忤人。朋友燕處,意有所行輒去,人疑其多嗔。與人期,雨雪虎狼不避也。上元初,更隱苕溪,自稱桑苧翁,闔門著書。或獨行野中,誦詩擊木,裴回不得意,或慟哭而歸,故時謂今接輿也。久之,詔拜羽太子文學,徙太常寺太祝,不就職。貞元末,卒。羽嗜茶,著經三篇,言茶之原、之法、之具尤備,天下益知飲茶矣。時鬻茶者,至陶羽形置煬突間,祀爲茶神。有常伯熊者,因羽論復廣著茶之功。御史大夫李季卿宣慰江南,次臨淮,知伯熊善煮茶,召之,伯熊執器前,季卿爲再舉杯。至江南,又有薦羽者,召之,羽衣野服,挈具而入,季卿不爲禮,羽愧之,更著《毁茶論》。其後,尚茶成風,時回紇入朝,始驅馬市茶。

三、《唐才子傳》卷三《陸羽》

羽,字鴻漸,不知所生。初,竟陵禪師智積得嬰兒於水濱,育爲弟子。及長,恥從削髪,以《易》自筮,得"蹇"之"漸"曰:"鴻漸于陸,其羽可用爲儀",始爲姓名。有學,愧一事不盡其妙。性詼諧。少年匿優人中,撰《談笑》萬言。天寶間,署羽伶師,後遁去。古人謂潔其行而穢其跡者也。上元初,結廬苕溪上,閉門讀書。名僧高士,談讌終日。貌寢,口吃而辯。聞人善,若在己。與人期,雖阻虎狼不避也。自稱桑苧翁,又號東崗子。工古調詩歌,興極閒雅,著書甚多。扁舟往來山寺,唯紗巾、藤鞋、短褐、犢鼻,擊林木,弄流水。或行曠野中,誦古詩,裴回至月黑,興盡慟哭而返。當時以比接輿也。與皎然上人爲忘言之交。有詔拜太子文學。羽嗜茶,造妙理,著《茶經》三卷,言茶之原、之法、之具,時號"茶仙",天下益知飲茶矣。鬻茶家以瓷陶羽形,祀爲神,買十茶器,得一"鴻漸"。初,御史大夫李季卿宣慰江南,喜茶,知羽,召之。羽野服挈具而入。李曰:"陸君善茶,天下所知。揚子中泠,水又殊絶。今二妙千載一遇,山人不可輕失也。"茶畢,命奴子與錢。羽愧之,更著《毁茶論》。與皇甫補闕善。時鮑尚書防在越,羽往依焉。冉送以序曰:"君子究孔、釋之名理,窮歌詩之麗則。遠墅孤島,通舟必行;魚梁釣磯,隨意而往。夫越地稱山水之鄉,轅門當節鉞之重。鮑侯知子愛子者,將解衣推食,豈徒嘗鏡水之魚,宿耶溪之月而已!"集並《茶經》今傳。

四、《唐國史補・陸羽得姓氏》

竟陵僧有于水濱得嬰兒者,育爲子弟,稍長,自筮得蹇之漸,由曰:"鴻漸于陸，其羽可用爲儀。”乃今姓陸名羽，字鴻漸。羽有文學，多意思，恥一物不盡其妙，茶術尤著。鞏縣陶者多瓷偶人，號陸鴻漸，買數十茶器得一鴻漸，市人沽茗不利，輒灌注之。羽於江湖稱竟陵子，於南越稱桑苧翁。與顏魯公厚善，及玄真子張志和爲友。和事竟陵禪師智積，異日他處聞禪師去世，哭之甚哀，乃作詩寄情，其略云：“不羡白玉盞，不羡黄金罍。亦不羡朝入省，亦不羡暮入台。千羡萬羡西江水，竟向竟陵城下來。”貞元末卒。

附録二：歷代《茶經》序、跋

一、〔唐〕皮日休序

案《周禮》酒正之職辨四飲之物，其三曰漿，又漿人之職，供王之六飲，水漿醴涼醫酏入於酒府。鄭司農云：以水和酒也。蓋當時人率以酒醴爲飲，謂乎六漿，酒之醨者也，何得姬公製？《爾雅》云：“檟，苦荼。”即不擷而飲之，豈聖人純於用乎？抑草木之濟人，取捨有時也。自周以降及于國朝茶事，竟陵子陸季疵言之詳矣。然季疵以前，稱茗飲者，必渾以烹之，與夫瀹蔬而啜者無異也。季疵之始爲經三卷，由是分其源，制其具，教其造，設其器，命其俾飲之者，除痟而去癘，雖疾醫之，不若也。其爲利也，於人豈小哉！余始得季疵書，以爲備矣。後又獲其《顧渚山記》二篇，其中多茶事；後又太原温從雲、武威段碣之各補茶事十數節，並存於方册。茶之事，由周至於今，竟無纖遺矣。昔晉杜育有《荈賦》，季疵有《茶歌》，余缺然於懷者，謂有其具而不形於詩，亦季疵之餘恨也。遂爲十詠，寄天隨子。

二、〔宋〕陳師道《茶經序》（據上海古籍出版社景印北京圖書館宋刻本《後山居士文集》）

陸羽《茶經》，家書一卷，畢氏、王氏書三卷，張氏書四卷，内外書十有一卷。其文繁簡不同，王、畢氏書繁雜，意其舊文；張氏書簡明與家書合，而多脱誤；家書近古可考正自七之事，其下亡；乃合三書以成之，録爲二篇，藏於家。夫茶之著書自羽始，其用於世亦自羽始，羽誠有功於茶者也。

上自宫省,下迨邑里,外及戎夷蠻狄,賓祀燕享,預陳於前,山澤以成市,商賈以起家,又有功於人者也,可謂智矣。經曰:“茶之否臧,存之口訣。”則書之所載,猶其粗也。夫茶之爲藝下矣,至其精微,書有不盡,況天下之至理,而欲求之文字紙墨之間,其有得者乎?昔者先王因人而教,同欲而治,凡有益於人者,皆不廢也。世人之説曰,先王《詩》《書》《道德》而已,此乃世外執方之論,枯槁自守之行,不可羣天下而居也。史稱羽持具飲李季卿,季卿不爲賓主,又著論以毁之。夫藝者,君子有之,德成而後及,乃所以同於民也;不務本而趨末,故業成而下也。學者慎之!

三、〔明〕陳文燭《茶經序》

先通奉公論吾沔人物,首陸鴻漸,蓋有味乎《茶經》也。夫茗久服,令人有力悦志,見《神農食經》,而曇濟道人與〔王〕子尚設茗八公山中,以爲甘露,是茶用於古,羽神而明之耳。人莫不飲食也,鮮能知味也。稷樹藝五穀而天下知食,羽辨水煮茶而天下知飲,羽之功不在稷下,雖與稷並祠可也。及讀自傳,清風隱隱起四座,所著《君臣契》等書,不行於世,豈自悲遇不禹稷若哉!竊謂禹稷、陸羽,易地則皆然。昔之刻《茶經》、作郡志者,豈未見兹篇耶?今刻於經首,次《六羨歌》,則羽之品流概見矣。玉山程孟孺善書法,書《茶經》刻焉,王孫貞吉繪茶具,校之者,余與郭次甫。結夏,金山寺飲中泠第一泉。

明萬曆戊子夏日郡後學陳文燭玉叔撰

四、〔明〕童承敘《陸羽贊》

余嘗過竟陵,憩羽故寺,訪雁橋,觀茶井,慨然想見其爲人。夫羽少厭髡緇,篤嗜墳素,本非忘世者,卒乃寄號桑苧,遁跡苕霅,嘯歌獨行,繼以痛哭,其意必有所在,時乃比之接輿,豈知羽者哉!至其性甘茗荈,味辨淄澠,清風雅趣,膾炙今古。張顛之於酒也,昌黎以爲有所托而逃,羽亦以是夫!

五、〔明〕李維楨《茶經序》

徐微休尚論邑之先賢,於唐得陸鴻漸。泉無恙而《茶經》漶滅不可讀,取善本覆校，鍥諸梓，屬余爲序。蓋茶名見《爾雅》，而《神農食經》、華佗《食論》、壺居士《食忌》、桐君及陶弘景録、魏王《花木志》胥載之，然不專茶也。晉杜育《荈賦》、唐顧況《茶論》，然不稱經也。韓翃《謝茶啟》云：吴主禮賢置茗，晉人愛客分茶，其時賜已千五百串，常魯使西番，番人以諸方産示之，茶之用已廣。然不居功也。其筆諸書，而尊爲經而人又以功歸之，實自鴻漸始。夫揚子雲、王文中一代大儒，《法言》中説，自可鼓吹六經，而以擬經之故，爲世詬病。鴻漸品茶小技，與經相提而論，人安得無異議？故溺其好者，謂窮《春秋》，演河圖，不如載茗一車，稱引並於禹稷，而鄙其事者，使與傭保雜作，不具賓主禮。《氾論訓》曰：伯成子高辭諸侯而耕，天下高之，今之時辭官而隱處鄉邑，下於古爲義，於今爲笑，豈可同哉。鴻漸混跡牧豎、優伶，不就文學，太祝之拜，自以爲高，此難爲俗人言也。所著《君臣契》三卷，《源解》三十卷、《江表四姓譜》十卷、《南北人物志》十卷、《占夢》三卷不盡傳，而獨傳《茶經》，豈以他書人所時有，此爲觭長，易於取名如承蜩、養雞、解牛、飛鳶、弄丸、削鐻之屬驚世駭俗耶？李季卿直技視之，能無辱乎哉！無論季卿，曾明仲《隱逸傳》且不收矣。費衮云：鞏有瓷偶人，號陸鴻漸，市沽茗不利，輒灌注之，以爲偏好者戒。李石云鴻漸爲茶論並煎炙法，常伯熊廣之，飲茶過度遂患風氣，北人飲者，多腰疾偏死，是無論儒流，即小人且求多矣！後鴻漸而同姓魯望嗜茶，置園顧渚山下，歲收租，自判品第，不聞以技取辱。鴻漸嘗問張子同孰爲往來，子同曰："太虚爲室，明月爲燭，與四海諸公共處，未嘗少别，何有往來？兩人皆以隱名，曾無尤悔。"僧晝對："鴻漸使有宣尼博識、胥臣多聞，終日目前，矜道侈義，適足以伐其性，豈若松巖、雲月、禪坐相偶無言而道合，志静而性同，吾將入杼山矣。"遂束所著燬之。度鴻漸不勝伎倆磊塊，沾沾自喜，意奮氣揚，體大節疏。彼夫外飾邊幅，内設城府，寧見容耶？聖人無名，得時則澤及天下，不知誰氏；非時則自埋於民，自藏於畔。生無爵，死無謚，有名則愛憎、是非、雌雄、片合紛起。鴻漸殆以名誨妬耶？雖然牧豎、優伶可與浮沉，復何嫌於傭保。古人玩世不恭，不失爲聖。鴻漸有執以成名，亦寄傲耳！子京言放利之徒假隱自名，以詭禄仕。肩摩於道，終南嵩山，成仕途捷徑，如鴻漸輩，各保其素可貴慕也。太史公曰：富貴而名磨滅，不可勝數,惟俶儻非常之人稱焉。鴻漸窮厄終身,而遺書遺蹟,百世之下寶愛之,以爲山川邑里重,其風足以廉頑立懦,胡可少哉!夫酒食禽魚,博塞摴蒱,諸名經者夥矣,茶之有經也奚怪焉!

六、〔清〕徐同氣《茶經序》

余曾以屈、陸二子之書付諸梓,而毁于燹,計再有事而屈郡人。陸,里人也,故先鐫《茶經》。客曰:子之於《茶經》奚取?曰:取其文而已。陸子之文,奥質奇離,有似《貨殖傳》者,有似《考工記》者,有似周王傳者,有似山海、方輿諸記者。其簡而賅,則《檀弓》也,其辨而纖,則《爾雅》也,亦似之而已,如是以爲文,而以無取乎?客曰:其文遂可爲經乎?曰:經者,以言乎其常也,水以源之盈竭而變,泉以土脈之甘澀而變,瓷以壤之脆堅、焰之浮燼而變,器以時代之刓、事工之功利而變,其驚爲經者,亦以其文而已。客曰:陸子之文,如《君臣契》《源解》《南北人物志》及《四悲歌》《天之未明賦》諸書,而蔽之以《茶經》,何哉?曰:諸書或多感憤,列之經傳者,猶有猳冠、傖父氣,《茶經》則雜于方技,迫於物理,肆而不厭,傲而不忤,終古以此顯,足矣。客曰:引經以繩茶,可乎?曰:凡經者,可例百世,而不可繩一時者也。孔子作《春秋》,七十子惟口授傳其旨,故《經》曰:茶之臧否,存之口訣,則書之所載,猶其粗者也。抑取其文而已。客曰:文則美哉,何取於茶乎?曰:神農取其悦志,周公取其解酲,華佗取其益意,壺居士取其羽化,巴東人取其不眠,而不可概於經也。陸子之經,陸子之文也。

此外尚有明代吴旦、汪可立、王寅、張睿、魯彭,清代徐篁爲《茶經》作過序跋。

注 釋

1 萬國鼎《茶書總目提要》等茶書書目中有列,但不見於中國國家圖書館藏清嘉慶版《漢唐地理書鈔》。

2 尺:唐尺有大尺和小尺之分,一般用大尺,傳世或出土的唐代大尺一般都在三十厘米左右。

3 巴山峽川：指四川東部、湖北西部地區。

4 瓜蘆：又名皋蘆，是分布於我國南方的一種葉似茶葉而味苦的樹木。裴淵《廣州記》："酉陽縣出皋蘆，茗之別名，葉大而澀，南人以爲飲。"李時珍《本草綱目》云："皋蘆，葉狀如茗，而大如手掌，接碎泡飲，最苦而色濁，風味比茶不及遠矣。"唐人有煎飲皋蘆者，皮日休有"石盆煎皋蘆"詩句。

5 梔子：屬茜草科，常緑灌木，葉對生，長橢圓形，近似茶葉。

6 白薔薇：屬薔薇科，落葉灌木，花冠近似茶花。

7 栟櫚（bīng lǘ）：即棕櫚，屬棕櫚科，核果近球形，淡藍黑色，有白粉。

8 丁香：屬桃金娘科，一種香料植物。

9 胡桃：屬核桃科，深根植物，根深常達兩三米以上。

10 廣州：唐代乾元元年（758）至乾寧二年（895）的廣州，治所在今廣州市。

11 蒲葵：屬棕櫚科。

12 《開元文字音義》：唐玄宗開元二十三年（735）編成的一部字書，三十卷，已佚，有清代黄奭等輯本。因書中已收有"茶"字，又出在陸羽《茶經》寫成之前二十五年，所以並不如南宋魏了翁在《邛州先茶記》中說："惟自陸羽《茶經》、盧仝《茶歌》、趙贊茶禁之後，則遂易茶爲茶。"

13 《本草》：指唐代蘇虞等人所撰的《本草》（今稱《唐本草》，已佚），宋《重修政和經史證類備用本草》卷13有引此書的內容。

14 《爾雅》：中國最早的字書，共十九篇。古來相傳爲周公所撰，或謂孔子門徒解釋六藝之作。蓋係秦漢間經師綴集舊文，遞相增益而成，非出於一時一手。按本節"其字"從草、從木、草木并的三個字是指茶的幾個异體、通用字。

15 檟（jiǎ），蔎（shè），荈（chuǎn）：按本節"其名"指茶的五個别名。

16 周公：姓姬名旦，周文王之子，周武王之弟。武王死後，輔佐武王子成王，改定官制，製作禮樂，完備了周朝的典章文物。因其采邑在成周，故稱爲周公。

17 揚執戟：即揚雄(前53—18)，字子雲，西漢蜀郡成都(今四川成都)人，曾任黄門郎，而漢代郎官都要執戟護衛宫廷，故稱揚執戟。著有《法言》《方言》等。辭賦與司馬相如齊名。《漢書》卷87有傳。

18 郭弘農：即郭璞(276—324)，字景純，河東聞喜(在今山西)人。曾仕東晋元帝，明帝時因直言而爲王敦所殺，後贈弘農太守。博洽多聞，曾爲《爾雅》《楚辭》《山海經》《方言》等書作注。《晉書》卷72有傳。

19 礫壤：指砂質土壤或砂壤。

20 法如種瓜：據《齊民要術》，種瓜的要點，是精細整地，挖坑深、廣各尺許，施糞作基肥，播子四粒。與目前茶子直播法無多大區别。

21 瘕(jiǎ)：中醫把氣血在腹中凝結成塊稱瘕。

22 醍醐(tí hú)：是經過多次制煉的乳酪，如《涅槃經・聖行》説："從乳出酪，從酪出生酥，從生酥出熟酥，熟酥出醍醐。醍醐最。"

23 上黨：唐代上黨郡，在今山西南部長治一帶。

24 百濟：朝鮮古國，在今朝鮮半島西南部漢江流域。 新羅：朝鮮半島東部之古國，公元前57年建國，後爲王氏高麗取代，與中國唐朝有密切關係。

25 高麗：即古高句麗國，在今朝鮮北部。

26 澤州：唐時屬河東道高平郡，在今山西晋城。 易州：屬唐時河北道上谷郡，在今河北易縣一帶。幽州：唐屬河北道范陽郡，即今北京及周圍一帶地區。 檀州：唐屬河北道密雲郡，在今北京密雲一帶。

27 薺苨(jì ní)：屬桔梗科，根莖與人參相似。劉勰《新論》云："愚與直相像，若薺苨之亂人參。"

28 六疾：指六種疾病。《左傳・昭公元年》："天有六氣……淫生六疾，六氣曰陰、陽、風、雨、晦、明也。分爲四時，序爲五節，過則爲災。陰淫寒疾，陽淫熱疾，風淫末疾，雨淫腹疾，晦淫惑疾，明淫心疾。"後以"六疾"泛指各種疾病。 瘳(chōu)：病愈。

29 籯(yíng)：筐籠一類的盛物竹器，也作"籝"。原注音加追反，誤。

30 筥(jǔ)：圓形的盛物竹器。《詩經》毛傳："方曰筐，圓曰筥。"

31 升：唐代的一升等於0.594 4公升，約600毫升。

32 㪷：同“斗”，一斗合十升。

33 此句出《漢書》卷73《韋賢傳》“遺子黄金滿籯，不如一經”，《昭明文選》劉逵注引《韋賢傳》，“籯”作“篋”，陸羽《茶經》沿用此“篋”。

34 顔師古(581—645)：名籀，字師古，以字行，曾仕唐太宗朝，官至中書郎中。曾爲班固《漢書》等書作注。《舊唐書》卷73、《新唐書》卷198有傳。

35 突：煙囱。唐陸龜蒙《茶竈》詩有“無突抱輕嵐，有煙映初旭”，描繪當時茶竈不用煙囱的情形。

36 甑(zèng)：古代用於蒸食物的炊器。

37 箄(bēi)：小籠，竹製的捕魚具。周靖民先生認爲當是“箅”(bì)，甑内有孔隙的竹編隔水器。《廣韻》：“甑，箅也。”

38 穀木：指構樹或楮樹，桑科，在中國分布很廣，它的樹皮韌性大，可用來作繩索，故下文有“以穀皮爲之”語。

39 膏：此處指茶葉中的膏汁。

40 棬：指像升或盂一樣的器物，曲木製成。

41 檐：同“簷”。這裏指鋪在砧上的布，用以隔離砧石、木與茶餅，使製成的茶餅易於拿起。吴覺農《茶經述評》認爲當是“襜”的誤用。襜(chán)，繫在衣服前面的圍裙。

42 芘(bì)莉：芘、莉原爲兩種草，此處指一種用草編織成的列茶工具。

43 篣筤(páng láng)：篣、筤原爲兩種竹，此處指一種用竹編成的列茶工具。

44 棨(qǐ)：此指用來在餅茶上鑽孔的錐刀。

45 解(jiè)：搬運，運送。

46 焙(bèi)：這裏指烘焙茶餅用的焙爐。

47 穿(chuàn)：貫串製好的茶餅的索狀工具。

48 江東：指長江中下游地帶。　淮南：指淮河以南長江以北地區；又，淮南道是唐代的十道之一。

49 峽中：指長江在四川、湖北境内的三峽地帶。

50 塘煨(táng wēi)：即熱灰，可以煨物。

51 熅熅：火勢微弱的樣子。

52 凌露採焉：趁着露水還卦在茶葉上未乾時就采茶。

53 叢薄：聚木曰叢，深草曰薄，叢薄指草木叢生的地方。

54 犎(fēng)：一種野牛，即封牛，百川學海本、鄭熜本注曰“犎，音朋，野牛也”。 臆：指胸部。《漢書·西域傳》：“罽賓出犎牛”，顔師古注：“犎牛，項上隆起者也”，積土爲封，因爲犎牛頸後肩胛上肉塊隆起，故以名之。

55 廉襜：指像帷幕的邊垂一樣，起伏較大。廉，邊側；襜，帷幕。

56 輪囷(qūn)：《史記·鄒陽傳》“輪囷離佹”，注曰“委曲盤戾也”。囷，指曲折迴旋狀。

57 涵澹：水因微風而摇蕩的樣子。

58 泚(chǐ)：清，鮮明。

59 籜(tuò)：竹皮，俗稱笋殼，竹類主秆所生的葉。

60 簏簁：簏，同“篩”；簁，亦同“篩”。《説文·竹部》：“簏，竹器也，可以去粗取細，從竹，麗聲。”段玉裁注：“簏，簁，古今字也，《(漢)書·賈山傳》作篩。”

61 坳垤(dié)：指茶餅表面凹凸不平整。垤，小土堆。

62 炭檛(zhuā)：碎炭用的器具。檛，敲打，擊打。

63 拂末：拂掃茶末的用具。

64 鹺(cuó)：味濃的鹽。 簋(guǐ)：古代橢圓形盛物用的器具。 揭：與“詠”同，竹片作的取茶用具。

65 杇墁：塗牆用的工具。

66 古文：上古之文字，如甲骨文、金文、古籀文和篆文等。

67 坎、巽、離：均爲八卦的卦名之一，坎的卦形爲“☵”，象水；巽的卦形爲“☴”，象風象木；離的卦形爲“☲”，象火象電。

68 滅胡：指唐朝平定安禄山、史思明等八年叛亂，在廣德元年(763)。陸羽的風爐造在此年的明年即764年。從此句可知《茶經》最早也當寫成於764年之後。

69 伊公：即伊摯。

70 墆(dié)：貯也，止也。 垛(niè)：墆垛指風爐口緣上所置用以放鍋的支撐物。

71 翟：長尾的山鷄。

72 柈(pán)：同“盤”。

73 六出：花開六瓣及雪花晶成六角形都叫六出，這裏指用竹條織出六角形的洞眼。

74 鑠：這裏指摩削之意。

75 鋹(zhǎn)：一義爲燈盤，一義即爲本文中的炭檛上的飾物。

76 河隴：河指甘肅的河州，今臨夏縣附近；隴指陝西鳳翔的隴州，今隴縣附近。

77 木吾：木棒名，指防禦用的木棒。吾，防禦。

78 筯：這裏指火鉗。

79 本句指火筴頭無修飾。

80 耕刀：犁頭。 趄(jū)：本意趑趄不前，行走困難。這裏引申爲用壞了不能再使用的犁頭。

81 洪州：即今江西南昌，歷來出産褐色名瓷。天寶二年(743)，韋堅鑿廣運潭，獻南方諸物産，豫章郡(洪州天寶間改稱豫章)載“力士飲器，茗鐺、釜”等，在長安望春樓下供玄宗及百官觀賞。

82 萊州：治所在今山東萊州，唐時的轄境相當於今山東萊州、即墨、萊陽、平度、萊西、海陽等地。《新唐書・地理志》載萊州供石器。

83 交床：即胡床，一種可折疊的輕便坐具，也叫交椅、繩床。

84 篠(xiǎo)：小竹。又寫作“筱”。

85 剡(shàn)藤紙：剡溪所産的以藤作的紙，唐代定爲貢品。剡溪即今浙江嵊州。

86 墮：碾輪。

87 匕：食器，曲柄淺斗，狀如今之羹匙。古代也用作量藥的器具。方寸匕，《本草綱目》引用陶弘景《名醫别録》：“方寸匕者，作匕正方一寸，抄散取不落爲度。”

88 椆(chòu)木：屬山毛櫸科。 楸、梓：均爲紫葳科。

89 漉：過濾，滲。

90 縑（jiān）：細絹。

91 《荈賦》：原文已佚，現可從《北堂書鈔》《藝文類聚》《太平御覽》等書中輯出二十餘句，已非全文。

92 餘姚：今浙江餘姚。

93 丹丘：神話中的神仙居住之地，晝夜長明。屈原《遠遊》："仍羽人於丹丘兮，留不死之舊鄉。"後來道家以丹丘子指來自丹丘仙鄉的仙人。

94 罍（léi）：酒樽，其上飾以雲雷紋，形似大壺。

95 越州：治所在會稽（今浙江紹興），轄境相當於今浦陽江、曹娥江流域及餘姚。在唐、五代、宋時以産秘色瓷器著名，瓷體透明，是青瓷中的絶品。

96 鼎州：唐曾經有二，一在湖南，轄境相當於今湖南常德、漢壽、沅江、桃源等縣一帶；二在陝西，今涇陽、醴泉、三原、雲陽一帶。

97 婺州：唐轄境相當於今浙江金華江、武義江流域各縣。

98 岳州：相當於今湖南洞庭湖東、南、北沿岸各縣。

99 壽州：在今安徽壽縣一帶。

100 邢州：相當於今河北巨鹿、廣宗以西，泜河以南，沙河以北地區。唐宋時期邢窑燒製瓷器，白瓷尤爲佳品。

101 白蒲：莎草科。

102 帊（pà）：帛二幅或三幅爲帊，亦作衣服解。紙帊，指茶碗的紙套子。

103 絁（shī）：粗綢，似布。

104 扃（jiōng）：門箱窗櫃上的插關。

105 培塿：義爲小山或小土堆。

106 穰（ráng）：禾莖稈的内在部分。

107 倪倪：弱小的樣子。

108 勞薪之味：指用陳舊或其他不適宜的木柴燒煮而致使味道受影響的食物，典出《世説新語・術解》："荀勗嘗在晉武帝坐上食筍進飯，謂在坐人曰：'此是勞薪炊也。'坐者未之信，密遣問之，實用故車脚。"《晉書》卷39亦載有此事。

109　乳泉：從石鐘乳滴下的水，富含礦物質。

110　火天：熱天，夏天。霜降是節氣名，公曆10月23日或24日。

111　䶗䶣（gǎn dǎn）：無味。

112　餑：茶湯表面上的浮沫。

113　緑錢：苔蘚的别稱。

114　罇：盛酒的器皿。俎：盛肉的禮器。

115　蘛（fū）：花的通名。

116　緗：淺黄色。

117　歕（sǐ）：香美。

118　呿（qū）：張口狀。

119　遠祖納（320？—395）：即陸納，陸羽因與陸納同姓，故稱之爲遠祖。陸納为晋時吴郡吴（今江蘇蘇州）人，官至尚書令，拜衛將軍。《晉書》卷77有傳。

120　兩都：指唐朝的西京長安，東都洛陽。　荆：荆州，江陵府，天寶間一度爲江陵郡。　渝：渝州，天寶間稱南平郡，治巴縣（今重慶）。

121　痷（ān）：泛，浮泛，此指以水浸泡茶葉之意。

122　黄山君：漢代仙人。

123　歸命侯：三國時吴國的末代皇帝孫皓（242—283，264—280年在位），於280年降晋，被封爲歸命侯。

124　晉惠帝：即司馬衷（259—307，290—306年在位），是西晋的第二代皇帝。

125　張載：字孟陽，曾任中書侍郎，未任過黄門侍郎，而是其弟張協（字景陽）任過此職。《茶經》此處當有誤記。

126　傅咸（239—294）：字長虞，西晋時人，曾任官司隸校尉。

127　江統：西晋時人，曾任子洗馬。

128　桓温（312—373）：東晋時人，曾任揚州牧。

129　沛國夏侯愷：《搜神記》卷16中的人物，沛國在今江蘇沛縣、豐縣一帶。

130　餘姚虞洪：亦是《搜神記》中之人物，餘姚即今浙江餘姚。

131　丹陽：即今江蘇鎮江。

132　安丘：即今河南澠池。　育長：爲任瞻字，東晋時安丘人。

133　宣城秦精：是《續搜神記》中人物，宣城即今安徽宣城。

134　剡縣陳務妻：是《異苑》中的人物，剡縣即今浙江嵊州。

135　廣陵老姥：是《廣陵耆老傳》中的人物，廣陵即今江蘇揚州。

136　瑯琊王肅：字恭懿（464—501），初仕南齊，後因父兄爲齊武帝所殺，乃奔北魏，《魏書》卷63有傳。琅琊在今山東臨沂一帶。

137　新安王子鸞：南朝宋孝武帝第八子。又，豫章王子尚是第二子，當子尚爲兄，《茶經》此處有誤。事見《宋書》卷80。

138　鮑照妹令暉：鮑照是南朝宋的一位著名詩人，東海（今山東郯城）人，其妹令暉亦是一位優秀詩人，鍾嶸在其《詩品》中對她有很高的評價，《玉台新詠》載其"著《香茗賦集》行於世"，該集已佚，僅存書目。唐人避武后嫌名，改"照"爲"昭"。

139　世祖武帝：即南朝齊國第二代皇帝蕭賾（440—493），482—493年在位。

140　劉廷尉：即劉孝綽（481—539），廷尉是官名。

141　徐勣（594—669）：即李勣，唐初名將，本姓徐，名世勣，字懋功，賜姓李，避太宗李世民諱改爲單名勣。

142　《神農食經》：傳説爲炎帝神農所撰，實爲西漢儒生托名神農氏所作。

143　《廣雅》，三國魏張揖所撰，原三卷，隋代曹憲作音釋，始分爲十卷，體例内容根據《爾雅》而内容博采漢代經書箋注及《方言》《説文》等字書增廣補充而成。隋代爲避煬帝楊廣名諱，改名爲《博雅》，後二名并用。

144　芼（mào）：蔬菜，此處指多種植物食物合煮爲羹之意。

145　《晏子春秋》：舊題春秋晏嬰撰，所述皆嬰遺事，當爲後人摭集而成。今凡八卷。《茶經》所引内容見其卷六内篇雜下第六，文稍异。

146　《凡將篇》：漢司馬相如所撰字書，已佚，現有清任大椿《小學鉤沈》、馬國翰《玉函山房輯佚書》本。

147　烏啄：原名草頭烏，又名烏頭，屬毛茛科附子屬。　桔梗：桔梗科桔梗屬。　芫華：又作芫花，瑞香科瑞香屬。　款冬：菊科款冬屬。　貝母：百合科貝母屬。　木蘗：即黄柏，芸香科黄蘗屬。　蔞：即蔞菜，胡椒科土蔞藤屬。　芩草：禾本科菅屬。　漏蘆：菊科漏蘆屬。　蜚廉：菊科飛廉屬。　萑菌：《本草綱目》認爲"萑"當作"雈"，讀如桓，蘆葦屬，其菌屬菌蕈科。　白斂：亦作白蘞，葡萄科葡萄屬。　白芷：傘形科鹹草屬。　菖蒲：天南星科白菖屬。　芒硝：樸硝加水熬煮後結成的白色結晶體即芒硝。　莞椒：吴覺農先生認爲恐爲華椒之誤，華椒即秦椒，芸香科秦椒屬，可供藥用。在宋代，有以椒入茶煎飲的。

148　《方言》：西漢揚雄撰，但《茶經》所引本句并不見於《方言》原文，而是見於晋郭璞所著的《方言注》。

149　事又見《晉書》卷77《陸曄傳》附傳《陸納傳》，文有節略并稍异。

150　《搜神記》：晋干寶撰，本條見其書卷16，文稍异。

151　南兖州：據《晉書・地理志下》載："元帝僑置兖州，寄居京口。後改爲南兖州，或居江南，或居盱眙，或居山陽。"因爲在山東、河南的原兖州已被石勒占領，東晋於是在南方僑置南兖州。東晋這樣的僑置州郡很多。

152　安州：晋無安州，晋至隋時只有安陸郡，到唐代才改爲安州，在今湖北安陸縣一帶。故《茶經》所引此信，恐非劉琨當時的原文。

153　吾體中潰悶，常仰真茶，汝可置之：《太平御覽》卷867引作"吾體中煩悶，常仰茶，汝可信信置之"。

154　《神異記》：魯迅《中國小説史略》曰："類書間有引《神異記》者，則爲道士王浮作。"王浮，西晋惠帝時人。

155　詩又名爲《登成都白菟樓》。

156　程卓：指漢代程鄭和卓王孫兩大富豪之家。《史記・貨殖列傳》説卓氏之富"傾動滇蜀"，程氏則"富埒卓氏"。

157　五侯：公、侯、伯、子、男五等爵，後以泛稱權貴之家。

158　吴鈎：即吴越之地出産的刀劍，刃稍彎。鮑照《結客少年行》有"驄馬金絡頭,錦帶懸吴鈎”語。

159 六清：是《周禮·天官·膳夫》中所指的六種飲料,即水、漿、醴、涼、醫、酏,本句意指茶飲品味在六清等諸種飲料之上。

160 柰：俗名花紅,亦名沙果。李時珍《本草綱目·果部》集解：柰與林檎一類二種也,樹實皆似林檎而大。按花紅、林檎、沙果實一物而异名,果味似蘋果,供生食,從古代大宛國傳來。

161 峘陽：峘通“恆”,恒陽有二解,一是指恒山山陽地區,一是指恒陽,今河北曲陽。

162 南中：現今雲南。

163 西極：指西域或天竺。　石蜜：用甘蔗榨糖,成塊者即爲“石蜜”。

164 懸豹：或爲懸鈎形似之誤,否則殊不可解。懸鈎又稱山莓、木莓,薔薇科,莖上有刺,子酸美,人多采食。

165 《華佗食論》：一作《華佗食經》,東漢時著作。

166 《晉書·惠帝紀》中所記内容爲“以瓦盂盛飯”,與本書所引不同。

167 《異苑》：志怪小説及人物异聞集,南朝劉敬叔撰。

168 翳桑之報：春秋時晋國大臣趙盾在翳桑打獵時,遇見了一個名叫靈輒的飢餓垂死之人,趙盾很可憐他,親自給他吃飽食物。還預備食物讓他帶回家給母親吃。後來晋靈公埋伏了很多甲士要殺趙盾,突然有一個甲士倒戈救了趙盾。趙盾問及原因,甲士回答他説:“我是翳桑的那個餓人,來報答你的一飯之恩。”事見《左傳》宣公二年。

169 《藝術傳》：指《晉書》卷 95《藝術傳》,本書所引文爲其節略,且文有异。

170 武康,在今浙江德清。

171 王微(415—443)：字景玄,南朝宋人。本節最初所列人名總目中漏列王微名。王微有《雜詩》二首,《茶經》所引爲第一首。

172 晉安王：即南朝梁武帝第二子蕭綱(503—551),繼立爲太子,550—551 年在位,稱簡文帝。

173 菹(zū)：同“葅”,酢菜。

174 昌荇：昌同“菖”,菖蒲;荇,荇菜,水草名。

175　疆場：典出《詩經・小雅・信南山》："中田有廬，疆場有瓜。"

176　茸精：加倍的好。茸，重疊。

177　純(tún)束野麏(jūn)：麏同"麇"，獐子；純，包束。典出《詩經・召南・野有死麇》："野有死麇，白茅純束。"

178　裛(yì)：纏裹。

179　粲：上等的白米。《詩・鄭風・緇衣》傳曰：粲，食也。

180　典出《莊子・逍遥遊》："適百里者宿舂糧，適千里者必聚糧。"

181　蓴羹：蓴，睡蓮科，多年生水生草木，夏采嫩葉作蔬。《詩經・魯頌・泮水》"薄采其茆"，孔疏："茆……江南人謂之蓴菜。"

182　《桐君録》：全名爲《桐君採藥録》，或簡稱《桐君藥録》，南朝梁陶弘景《名醫别録自序》中載有此書，當成書於東晋以後，五世紀以前。

183　西陽：在今湖北黄岡一帶。　武昌：漢時武昌爲今鄂城，三國以後的武昌郡則爲今之武昌。　廬江：晋代郡名，治所在舒(今安徽廬江西南)。　晉陵：在今江蘇常州。

184　天門冬：多年生草木，可藥用。　拔揳：别名金剛骨、鐵菱角，屬百合科，多年生草本植物，根狀莖可藥用，能止渴，治痢。乾隆二十一年《桐廬縣志》卷36轉引《唐詩紀事》引陸羽《茶經》中《桐君録》文爲："西陽、武昌、廬江、晉陵好茗，而不及桐廬。又謂，凡可飲之物，茗取其葉，天門冬取子、菝揳取根。"與《茶經》原文不盡相同。

185　巴東：東漢的巴東郡在今重慶奉節東，現在的巴東則在湖北。

186　大皂李：即皂莢，其果、刺、子皆入藥。

187　交、廣：東漢交州在今廣西梧州一帶，廣即今廣州。

188　辰州：唐時屬江南道，轄境相當於今湖南沅陵以南的沅江流域以西地區，溆浦爲其所轄縣，今湖南仍有溆浦。

189　烏程縣：今浙江湖州。

190　夷陵：今湖北宜昌。黄牛、荆門、女觀、望州等山都在宜昌附近。

191　永嘉縣：即今浙江永嘉。

192　山陽縣：今江蘇淮安。茶陂在山陽西南二十里。

193　茶陵：即今湖南茶陵。

194 《茶經》中所引爲李勣、蘇恭等修訂的《唐本草》。

195 益州：今四川成都。

196 兩句分别出《詩經》之《邶風·谷風》、《大雅·緜》。

197 山南：唐代貞觀年間十道之一，因在終南、太華二山之南，故名。其轄境相當今四川嘉陵江流域以東，陝西秦嶺、甘肅嶓塚山以南，河南伏牛山西南，湖北溳水以西，自重慶至湖南岳陽之間的長江以北地區。

198 峽州：一名硤州，因在三峽之口得名，治所在今湖北宜昌。

199 遠安縣：在今湖北遠安。 宜都縣：在今湖北宜都。 夷陵縣：唐朝峽州州治之所在，在今湖北宜昌東南。

200 襄州：屬唐代襄陽郡，在今湖北襄樊。

201 江陵縣：唐時荆州州治之所在，在今湖北江陵。

202 衡州：唐屬江南西道，在今湖南衡陽一帶。

203 衡山縣：四庫全書本誤爲"衡州"，約在今湖南衡山。

204 金州：屬唐代山南道安康郡，治所在今陝西安康。 梁州：唐屬山南道漢中郡、治所在今陝西漢中。

205 西城縣：唐代金州治所，即今陝西安康。 安康縣：唐代金州屬縣，在今陝西漢陰。

206 襄城縣：即今河南襄城。 金牛縣：唐縣名，今已廢，唐時轄境約在今陝西寧强西北。

207 淮南：唐代貞觀年間十道、開元年間十五道之一，其轄境在今淮河以南、長江以北、東至湖北應山、漢陽一帶地區，相當於今江蘇北部、安徽河南的南部、湖北東部，治所在揚州。

208 光州：唐屬淮南道，治所在今河南光山，後移至潢州。

209 光山縣：即今河南光山。

210 義陽郡：相當於今河南信陽一帶。 舒州：唐武德四年(621)改同安郡置，治所在懷寧縣(今安徽潜山)，天寶初復爲同安郡，至德年間改爲盛唐郡，乾元初復爲舒州。

211 義陽縣：在今河南信陽南。

212 太湖縣：相當於今安徽太湖。

213 盛唐縣：相當於今安徽六安。

214 蘄州：在今湖北蘄春一帶。 黄州：在今湖北黄崗一帶。

215 黄梅縣：即今湖北黄梅。

216 麻城縣：在今湖北東北部麻城。

217 浙西：唐代浙江西道，其轄境相當於今江蘇南部浙江北部地區。

218 湖州：即今浙江湖州。

219 長城縣：即今浙江長興。

220 常州：屬唐江南東道，在今江蘇常州。

221 安吉縣：在今浙江安吉。

222 義興縣：即今江蘇宜興。

223 宣州：在今安徽宣城一帶。 杭州：即今浙江杭州。 睦州，相當於今浙江淳安、建德一帶。 歙州：即今安徽歙縣。

224 太平縣：即今安徽南部之太平。

225 臨安縣：即今杭州臨安。 於潛縣：今屬臨安。

226 錢塘縣：在今浙江杭州。

227 桐廬縣：即今浙江杭州桐廬。

228 婺源：相當於今江西婺源。

229 潤州：即今江蘇鎮江。 蘇州，即今江蘇蘇州。

230 江寧縣：在今南京江寧。

231 長洲縣：相當於今蘇州。

232 劍南：唐代道名，轄境包括現在四川的大部和雲南、貴州、甘肅的部分地區。

233 彭州：在今四川温江。

234 九隴縣：即今四川彭州。

235 綿州：即今四川綿陽一帶。 蜀州：今四川崇州。

236 龍安縣：在今四川綿陽安州東北。

237 西昌：即今四川凉山彝族自治州中部西昌。 昌明、神泉：兩縣轄境相當於後來的彰明，彰明現已并入江油。《唐國史補》："東川有神泉小團，昌明獸目。”《侯鯖録》卷4言：“唐茶川東有神泉、昌明。”《能改齋漫録・綿州緑茶》有曰：白樂天詩云“渴嘗一盞緑昌明”，彰明即唐昌明縣。

238　青城縣：在今四川都江堰市。

239　邛州：在今四川邛崃一帶。

240　雅州：在今四川雅安一帶。　瀘州：今四川瀘州。

241　瀘川：在今四川瀘州。

242　眉州：今四川眉山。　漢州：今四川廣漢。

243　丹棱縣：即今四川中部之丹棱。

244　綿竹縣：即今四川北部之綿竹。

245　浙東：唐代浙江東道，轄境在今浙江衢江流域、浦陽江流域以東地區。

246　明州：即今浙江寧波。

247　貿縣：爲寧波之古稱。

248　東陽縣：相當於今浙江東陽。　東白山：《唐國史補》：“婺州有東白山”；乾隆《敕修浙江通志》卷106引《茶經》云：“婺州次，東陽縣東白山，與荆州同”；《清史稿・地理志》東陽縣條下載縣“東北有東、西白山，接太白山”。

249　台州：即今浙江台州。

250　始豐縣：即今浙江天臺。

251　黔中：唐代道名，轄境包括今四川東部及湖南貴州的一部分。

252　恩州：唐無恩州，疑爲思州之誤。思州在今貴州沿河東。　播州：在今貴州遵義一帶。　費州：在今貴州德江東南一帶。　夷州：在今貴州石阡一帶。

253　江南：唐代道名，其轄境相當於今浙江、福建、江西、湖南等省，江蘇、安徽的長江以南地區，以及湖北、四川、貴州的部分地區。

254　鄂州：即今湖北武昌。　袁州：在今江西宜春、萍鄉一帶。　吉州：在今江西吉安一帶。

255　嶺南：唐代道名，因在五嶺之南得名，治所在今廣州，轄境範圍約今廣東、廣西和越南的北部地區。

256 福州：即今福建福州一帶。 建州：在今福建建甌一帶。 韶州：在今廣東韶關一帶。 象州：即今廣西中部象州。

257 禁火：即寒食節，清明節前一日或二日，舊俗以寒食節禁火冷食。

258 鼎鑩：三足兩耳的鍋，可直接在其下生火，而不需爐竈。

259 藟(lěi)：即藤。

260 絙(gēng)：粗繩。

261 二十四器：此處言二十四器，但在《四之器》中，包括附屬器共列出了二十八種。

262 幅：唐令規定，網織物一幅是一尺八寸。

263 又見《全唐文》卷433。

校 記

① 吴其濬植物名實圖考長編本（簡稱長編本）、明鈔説郛涵芬樓本（簡稱涵芬樓本）無"卷上"分卷目録，以下"卷中""卷下"諸分卷目録同。

② 一之源：清四庫全書本（簡稱四庫本）爲"一茶之源"。以下"二之具""三之造""四之器""五之煮""六之飲""七之事""八之出""九之略""十之圖"亦各於數目後多一"茶"字。《茶經》卷下《十之圖》中有曰："則茶之源、之具、之造……目擊而存"，另《唐才子傳》卷3《陸羽》中亦有曰："羽嗜茶，造妙理，著《茶經》三卷，言茶之原、之法、之具"，則可將"一之源""二之具"……看作爲"一茶之源""二茶之具"……的省略用法，四庫本將其改成爲全稱表述，當更符合古漢語的表達習慣。今仍沿用"一之源"等用法，以保存陸羽《茶經》的原貌。此後九篇的分篇標題皆同，不復贅述。

③ 莖：宋咸淳刊百川學海本（簡稱宋百川學海本）、明嘉靖柯雙華竟陵本（簡稱竟陵本）、明鄭煾本（簡稱鄭煾本）、明喻政《茶書》本（簡稱喻政茶書本）、清虞山張氏照曠閣刊學津詩源本（簡稱照曠閣本）爲"葉"。涵芬樓本爲"莖"。明屠本畯《茗笈》引《茶經》作"蕊"。宋代

《太平御覽》、吴淑《事類賦注》等書皆引爲"蒂"。按：前文已述過"葉如栀子"，與丁香二者的蕊并不相同，故從涵芬樓本，作"莖"。

④ 木：四庫本、長編本爲"本"。"兆至瓦礫，苗木上抽"句，吴覺農與日本青木正兒都認爲很難理解，很可能是後人添注上去的。其實若從《茶經》的本文來看并不難理解，《茶經》後面的文字認爲種植茶葉最好的土壤是"礫壤"即含有碎石的土壤，而茶樹的根系生長情況，據專家們觀察是周期性的，生長一段時間後，休眠一段時間，然後再生長，循環往復。而當根系不斷生長時，地上的苗木也在不停地上抽、生長。這個注，顯然是認爲地上苗木的上抽生長是在地下根系休眠時，而這種休眠又是因爲根系碰到了礫石，因而將根系碰到礫石與苗木生長聯繫在了一起。

⑤ 茶：宋百川學海本、竟陵本、明萬曆孫大綬秋水齋本（簡稱秋水齋本）、鄭熜本、喻政案書本、明湯顯祖玉茗堂主人别本茶經本（簡稱玉茗堂本）、四庫本、照曠閣本爲"茶"。按：《爾雅》本文是"荼"，所以此處據他本改作"荼"字。因爲陸羽在著《茶經》時將以前寫作"荼"字者全部都改寫成"茶"字，才出現了這種情況，并且這種情況在《茶經》中不止一處，後文不贅述。

⑥ 牙：涵芬樓本作"芽"。

⑦ 涵芬樓本於"結"字前多"令人"二字。

⑧ 若：唐人説薈本爲"苦"。

⑨ 支：竟陵本、秋水齋本、鄭熜本、喻政茶書本、玉茗堂本、民國西塔寺刻本（簡稱西塔寺本）作"肢"。

⑩ 涵芬樓本於此多一"莖"字。

⑪ 瘳：涵芬樓本作"療"。

⑫ 竟陵本、秋水齋本、鄭熜本、玉茗堂本於此後有一注曰："筹音崩，筤音郎，筹筤，籃籠也。"

⑬ 撲：長編本作"樸"。

⑭ 本句涵芬樓本作"以貫焙茶也"。

⑮ 小：喻政茶書本作"下"。

⑯ 牙：喻政茶書本、鄭熜本、涵芬樓本作“芽”。

⑰ 京雖：四庫本作“謂”。雖：竟陵本、秋水齋本、鄭熜本、喻政茶書本、玉茗堂本、長編本、涵芬樓本作“錐”。

⑱ 竟陵本、秋水齋本、鄭熜本、喻政茶書本、玉茗堂本於此有注云：“犎音朋，野牛也。”

⑲ 垤：照曠閣本作“至”。

⑳ 萃：喻政茶書本作“瘁”。

㉑ 檛：長編本作“撾”。

㉒ 揭：長編本脱此字，宋百川學海本、竟陵本、四庫本、照曠閣本作“楬”。

㉓ 熟：竟陵本作“熱”。

㉔ 此處當漏列附屬器“紙帕”。

㉕ 這是茶器的目録，括弧内是該茶器的附屬器物，有些版本如秋水齋本、鄭熜本、喻政茶書本、玉茗堂本、涵芬樓本略去了這一目録。此處所列茶器共二十五種（加上附屬器三種共有二十八種），惟與《九之略》中“茶之……”數目不符，文中有“以則置合中”，或許是陸羽自己將羅合與則計爲一器，則就只有二十四器了。

㉖ 熟：涵芬樓本作“熱”。

㉗ 竟陵本於此有注云：“楦，古箱字”，秋水齋本、鄭熜本、喻政茶書本、玉茗堂本有注云：“古箱字。”

㉘ 一：長編本爲“上”。本句句意指炭檛頭上尖，中間粗大，故當以“上”爲較妥。

㉙ 檛：長編本作“撾”。

㉚ 之：底本、照曠閣本作“臼”。

㉛ 執：涵芬樓本作“外”。

㉜ 其：涵芬樓本作“爲”。

㉝ 紐：竟陵本、秋水齋本、鄭熜本、喻政茶書本、玉茗堂本、四庫本、長編本作“細”，涵芬樓本作“紉”。

㉞ 竟陵本、秋水齋本、鄭熜本、喻政茶書本、玉茗堂本於此有注云：“合即

今盒字。”唐人説薈本同。

㉟ 熟：涵芬樓本作“熱”。

㊱ 熟：涵芬樓本作“熱”。

㊲ 熟：涵芬樓本作“熱”。

㊳ 此處漏列附屬器“紙帕”。

㊴ 處：涵芬樓本作“受”。

㊵ 或：宋百川學海本、照曠閣本作“法”。

㊶ 渭：長編本爲“湄”，涵芬樓本作“濱”。

㊷ 此句“二十篇”有誤，語出《漢書》卷45《蒯通傳》，文曰：“（蒯）通論戰國時説士權變，亦自序其説，凡八十一首，號曰《雋永》。”

㊸ 盂：底本及諸本皆無，今據文理增。

㊹ 廣：底本及諸本皆無，今據文理增。

㊺ 使：竟陵本、秋水齋本、鄭熜本、喻政茶書本、玉茗堂本、長編本作“備”。

㊻ 必：四庫本作“畢”。

㊼ 芩：喻政茶書本作“花”。

㊽ 潰：宋百川學海本、竟陵本、秋水齋本、鄭熜本、喻政茶書本、玉茗堂本作“憒”。

㊾ 以困：長編本無此二字，“南市”，四庫及諸版本皆作“南方”，今據北堂書抄改。南市指洛陽的南市。“以困”唐人説薈本無“以”字。

㊿ 廉事：四庫本作“羣吏”。

(51) 潛：長編本作“泉”。

(52) 楊：竟陵本爲“揚”，喻政茶書本作“陽”。

(53) 請真君：喻政茶書本、涵芬樓本爲“君”，四庫本作“真君在”。

(54) 竟陵本、秋水齋本、鄭熜本、喻政茶書本於此有注曰：“懸車，喻日入之候，指人垂老時也。《淮南子》曰‘日至悲泉，爰息其馬’，亦此意也。”

(55) 生閩方山之陰縣也：喻政茶書本作“生閩縣方山之陰”。

煎茶水記

◇唐　張又新　撰

張又新,字孔昭,深州陸澤(今河北深州)人。唐憲宗(李純,778—820,805—820在位)元和九年(814)進士及第。應辟爲淮南節度使從事,後歷左、右闕,敬宗時遷祠部員外郎,出爲山南東道節度使行軍司馬,至襄陽,文宗(李昂,809—840,826—840在位)太和元年(827)貶爲汀州刺史。太和五年(831)任主客郎中,後任刑部郎中,轉申州刺史,開成(836—840)年間爲温州刺史。武宗會昌(841—846)時又任江州刺史,終左司郎中。《舊唐書》卷一四九、《新唐書》卷一七五、《唐才子傳》卷六均有傳。

據温庭筠(約812—約870)《甫里先生傳》説"繼《茶經》《茶訣》後,南陽張又新嘗爲《水説》,凡七等",《白氏六帖》卷十五《茶》之"自製品等"條記"張又新爲《水説》",并《新唐書・陸龜蒙傳》記"張又新爲《水説》七種",知《煎茶水記》一名"水説"。但據北宋葉清臣《述煮茶泉品》之"泉二十,見張又新《水經》",《太平廣記》卷三九九引稱"水經",劉弇(1048—1102)《龍雲集》卷二八"策問"中曰"温庭筠、張又新、裴汶之徒,或纂茶録、或著水經、或述顧渚",知《煎茶水記》又名"水經"。《四庫全書總目提要》卷一一五推測"或名水經,後來改題,以别酈道元所志歟"。

《新唐書・藝文志》著録已作"張又新《煎茶水記》一卷"。《直齋書録解題》卷十四曰:"本刑部侍郎劉伯芻稱水之與茶宜者凡七等,又新復言得李季卿所筆録陸鴻漸水品凡二十,歐公《大明水記》嘗辨之,今亦載卷末。"可知陳振孫所見《煎茶水記》一卷,書末并附有歐陽修(1007—1072)《大明水記》。今所見南宋咸淳刊百川學海本,更附有葉清臣《述煮茶泉品》及歐陽修《大明水記》《浮槎山水》共三篇。今次編録,雖以宋咸淳刊百川學海壬集本爲底本,但將附録删去,以復其原。

宋咸淳刊百川學海壬集本而外，現存常見尚有明無錫華氏刊百川學海遞修壬集本、明喻政茶書本、宛委山堂説郛本、文房奇書本、唐人説薈本、續百川學海本、五朝小説本、涵芬樓説郛本、古今圖書集成、文淵閣四庫全書本、民國陶氏涉園景刊宋百川學海本等，此次校勘，即參考了以上各家刊本。

故刑部侍郎劉公諱伯芻[1]，於又新丈人行[2]也。爲學精博，頗有風鑒，稱較水之與茶宜者，凡七等：

揚子江南零[3]水第一；

無錫惠山寺石①水[4]第二；

蘇州虎丘寺[5]石②水第三；

丹陽縣[6]觀音寺水第四；

揚州大明寺[7]水第五；

吴松江[8]水第六；

淮水[9]最下，第七。

斯七水，余嘗俱瓶於舟中，親揖而比之，誠如其説也。客有熟於兩浙[10]者，言搜訪未盡，余嘗志之。及刺永嘉[11]，過桐廬江[12]，至嚴子瀬[13]，溪色至清，水味甚冷。家人輩用陳黑壞茶潑之，皆至芳香。又以煎佳茶，不可名其鮮馥也，又愈於揚子南零殊遠。及至永嘉，取仙巖瀑布用之，亦不下南零，以是知客之説誠哉信矣。夫顯理鑒物，今之人信不迨於古人，蓋亦有古人所未知，而今人能知之者。

元和九年春，予初成名[14]，與同年[15]生期於薦福寺[16]。余與李德垂先至，憩西廂玄鑒室，會適有楚僧至，置囊有數編書。余偶抽一通覽焉，文細密，皆雜記。卷末又一題云《煮茶記》，云代宗朝李季卿刺湖州[17]，至維揚[18]，逢陸處士鴻漸。李素熟陸名，有傾蓋之懽[19]，因之赴郡。抵揚子驛，將食，李曰："陸君善於茶，蓋天下聞名矣。況揚子南零水又殊絶。今日③二妙千載一遇，何曠之乎！"命軍士謹信者，挈瓶操舟，深④詣南零，陸利器以俟之。俄水至，陸以杓揚其水曰："江則江矣，非南零者，似臨岸之水。"使曰："某櫂⑤舟深入，見者累百，敢虚紿乎？"陸不言，既而傾諸盆，至半，陸遽止之,又以杓揚之曰:"自此南零者矣。"使蹶然大駭,馳下⑥曰:"某自南零齎至岸,舟蕩覆半,懼其鮮,挹岸水增之。處士之鑒,神鑒也,其敢隱焉!"李與賓從數十人皆大駭愕。李因問陸:"既如是,所經歷處之水,優劣精可判矣。"陸曰:"楚水第一,晉水最下。"李因命筆,口授而次第之:

廬山康王谷[20]水簾水第一;

無錫縣惠山寺石泉水第二;

蘄州蘭溪[21]石下水第三;

峽州[22]扇子山下有石突然,洩水獨清冷,狀如龜形,俗云蝦蟆口水,第四;

蘇州虎丘寺石泉水第五;

廬山招賢寺下方橋潭水第六;

揚子江南零水第七;

洪州[23]西山西東瀑布水第八;

唐州柏巖縣[24]淮水源第九淮水亦佳;

廬州[25]龍池山嶺水第十;

丹陽縣觀音寺水第十一;

揚州大明寺水第十二;

漢江金州[26]上游中零水第十三水苦;

歸州玉虛洞下香溪[27]水第十四;

商州武關西洛水[28]第十五未嘗泥;

吴松江水第十六;

天台[29]山西南峰千丈瀑布水第十七;

郴州圓泉[30]水第十八;

桐廬嚴陵灘水第十九;

雪水第二十用雪不可太冷。

"此二十水,余嘗試之,非繫茶之精粗,過此不之知也。夫茶烹於所産處,無不佳也,蓋水土之宜。離其處,水功其半,然善烹潔器,全其功也。"李置諸笥焉,遇有言茶者,即示之。

又新刺九江[31],有客李滂、門生劉魯封[32]⑦,言嘗見説茶,余醒然思往歲僧室獲是書,因盡篋,書在焉。古人云:“瀉水置瓶中,焉能辨淄澠[33]”,此言必不可判也,萬古以爲信然,蓋不疑矣。豈知天下之理,未可言至。古人研精,固有未盡,強學君子,孜孜不懈,豈止思齊而已哉。此言亦有裨於勸勉,故記之。

注　釋

1　劉伯芻(755—816):字素芝,唐憲宗元和九年(814)任刑部侍郎。

2　丈人行(háng):對長輩的尊稱。

3　南零:或作南泠。江蘇鎮江西北有金山,其南面有南零泉。又説南零、北零爲流入長江鎮江北揚子江部分的兩股水流。南宋羅泌《路史》卷47稱:“今揚子江心有南零、北零之異,則知其入而不合,正不疑也。”

4　無錫:即今江蘇無錫。　惠山寺:在無錫西五里惠山第一峰白石塢。　石水:在惠山寺南廡,源出若冰洞。

5　虎丘寺:即今蘇州虎丘寺。

6　丹陽縣:即今江蘇丹陽,縣東北三里處有觀音山,山上有玉乳泉,觀音寺當即在此處。

7　揚州大明寺:即今江蘇揚州大明寺。

8　吴松江:即蘇州河,出太湖,往東北流經蘇州、嘉興,在上海入黄浦江。

9　淮水:即淮河,發源於河南南部的桐柏山,經安徽、江蘇北部入海。

10　兩浙:即唐代的浙東、浙西兩道。浙江東道轄境在今浙江衢江流域、浦陽江流域以東地區;浙江西道轄境相當於今江蘇南部、浙江西部地區。

11　永嘉:郡治,在今浙江温州。據《唐才子傳校箋》卷6,張又新爲永嘉刺史,在唐文宗開成(836—840)年間,其作《永嘉百詠》,《全唐詩》卷479尚存十七首。

12　桐廬江：浙江(錢塘江)的桐廬段。

13　嚴子瀨：在錢塘江桐廬段嚴子陵釣台下,傳爲東漢嚴光(嚴子陵)垂釣處。

14　成名：獲得令名,舊稱科舉中第爲"成名"。《唐才子傳校箋》卷6記唐又新元和九年(814)狀元及第。

15　同年：此指科舉時代同榜考中者。

16　薦福寺：在唐首都長安(今陝西西安)開化坊之南,寺有小雁塔。

17　李季卿：唐玄宗時宰相李適(《舊唐書》稱其名爲李適之,？—747)之子,《舊唐書》卷99稱代宗(李豫,726—779,762—779在位)時,拜吏部侍郎,"兼御史大夫,奉使河南、江淮宣慰",大曆二年(767)卒。
湖州：即今浙江湖州。

18　維揚：即今江蘇揚州,唐屬淮南道。

19　傾蓋之懽：指初交相得,一見如故。《史記》卷83《鄒陽傳》:"諺曰:'有白頭如新,傾蓋如故。'何則？知與不知也。"

20　康王谷：在今江西廬山之中,又稱楚王谷。

21　蘄州：在今湖北黄岡市蘄春縣,唐時屬淮南道。　蘭溪：在縣西四十里,水源出苦竹山,其側多蘭,唐因以此名縣。

22　峽州：即今湖北宜昌,唐時屬山南(東)道,扇子峽在其西面五十里處,又稱明月峽。

23　洪州：即今江西南昌,唐時屬江南(西)道,西山即南昌山。

24　唐州：在今河南南陽地區,唐時屬山南(東)道。另,唐無柏巖縣,且水源在桐柏縣,則"柏巖"疑爲"桐柏"之誤。

25　廬州：即今安徽合肥。

26　漢江：源於陝西,流經湖北,在武漢入長江。　金州：舊州名。西魏置,唐代轄境在今陝西石泉以東、旬陽以西的漢水流域一帶。今爲陝西主要茶葉産地,出産名茶"紫陽毛尖"。

27　歸州：即今湖北秭歸。　香溪：出於湖北興山,注入長江。

28　商州：即今陝西商州,唐屬關内道。　武關：在商州之東。　洛水：出於洛南,往東南流經河南,在洛陽注入黄河。

29　天台：即今浙江天台，山在縣内，瀑布在縣西四十里。

30　郴州：即今湖南郴州。　圓泉：在郴州之南十五里處，又叫“除泉”。

31　九江：即今江西九江，唐屬江南(西)道之江州。張又新出任刺史，新、舊《唐書》言使汀州，陳振孫《直齋書録解題》言使涪州，四庫館臣則據此書認爲是使江州。

32　李滂：據《福建通志》，有福建閩縣人李滂，開成三年(838)進士，官大理評事，疑是。　劉魯封：封又作風，《唐詩紀事》卷58記“又新水記曰，予刺九江，有客李滂、門士劉魯風”。《唐摭言》卷10曰：“劉魯風江西投謁所知，頗爲典謁所阻。因賦一絶曰：萬卷書生劉魯風，煙波千里謁文翁。無錢乞與韓知客，名紙毛生不爲通。”

33　淄澠：即淄水、澠水，皆在山東，在淄博匯合。

校　記

①　石：涵芬樓本作“泉”。

②　石：涵芬樓本作“泉”。

③　曰：底本作“者”，誤，據四庫本改。

④　深：喻政茶書本作“親”。

⑤　櫂：底本作“擢”。

⑥　下：底本作“不”，誤，據四庫本改。

⑦　封：喻政茶書本作“風”。

十六湯品

◇唐　蘇廙[1]　撰

蘇廙，一作蘇虞，喻政《茶書》本作者題名言其字元明。事迹無考。

《鄭堂讀書記》説《十六湯品》"似宋元間人所僞託，斷不出於唐人"。但此書已爲陶穀的《清異録》所引，而陶穀是五代至宋初人，則此書當寫在唐至五代間。萬國鼎《茶書總目提要》稱此書約撰於公元900年左右。

關於書名，明周履靖夷門廣牘本、明喻政《茶書》本題中稱"湯品"，正文中始稱"十六湯品"，宛委山堂説郛本、古今圖書集成本等則稱之爲"十六湯品"，涵芬樓説郛（《清異録》）本稱之爲"十六湯"。今取"十六湯品"名之。

據陶穀《清異録》中的抄録，《十六湯品》當是蘇廙所作《仙芽傳》中的第九卷，但《仙芽傳》今已不傳，《十六湯品》只在陶穀的《清異録·茗荈門》中保存了下來。明人亦有單獨以其爲一書刻入叢書中者。

傳本今有明周履靖夷門廣牘本、明喻政茶書本、宛委山堂説郛本、古今圖書集成本、寶顔堂秘笈本、惜陰軒叢書本、唐人説薈本、五朝小説本、涵芬樓説郛本等。

今以明周履靖夷門廣牘本爲底本，參校古今圖書集成本、涵芬樓説郛本等。

湯品目録

十六湯品

湯者②,茶之司命[1]。若名茶而濫湯,則與凡末③同調矣。煎以老嫩言者凡三品,注以緩急言者凡三品,以器④標者共五品,以薪⑤論者共五品。

第一品　得一湯

火績已儲⑥,水性乃盡,如斗中米,如稱上魚,高低適平,無過不及爲度,蓋一而不偏雜者也。天得一以清,地得一以寧[2],湯得一可建湯勳。

第二品　嬰⑦湯

薪火方交,水釜纔熾,急取⑧旋傾,若嬰兒之未孩[3],欲責以壯夫之事,難矣哉!

第三品　百壽湯一名白髮湯

人過百息,水逾十沸,或以話阻,或以事廢,始取用之,湯已失性矣。敢問皤鬢蒼顔之大老,還可執弓搖⑨矢以取中乎?還可雄登闊步以邁遠乎?

第四品　中湯

亦見乎⑩鼓琴者也,聲合中則意妙⑪;亦見乎⑫磨墨者也,力合中則矢濃⑬。聲有緩急則琴亡,力有緩急則墨喪,注湯有緩急⑭則茶敗。欲湯之中,臂任其責。

第五品　斷脈湯

茶已就膏[4],宜以造化成其形。若手顫臂彈[5],惟恐其深,瓶嘴之端,若存若亡[15],湯不順通,故茶不匀粹。是猶人之百脈[16]氣血斷續,欲壽奚獲?苟[17]惡斃宜逃。

第六品　大壯[6]湯

力士之把針,耕夫之握管,所以不能成功者,傷於粗也。且一甌之茗,多不二錢,茗[18]盞量合宜,下湯不過六分。萬一快瀉而深積之,茶安在哉!

第七品　富貴湯

以金銀爲湯器,惟富貴者具焉。所以策功建湯業,貧賤者有不能遂也。湯器之不可捨金銀,猶琴之不可捨桐,墨之不可捨膠。

第八品　秀碧湯

石,凝結天地秀氣而賦形者也,琢以爲器,秀猶在焉。其湯不良,未之有也。

第九品　壓一[7]湯[19]

貴厭[20]金銀,賤惡銅鐵,則瓷瓶有足取焉。幽士逸夫,品色尤宜。豈不爲瓶中之壓一乎?然勿與誇珍衒豪臭公子道。

第十品　纏口湯

猥人俗輩,煉水之器,豈暇深擇銅鐵鉛錫,取熱而已。夫是湯也,腥苦且澀,飲之逾時,惡氣纏口而不得去。

第十一品　減價湯

無油之瓦[8],滲水而有土氣。雖御胯宸緘[9],且將敗德銷聲。諺曰:"茶瓶用瓦,如乘折腳駿登高。"好事者幸誌之。

第十二品　法律湯

凡木可以煮湯,不獨炭也。惟沃茶之湯,非炭不可。在茶家亦有法律：水忌停，薪忌薰。犯律踰法，湯乖[10]，則茶殆矣。

第十三品　一面湯

或柴中之麩[11]火，或焚餘之虛炭，本體雖盡而性且浮，性浮則有終嫩之嫌。炭則不然，實湯之友。

第十四品　宵人湯

茶本靈草，觸之則敗。糞火雖熱，惡性未盡。作湯泛茶，減耗㉑香味。

第十五品　賊湯一名賤湯

竹篠[12]樹梢，風日乾之，燃鼎附瓶，頗甚快意。然體性虛薄，無中和之氣，爲湯之殘賊也。

第十六品　魔湯㉒

調茶在湯之淑慝[13]，而湯最惡煙。燃柴一枝，濃煙蔽室，又安有湯耶？苟用此湯㉓，又安有茶耶？所以爲大魔。

注　釋

1　司命：掌握命運之神。

2　天得一以清，地得一以寧：語出《老子》第三十九章。《老子》又説“萬物得一以生”，這個“一”是關鍵、適當的意思。

3　若嬰兒之未孩：語出《老子》第二十章。孩通“咳”，指嬰兒笑。

4　茶已就膏：指已將茶調好成茶膏。

5　嚲(duǒ)：下垂貌。

6　大壯：易卦名，卦象爲䷡，乾下震上，陽剛盛長之象。

7　壓一：壓倒一切或超過一切，第一。

8　無油之瓦：無油之瓦指未曾上釉的陶器。油同“釉”；瓦，指用泥土燒製的器物。

9　御胯宸緘：指帝王的御用之茶。胯是古代茶葉數量單位。宸，北極星所在，後借用爲帝王所居，又引申爲王位、帝王的代稱。

10　乖：背離，抵觸，不一致。

11　麩：指小麥磨麵後剩下的麥皮和碎屑，亦稱麩子或麩皮，以之燒火，易燃却不耐燃。

12　篠(xiǎo)：小竹。

13　慝(tè)：壞。

校　記

① 廙：涵芬樓本作"虞"。

② 底本原作"蘇廙《仙芽傳》載作湯十六品，以爲湯者"。涵芬樓本作"蘇虞《仙芽傳》第9卷載作湯十六法，以謂湯者"。

③ 末：説薈本爲"水"。

④ 器：涵芬樓本作"器類"。

⑤ 薪：涵芬樓本作"薪火"。

⑥ 儲：涵芬樓本作"諳"。

⑦ 嬰：涵芬樓本作"嬰兒"。

⑧ 涵芬樓本作"取茗"。

⑨ 搖：宛委山堂説郛本(簡稱宛委本)、古今圖書集成本(簡稱集成本)爲"抹"，涵芬樓本、唐人説薈本(簡稱説薈本)作"挾"。

⑩ 乎：宛委本、集成本、説薈本、涵芬樓本作"夫"。

⑪ "聲合中則意妙"句，説薈本作"聲失中則失妙"。

⑫ 乎：涵芬樓本作"夫"。

⑬ "力合中則矢濃"句，説薈本作"力失中則失濃"。

⑭ "則墨喪，注湯有緩急"數字，今據宛委本等補之。

⑮ 亡：底本、宛委本、説薈本作"忘"，當誤，今據茶書本等改。

⑯ 涵芬樓本作"百脈起伏"。

⑰ 苟:集成本作“可”。
⑱ 若:涵芬樓本作“若”。
⑲ 喻政茶書本於此衍“貴欠金銀”四字。
⑳ 厭:底本原作“欠”,誤,今據涵芬樓本改。
㉑ 耗:原作“好”,誤,今據喻政茶書本等改。
㉒ 魔湯:涵芬樓本作“大魔湯”。
㉓ “苟用此湯”句,今據喻政茶書本等補。

茶酒論[①]

◇唐　王敷[②]　撰

《茶酒論》,是發現於敦煌的一篇變文,是用擬人手法表述茶酒争功的俗賦,抄寫年代爲開寶三年(970)[1]。這種茶酒争功的内容,在後世小説和寓言中反復出現,如鄧志謨《茶酒争奇》、布朗族的《茶與酒》、藏族的《茶酒仙女》等著述,影響深遠。

本文作者王敷,生平事迹不詳,僅從文中題名得知是"鄉貢[2]進士"。根據本文内容考析,作者當爲中晚唐人,不會早於天寶(742—756)年間[3]。《茶酒論》現存六件寫本:一種前後有撰、抄者題名,稱"原卷",編號爲P2718。其餘甲、乙、丙、丁和戊卷,分别爲 P3910、P2972、P2875、S5774和 S406。

本書《茶酒論》轉録自王重民(1903—1975)、王慶菽等編《敦煌變文集》,依其校勘體例(如:校字以(　)括之,補字以〔　〕括之),參考黄征、張涌泉《敦煌變文校注》,并略作訂正。

竊見神農曾嘗百草,五穀從此得分;軒轅製其衣服,流傳教示後人。倉頡致(製)其文字,孔丘闡化儒因。不可從頭細説,撮其樞要之陳。暫問茶之與酒,兩個誰有功勳?阿誰即合卑小,阿誰即合稱尊?今日各須立理,強者光[③]飾一門。

茶乃出來言曰:"諸人莫鬧,聽説些些。百草之首,萬木之花。貴之取蕊,重之摘[④]芽。呼之茗草,號之作茶。貢五侯宅,奉帝王家。時新獻入,一世榮華。自然尊貴,何用論誇!"

酒乃出來:"可笑詞説!自古至今,茶賤酒貴。單(簞)醪投河,三軍告醉。君王飲之,叫呼萬歲。羣臣飲之,賜卿無畏。和死定生,神明歆氣。

酒食向人,終無惡意。有酒有令,人(仁)義禮智。自合稱尊,何勞比類!”

茶爲(謂)酒曰:“阿你不聞道:浮梁歙州,萬國來求;蜀山蒙頂[4]⑤,其(騎)山驀嶺;舒城太胡(湖),買婢買奴;越郡餘杭,金帛爲囊。素紫天子[5],人間亦少。商客來求,船車塞紹。據此蹤由,阿誰合小⑥?”

酒爲(謂)茶曰:“阿你不聞⑦道:劑酒乾和[6],博錦博羅[7]。蒲桃九醖[8],於身有潤。玉酒瓊漿,仙人盃觴。菊花竹葉[9],〔君王交接〕。中山趙母[10],甘甜⑧美苦。一醉三年[11],流傳今古。禮讓鄉閭,調和軍府[12]。阿你頭惱(腦),不須乾努[13]。”

茶爲(謂)酒曰:“我之茗草,萬木之心。或白如玉,或似黃金。名⑨僧大德,幽隱禪林。飲之語話,能去昏沉。供養彌勒,奉獻觀音。千劫萬劫,諸佛相欽。酒能破家散宅,廣作邪淫。打[14]御三盞已後,令人只是罪深。”

酒爲(謂)茶曰:“三文一䃸[15]⑩,何年得富?酒通貴人,公卿所慕。曾遣⑪趙主彈琴,秦王擊缶[16]。不可把茶請歌,不可爲茶交(教)舞。茶喫只是腰疼,多喫令人患肚。一日打御十盃,腹⑫脹又同衙鼓。若也服之三年,養蝦蟆得水病報[17]。”

茶爲(謂)酒曰:“我三十成名,束帶巾櫛[18]。驀海騎⑬江,來朝今室。將到市廛,安排未畢。人來買之,錢財盈溢。言下便得富饒,不在明朝後日。阿你酒能昏亂,喫了多饒啾唧[19]。街中羅織平人,脊上少須十七[20]!”

酒爲(謂)茶曰:“豈不見古人才子,吟詩盡道:‘渴來一盞,能生養命。’又道:‘酒是消愁藥。’又道:‘酒能養賢。’古人糟粕[21],今乃流傳。茶賤三文五碗,酒賤中(盅)半七文。致酒謝坐,禮讓周旋,國家音樂,本爲酒泉[22]。終朝喫你茶水,敢動些些管弦!”

茶爲(謂)酒曰:“阿你不見道:男兒十四五,莫與酒家親。君不見猩猩⑭鳥,爲酒喪其身[23]。阿你即道:茶喫發病,酒喫養賢。即見道有酒黄酒病,不見道有茶瘋茶顛。阿闍世王爲酒殺父害母⑮,劉零(伶)爲酒一死三年。喫了張眉豎眼,怒鬥宣拳[24]。狀上只言粗豪酒醉,不曾有茶醉相言。不免求首(守)杖子[25],本典索錢。大枷搕⑯項,背上抛椽[26]⑰。便即燒香斷酒,念佛求天。終身不喫,望免迍邅[27]”兩個政(正)争人我[28],不知水在傍邊。

水爲(謂)茶、酒曰:"阿你兩個,何用悤悤! 阿誰許你,各擬論功? 言詞相毀,道西説東。人生四大,地水火風。茶不得水,作何相貌? 酒不得水,作甚形容? 米麴乾喫,損人腸胃;茶片乾喫,只糲(礪)破喉嚨。萬物須水,五穀之宗。上應乾象,下順吉凶。江河淮濟,有我即通。亦能漂蕩天地,亦能涸殺魚龍。堯時九年災跡,只緣我在其中。感得天下欽奉,萬姓依從。由自不説能聖,兩個〔何〕⑱用争功? 從今已後,切須和同。酒店發富,茶坊不窮。長爲兄弟,須得始終。若人讀之一本[29],永世不害酒顛茶風。"

開寶三年　壬申(庚午)歲正月十四日知術院弟子閻海真自手書記

注　釋

1　文後題記全句爲:"開寶三年壬申歲正月十四日知術院弟子閻海真自手書記。"年份和干支紀年矛盾,開寶三年干支爲"庚午","壬申"爲開寶五年(972)。

2　鄉貢:唐代取士制度之一。唐代取士,初襲隋制,選仕途徑有三:一是出自學館者,曰生徒;二是由州縣選拔者,稱鄉貢;皆升於有司而進退之;三是由皇帝直接詔用者,名制舉。

3　唐初,北方飲茶者還不多。開元年間,泰山靈巖寺大興禪教,"學禪務於不寐",但允許喝茶,由是北方城鄉飲茶遂風盛起來。至於王敷活動和《茶酒論》的創作年代,最早不會超過天寶年間。因爲其文中提到"浮梁、歙州"兩地,"浮梁"是天寶元年(742)始從"新昌縣"改名而來,前此無"浮梁"之名。

4　蜀山蒙頂:與前後提及的"浮梁歙縣""舒城太湖"和"越郡餘杭"同爲唐代著名的茶葉産地。蜀境名山縣的蒙山,有五峰,中峰頂上所産的蒙頂茶,被推崇爲唐代第一茶。白居易詩曰:"琴裏知聞唯緑水,茶中故舊是蒙山。""蜀山"蔣禮鴻《敦煌變文字義通釋》釋作"霍山縣之大蜀山"。徐震堮《敦煌變文集校記補正》,認爲是指"宜興之蜀山",或

“泛指蜀中之山”。從文中上刊四處茶葉産地的音韵和内容對應關係來看,此處“蜀山”,爲“泛指蜀中之山”。第一句“浮梁、歙縣”和第三句的“舒城、太湖”相對應,分別講兩個鄰近的産茶縣。第四句“越郡餘杭”,歷史上無“越郡”之名,餘杭舊屬杭州和“餘杭郡”,前面的“越郡”,和餘杭不是并列的兩個相鄰的茶葉産地,而也和第二句“蜀山”一樣,是一種包括餘杭郡在内的古代越地的泛指。

5　素紫天子:素紫,指淺紫色。素紫天子,《敦煌變文校注》釋作一種“茶葉名”,然而這只是一種推測,無文獻根據。

6　乾和:酒名。此處“乾”爲“乾濕”的“乾”;“和”乃“調和”之“和”。《敦煌變文校注》引《齊民要術》“作和酒法”,認爲“和酒”當即“乾和”之類。

7　博錦博羅:博,指交易,此指劑酒、乾和兩種名酒,可換取錦帛綾羅。

8　蒲桃九醞:酒名。蒲桃,即葡萄酒;九醞,爲八月“酎酒”。《西京雜記》卷1云:“漢制,宗廟八月飲酎,用九醞太牢,皇帝侍祠,以正月旦作酒,八月成,名曰酎,一曰九醞,一名醇酎。”所以,古時所謂“宗廟八月飲酎”,此酎酒即“九醞”。

9　菊花竹葉:即菊花酒、竹葉酒。

10　中山趙母:酒名。中山,即古中山國或中山郡地,位於今河北定州一帶。中山産酒,晋時起便名聞天下。如晋干寶《搜神記》記述的狄希所造的“千日酒”,一杯飲歸,能醉千日。至唐孟郊的詩中,還有“欲慰一時心,莫如千日酒”的贊説。趙母是歷史上中山的著名酒師之一。

11　一醉三年:晋張華《博物志》載:“時劉玄石於中山酒家酤酒,酒家與千日酒,忘言其節度。歸至家當醉,而家人不知,以爲死也,權葬之。酒家計千日滿,乃憶玄石前來酤酒,醉向醒耳。往視之,云:‘玄石亡來三年,已葬。’於是開棺,醉始醒。俗云‘玄石飲酒,一醉千日’。”

12　軍府:此泛指軍隊。有人往往將“軍府”誤作宋地方行政區劃府、縣和軍的名字,進而懷疑《茶酒論》非唐代可能是五代和宋初的作品。非,此“軍府”係指“將帥府署”,即指軍隊。“禮讓鄉閭,調和軍府”,即禮讓民衆和團結軍隊之意。

13 乾努:"努",指朝某一方向用勁。《敦煌變文校注》釋作"白費勁"之意。

14 打:這裏作喝、飲、吃和食用之意。"打卻三盞"和後面的"打卻十盃",與"喫了多饒嗽唧"聯起來看,"打""喫"混用,顯然義也相同。

15 瓨(hóng):又作"瓨"。《説文》:"瓨,似罌,長頸,受十升。讀若洪,從瓦工聲。"又《集韻・東韻》:"胡公切,瓨,陶器。"古代主要用以飲酒。如《齊民要術・種榆白楊》:"十五年後,中爲車轂及蒲桃瓨。"蒲桃瓨,即盛葡萄酒的"瓨"。又如《敦煌變文集・太子道經》:"撥棹乘船過大江,神前傾酒三五瓨。"唐人飲酒主要用"甌",即碗。用酒瓨代喻茶碗,乃貶茶賤之意。

16 趙主彈琴,秦王擊缶:是中國史籍中記述較多的一則有關藺相如的故事,"彈琴"一作"鼓瑟"。稱秦王與趙王會於澠池,酒酣,秦王請趙王鼓瑟,趙王鼓之;藺相如請秦王擊缶,秦王不肯。相如曰:"五步之內臣請得以頸血濺大王。"左右欲刃相如,相如叱之,左右皆靡,秦王不懌,爲一擊缶。舊一般將"缶"釋作日常所用的陶器或瓦罐。缶,《舊唐書・音樂志》稱是"古西戎之樂,秦俗應而用之,其形似覆盆",是秦人普遍喜好的一種樂器。

17 養蝦蟆得水病報:俗話。如《金瓶梅》十八回就提到:"我想起來爲甚麼,養蝦蟆得水蠱兒病,如今倒教人惱我。""水蠱兒病"即水病;此喻長年喝茶,肚子裏會長怪蟲,即過去怪异志小説所載的"斛茗瘕"或"斛二瘕"的傳説。參見本書《茗史》和《品茶要録補》等記述。

18 束帶巾櫛:意爲穿戴仕宦的服飾,指入仕。

19 啾唧:大聲吵鬧貌。《敦煌變文校注》引敦煌變文王梵志詩句:"醜婦來惡罵,啾唧搦頭灰。"

20 十七:當和《莊子・達生》"累丸二而不墜,則失者錙銖,累三而不墜,則失者十一",《淮南子・人間》胡人入塞,"丁壯者引弦而戰,近塞之人死者十九"所説的"十一""十九"一樣,係指數字十分之七。但酒醉後所説"脊上少須十七",不知何解。

21 糟粕:此意爲法則、傳統。如變文《兒郎偉》句:"驅儺古人糟粕,遞代相傳。"

22 酒泉:本爲地名,此指作酒。《漢書·地理志》"酒泉郡"下,顏注:"舊俗傳云,城下有金泉,泉味如酒。"

23 猩猩"爲酒喪其身":故事出之《蜀志》。《太平御覽》卷 908 引《蜀志》云:"封溪縣(後漢置,梁陳省,在今越南),有獸曰猩猩……人知以酒取之。猩猩覺,初暫嘗之,得其味,甘而飲之,終見羈纓也。"

24 宣拳:"宣"同"揎",這裏作顯露義。"宣拳",即亮出拳頭。

25 杖子:"杖"爲古代五刑(死、流、徒、杖、笞)行杖的刑具。《隋書·刑法志》:"杖皆用生荆,長六尺。有大杖、法杖、小杖三等。"杖子,指行刑的衙役或獄卒。

26 椽:此處作搕在頸子上的長枷的枷梢,以其形長如椽而名。"抛椽",即"拖椽",後魏時大的枷,長達一丈三尺,"喉下長一丈,通頰木各方五寸"。

27 迍邅:處境艱難。韓愈《與汝州盧郎中論薦侯喜狀》:"適遇其人自有家事,迍邅坎坷。"

28 人我:蔣禮鴻《敦煌變文字義通釋》釋作"同彼我,是己非人,較量争勝的意思"。

29 一本:同一根源。《孟子·滕文公》上:"且天之生物也,使之一本。"這裏引申爲原故、道理。

校　記

① 《敦煌變文集》依原卷作"《茶酒論》一卷並序"。

② 《敦煌變文集》依原卷作"鄉貢進士王敷撰",變文校注已改"敷"爲"敷"。

③ 光:《敦煌變文集》據原卷録作"先",今從《敦煌變文校注》。

④ 摘:《敦煌變文集》原録作"擿",據《敦煌變文校注》改。

⑤ 蜀山蒙頂:《敦煌變文集》原録作"蜀川流頂",據《敦煌變文校注》改。

⑥ 小:《敦煌變文集》原録作"少",據《敦煌變文校注》改。

⑦ 聞:《敦煌變文集》録作“問”,據其校記改。

⑧ 甘甜:“甜”,《敦煌變文集》依原卷作“甛”,據《敦煌變文校注》改。

⑨ 名:《敦煌變文集》録原卷作“明”,校作“名”,從其校。

⑩ 瓫:《敦煌變文集》録原卷作“汍”,校作“瓫”,今從其校。

⑪ 遣:《敦煌變文集》據原卷録作“道”,據《敦煌變文校注》改。

⑫ 腹:《敦煌變文集》原録作“腸”,據《敦煌變文校注》改。

⑬ 騎:《敦煌變文集》作“其”,據《敦煌變文校注》改。

⑭ 猩猩:《敦煌變文集》原録作“生生”,據《敦煌變文校注》改。

⑮ 殺父害母:“殺”,《敦煌變文集》原録作“煞”,據《敦煌變文校注》改。

⑯ 搕:《敦煌變文集》原録作“榼”,據《敦煌變文校注》改。

⑰ 椽:據《敦煌變文集》校改。

⑱ 何:據《敦煌變文集》校補。

輯佚

顧渚山記

◇唐　陸羽　撰

陸羽生平,見本書《茶經》題記。《顧渚山記》的記載,初見於皮日休《茶中雜詠·序》:"余始得季疵書(指《茶經》),以爲備矣。後又獲其《顧渚山記》二篇,其中多茶事。"由此可知,本文是陸羽隱居苕溪時,繼《茶經》之後,撰寫的另一本書,内容應爲顧渚山風土志,其中多言茶事。

最早引録《顧渚山記》的,是南宋紹興六年(1136)曾慥所輯的《茶録》。最早記載的書目和題記,是南宋晁公武《郡齋讀書志》和陳振孫《直齋書録解題》。《顧渚山記》在曾慥《茶録》中,書作《顧渚山茶記》;明黄履道《茶苑》,更誤作《顧渚山茶譜》。

這種同書异名的情况,造成了許多混淆,糾纏不清。有人以爲陸羽的著作,除了《茶經》《顧渚山記》之外,還有一本《茶記》。其實,《湖州府志·藝文略》記陸羽著作《顧渚山記》,便清楚列明:"一卷,佚。《宋史·藝文志》,一作《茶記》。"

本書輯存的《顧渚山記》,内容和《茶經·七之事》相類,記載的多爲茶事、茶史,許多都是陸羽從他書抄録而來。

報春鳥

《顧渚山茶記》: 山中有鳥,每至正月二月,鳴云:"春起也。"至三四月,云:"春去也。"採茶者呼爲報春鳥。[1]《類説》卷十三

獲神茗[2]

《神異記》曰:"餘姚人虞茫[3]，入山採茗,遇一道士,牽三百青羊[4],飲

瀑布水。曰:'吾丹邱子也。聞子善茗飲,常思惠。山中有大茗,可以相給。祈子他日有甌犧⑤之餘,必相遺也⑥。'因立茶祠⑦。後常與人往山,獲大茗焉。"《太平廣記》卷四一二引《顧渚山記》

饗茗獲報

劉敬叔《異苑》曰:"剡縣陳婺⑧妻……從是禱酹⑨愈至。"《太平廣記》卷四一二引《顧渚山記》[1]

綠蛇

顧渚山頳石洞,有綠色蛇。長三尺餘,大類小指,好棲樹杪,視之若鞶帶,纏於柯葉間,無螫毒,見人則空中飛。《太平廣記》卷四五六引《顧渚山記》

《顧渚山記》:"豫章王子尚⑩,訪曇濟道人於八公山[2]。道人設茗,子尚味之云:'此甘露也',何言茶茗。"⑪嘉慶《全唐文》附《唐文拾遺》卷二三

注　釋

1　此處删節,見唐代陸羽《茶經・七之事》。

2　八公山:在今安徽壽縣西北。

校　記

① 輯佚資料,有的作録時有錯漏,有的輯者有删改,故不同書籍、同一書籍不同版本,往往文字不僅有詳略差异,甚至有的内容也有所差別。如本條内容,明嘉靖談愷刻《太平廣記》,就作:"顧渚山中有鳥,如鴝鵒而小,蒼黄色。每至正月二月,作聲云:'春起也';至三月四月,作聲云:'春去也'。採茶人呼爲報春鳥。"因現無原書可對,本書在不損原意前提下,不作個别字的衍增脱闕逐一細校,僅就錯字、异體字略加訂注。

② “獲神茗”及下輯“饗茗獲報”以及“緑蛇”三條，均輯自談刻《太平廣記》。前兩條陸羽《茶經·七之事》均引之，《茶經》和《顧渚山記》是陸羽在差不多時間所撰寫的兩本書，這兩條内容何以作重，殊有可疑。如此録不是《茶經》之誤，確實輯自《顧渚山記》，可推斷《顧渚山記》在北宋太平興國年間還有存本。

③ 虞茳：茳，陸羽《茶經》《太平御覽》等作“洪”字。

④ 三百：陸羽《茶經》《太平御覽》等作“三”。　青羊：陸羽《茶經》作“青牛”；《太平御覽》兩引是句，一作“青羊”，一作“青牛”。

⑤ 甌犧：犧，瓢勺之義。《太平御覽》《太平寰宇記》形訛作“蟻”。

⑥ 必相遺：必，陸羽《茶經》作“乞”；《太平御覽》等作“不”，疑誤。

⑦ 茶祠：茶，陸羽《茶經》《太平寰宇記》等作“奠”。

⑧ 陳婺：婺，陸羽《茶經》作“務”，《太平御覽》作“矜”，疑是“務”之形誤。

⑨ 禱酹：酹，陸羽《茶經》作“饋”。

⑩ 豫章王子尚：陸羽《茶經》在“豫章王”之前，還多“新安王子鸞”五字。

⑪ 《太平御覽》作“何言茶茗”。

輯佚

水品

◇唐　陸羽　撰

陸羽生平，詳《茶經》題記。

陸羽有《水品》一書，見同治《湖州府志》卷五十六《藝文略》，有注："佚。《雲麓漫鈔》：陸羽别天下水味，各立名品，有石刻行世。"《雲麓漫鈔》卷十説陸羽能辨天下水味，并未標明有《水品》一書。因此，有學者以爲，所謂"各立名品，有石刻行於世"，其實是張又新《煎茶水記》中所列陸羽品評的二十種水。

然而，《湖州府志》卷十九《輿地略山(上)》有這樣一段文字："金蓋山，在府城南十五里，何山南峰，勢盤旋宛同華蓋，故名。諺云：'金蓋戴帽，要雨就到。'農家以此爲驗。唐陸羽《水品》：'金蓋故多雲氣。'"可證在湖州地方流傳過陸羽《水品》一書，可惜現僅存佚文一句。

唐陸羽《水品》：金蓋故多雲氣。同治《湖州府志》卷十九輿地略山上：金蓋山，在府城南十五里，何山南峰，勢盤旋宛同華蓋故名。諺云："金蓋戴帽，要雨就到。"農家以此爲驗。

輯佚

茶述

◇唐　裴汶　撰

裴汶，唐代人，生卒年不詳。據《册府元龜》卷一〇六記載，"元和元年(806)四月戊申，命禮部員外郎裴汶以米十萬石賑險於浙東"。郁賢浩《唐刺史考全編》卷一四〇《江南東道·湖州(吴興郡)》引《新表一上》南來吴裴氏也記有"汶，湖州刺史"，并引《嘉泰吴興志》卷十四《郡守題名》謂"裴汶，元和六年(811)自澧州刺史授；八年(813)十一月除常州刺史"，由此可知他曾在唐憲宗時代爲官。

北宋劉弇《龍雲集》卷二八《策問》中第十八説"陸羽著經，毛文錫綴譜，温庭筠、張又新、裴汶之徒，或纂茶録、或製水經、或述顧渚"，可見《茶述》的内容，主要是關於顧渚(今浙江長興西北)茶的，而它的寫作時間，大概也就在裴汶任湖州刺史，即元和六年到八年的這一段時間。

《茶述》原書已佚，今本往往自南宋謝維新《古今合璧事類備要·外集》卷四二、清人陸廷燦《續茶經》中輯得。本書所録，是以四庫本《古今合璧事類備要》爲底本，校以四庫本《續茶經》。

茶，起於東晉，盛於今朝。其性精清，其味浩潔，其用滌煩，其功致和。參百品而不混，越衆飲而獨高。烹之鼎水，和以虎形，過此皆不得[①]。千[②]人服之，永永不厭。與粗食争衡[③]，得之則安，不得則病。彼芝术、黄精，徒云上藥，至[④]效在數十年後，且多禁忌，非此倫也。或曰，多飲令人體虚病風。余曰，不然。夫物能祛邪，必能輔正，安有蠲逐叢病，而靡保太和哉。今宇内爲土貢實衆，而顧渚[1]、蘄陽[2]、蒙山[3]爲上，其次則壽陽[4]、義興[5]、碧澗[6]、㴩湖[7]、衡山[8]，最下有鄱陽[9]、浮梁[10]。今其精者無以尚焉，得其粗者，則下里兆庶，瓶盎⑤紛揉。苟⑥未得，則胃府病生矣。人嗜之如此者，兩⑦晉已前無聞焉。至精之味或遺也。作茶述。

注　釋

1　顧渚：即今浙江長興水口鄉顧渚村，《唐國史補・敘諸茶品目》："湖州有顧渚之紫筍。"

2　蘄陽：在今湖北蘄春，《唐國史補》："蘄州有蘄門團黄。"

3　蒙山：在今四川雅安名山區，《唐國史補》："劍南有蒙頂石花……號爲第一。"

4　壽陽：在今安徽壽縣，《唐國史補》："壽州有霍山之黄牙。"

5　義興：即今江蘇宜興，《唐國史補》："常州有義興之紫筍。"

6　碧澗：在硤州，一名峽州(今湖北宜昌)，所産碧澗明月等茶爲唐時貢茶之一，《唐國史補》："峽州有碧澗明月。"

7　㴩湖：在今湖南岳陽，又名翁湖或滃湖。《唐國史補》："岳州有㴩湖之含膏。"

8　衡山：在今湖南衡山。《唐國史補》："湖南有衡山。"

9　鄱陽：即今江西鄱陽。

10　浮梁：即今江西景德鎮浮梁，爲唐代重要的茶葉貿易集散地，白居易《琵琶行》有"前日浮梁買茶去"詩句。

校　記

①　過此皆不得：《續茶經》引無此句。

②　千：《續茶經》引作"人"。

③　《續茶經》引無此句。

④　至：《續茶經》引作"致"。

⑤　瓶盎:《續茶經》引作“甌碗”。

⑥　苟:《續茶經》引作“頃刻”。

⑦　兩:《續茶經》引作“西”。

採茶録

◇唐　温庭筠　撰

温庭筠(801—866),本名岐,字飛卿,祖籍大原祁(今山西祁縣),生於鄠(今陝西户縣),是唐初宰相温彦博的後裔。因屢試進士不第,中年後才得任隋縣尉、方城尉等、仕終國子助教。精通詩、詞、賦、音律,與晚唐詩人李商隱齊名,號稱“温李”。《舊唐書》卷一九〇、《新唐書》卷九一、《唐才子傳》卷八有傳。

萬國鼎《茶書總目提要》稱本書撰寫於860年前後。《唐才子傳》卷八《温庭筠傳》記有“採茶録一卷”,《新唐書·藝文志》著録是篇也爲一卷,但《通志·藝文略》作三卷,萬國鼎《茶書總目提要》據此推測是書“大抵佚失於北宋時”,今所見已非全本,《説郛》《古今圖書集成》中所存不足四百字。

本書主要采用宛委山堂説郛本爲底本,另據四庫本《續茶經》略作增補,并補入由宋代程大昌《演繁露》中所輯的一條佚文。

辨[1]

代宗朝李季卿刺湖州,至維揚,逢陸鴻漸。抵揚子驛,將食,李曰:“陸君别茶聞,揚子南濡水又殊絶,今者二妙千載一遇。”命軍士謹慎者深入南濡,陸利器以俟。俄而水至,陸以杓揚水曰:“江則江矣,非南濡,似臨岸者。”使者曰:“某棹舟深入,見者累百,敢有紿乎?”陸不言,既而傾諸盆,至半,陸遽止之,又以杓揚之曰:“自此南濡者矣。”使者蹶然馳①白:“某自南濡齎至岸,舟蕩,覆過半,懼其鮮,挹岸水增之。處士之鑒,神鑒也,某其敢隱焉!”

李約[2],〔字存博〕②,汧公子也。一生不近粉黛,〔雅度簡遠,有山林之致〕③。性辨茶,〔能自煎〕④,嘗〔謂人〕⑤曰:"茶須緩火炙,活火煎,活火謂炭之有焰者。當使湯無妄沸,庶可養茶。始則魚目散布,微微有聲;中則四邊泉湧,纍纍連珠;終則騰波鼓浪,水氣全消,謂之老湯。三沸之法,非活火不能成也。"〔客至不限甌數,竟日爇[3]火,執持茶器弗倦。曾奉使行至陝州硤石縣[4]東,愛其渠水清流,旬日忘發。〕⑥

嗜[5]

甫里先生陸龜蒙[6],嗜茶荈。置小園於顧渚[7]山下,歲入茶租,薄爲甌蟻[8]⑦之費。自爲《品第書》一篇,繼《茶經》《茶訣》[9]之後。

易

白樂天[10]方齋,禹錫[11]正病酒,禹錫乃饋菊苗、虀、蘆菔[12]、鮓,换取樂天六班茶[13]二囊,以自醒酒。

苦

王濛[14]好茶,人至輒飲之,士大夫甚以爲苦,每欲候濛,必云:"今日有水厄。"

致

劉琨與弟羣書:"吾體中憒悶,常仰真茶,汝可信致之。"

附:新輯之文

《天台記》:"丹丘出大茶,服之生羽翼。"《演繁露》續集卷四"案温庭筠《採茶録》"之語

注　釋

1　辨:以下二則,分别參見張又新《煎茶水記》、陸廷燦《續茶經》卷下

"七之事"。

2　李約：字存博。初佐浙西幕，唐憲宗元和中任兵部員外郎。父李勉，封汧國公。《唐才子傳》卷6稱其"嗜茶，與陸羽、張又新論水品特詳"。

3　爇(ruò)：點燃，用火燒。

4　陝州：治所在陝縣(今河南三門峽市陝州區)。　硤石縣：治所爲硤石塢，即今河南三門峽市陝州區硤石鎮。

5　嗜：此條内容又可參見陸龜蒙之《甫里先生傳》(《全唐文》卷801)。

6　陸龜蒙：字魯望(?—約881)，長洲(今江蘇蘇州)人，曾任蘇州、湖州二郡從事，後隱居松江甫里，自號甫里先生等，唐僖宗(李儇，862—888，873—888在位)中和初年病逝。

7　顧渚：在今浙江長興縣西。

8　甌蟻：附着在甌盞中的茶沫，即以指茶。

9　《茶訣》：唐代釋皎然所作，約成書於760年，今已佚。

10　白樂天：白居易(772—846)，字樂天，鄭州新鄭(今河南新鄭)人。唐代貞元中進士，官至刑部尚書。

11　禹錫(772—842)：即劉禹錫，字夢得，洛陽人，唐貞元中進士，官至檢校禮部尚書兼太子賓客。

12　蘆菔：即蘿蔔，又稱"萊菔"。

13　六班茶：唐代茶名。

14　王濛：字仲祖，太原晋陽(今太原西南)人。東晋時王導辟爲掾，出補長山令，徙中書郎，簡文帝(司馬昱，319或320—372，371—372在位)時爲司徒左長史。

校　記

①　馳：四庫本作"駭"。

②　字存博：據《續茶經》補。

③　雅度簡遠，有山林之致：據《續茶經》補。

④　能自煎：據《續茶經》補。

⑤　謂人：據《續茶經》補。

⑥　客至不限甌數……旬日忘發：據《續茶經》本補。

⑦　蟻：底本、四庫本爲“檥”，據《古今事文類聚》續集卷12改。

輯佚

茶譜

◇五代蜀　毛文錫　撰

毛文錫,字平圭,高陽(今河北高陽)人。唐代進士,後任蜀翰林學士,官至司徒。《十國春秋》卷四一有傳,但有錯誤。詳見今人陳尚君《花間詞人事輯》(刊《俞平伯先生從事文學活動六十週年紀念文集》)。

《茶譜》撰於唐末,據陳尚君考證,以成於唐昭宗(李曄,867—904,888—904在位)時(889—904)可能性最大。此書在宋代流傳甚廣,《崇文總目》《郡齋讀書志》《通志》《遂初堂書目》《直齋書録解題》《宋史·藝文志》都有著録。

《茶譜》是繼陸羽《茶經》之後的一部重要茶學著作,對唐末的茶葉産地、茶種質地、各地名品,提供了詳細資料,反映出茶葉種植及品賞在唐末的發展。

原書已佚,今有陳祖槼、朱自振《中國茶葉歷史資料選輯》及陳尚君《毛文錫〈茶譜〉輯考》兩種輯本。本書以陳尚君輯本爲底本,以陳祖槼、朱自振本爲校,并參考所輯資料原書。

〔荆州〕當陽縣有溪山①仙人掌茶,李白有詩。《事類賦注》卷一七按:《太平寰宇記》卷八三引《茶譜》云:"綿州龍安縣生松嶺關者,與荆州同。"

峽州[1]:碧澗、明月。《全芳備祖後集》卷二八

有小江園、明月簝、碧澗簝、茱萸簝[2]之名。②《事類賦注》卷一七按:後條不云産地。與前條互參,應爲峽州事。

涪州出三般茶[3],賓化最上[4],製於早春;其次白馬[5];最下涪陵。《事類賦注》卷一七按:以上山南東道三州。

〔渠州〕渠江薄片，一斤八十枚。《事類賦注》卷一七按：以上山南西道一州。

揚州禪智寺[6]，隋之故宫，寺枕蜀岡[7]，有茶園，其味甘香，如蒙頂也。《事類賦注》卷一七、《苕溪漁隱叢話後集》卷一一後三句作“其茶甘香，味如蒙頂焉”。按：《太平寰宇記》卷一二三揚州江都縣蜀岡條下引《圖經》云：“今枕禪智寺，即隋之故宫。岡有茶園，其茶甘香，味如蒙頂。”《圖經》殆即據《茶譜》

壽州：霍山黄芽。《全芳備祖後集》卷二八

舒州。按：《太平寰宇記》卷九三引《茶譜》云：“杭州臨安、於潛二縣生天目山者，與舒州同。”知《茶譜》敘及舒州。同書卷一二五云舒州貢開火茶，又云多智山，“其山有茶及蠟，每年民得採掇爲貢”。或即據《茶譜》。以上淮南道三州。

常州：義興紫筍、陽羨春。《全芳備祖後集》卷二八

義興有㴩湖[8]之含膏。《事類賦注》卷一七

〔蘇州〕長洲縣生洞庭山者，與金州、蘄州、梁州味同。《太平寰宇記》卷九一引《茶説》按：宋初以前未聞有《茶説》其書，疑即《茶譜》之誤。姑附存之。

湖州長興縣啄木嶺金沙泉[9]，即每歲造茶之所也。湖、常二郡接界於此。厥土有境會亭。每茶節，二牧皆至焉。斯泉也，處沙之中，居常無水。將造茶，太守具儀注拜敕祭泉，頃之，發源，其夕清溢。造供御者畢，水即微減，供堂者畢，水已半之。太守造畢，即涸矣。太守或還旆稽期，則示風雷之變，或見鷙獸、毒蛇、木魅焉。《事類賦注》卷一七

顧渚紫筍《全芳備祖後集》卷二八按：《嘉泰吴興志》卷二〇引毛文錫《記》，述金沙泉事，較前條稍簡，殆即據《茶譜》。“頃之”句，作“頃之，泉源發渚溢”。

杭州臨安、於潛二縣生天目山者，與舒州同。《太平寰宇記》卷九三

睦州之鳩坑極妙[10]。《事類賦注》卷一七，“睦”原作“穆”，據《全芳備祖後集》卷二八改按：《太平寰宇記》卷九五稱睦州貢鳩坑團茶。

婺州[11]有舉巖茶③，斤片方細，所出雖少，味極甘芳，煎如碧乳也。《事類賦注》卷一七。《續茶經》卷下之四引《潛確類書》引《茶譜》，“斤片”作“片片”，“煎如碧乳也”作“煎之如碧玉之乳也”。

福州[12]柏巖極佳。《事類賦注》卷一七

〔福州〕臘面。《宣和北苑貢茶録》

福州[13]：方山露芽。《全芳備祖後集》卷二八按：《太平寰宇記》卷一〇一引《茶經》云："建州方山之芽及紫筍，片大極硬，須湯浸之，方可碾。極治頭疾，江東[14]人多味之。"按方山在閩侯縣，不屬建州。又《茶經》中無此段，疑出自《茶譜》。

建州北苑先春龍焙。洪州[15]西山白露。雙井白芽、鶴嶺。安吉州[16]顧渚紫筍。常州義興紫筍、陽羨春。池陽[17]鳳嶺。睦州鳩坑。宣州陽坡。南劍④蒙頂石花、露鋑芽、籛芽。南康[18]雲居。峽州碧澗明月。東川[19]獸目。福州方山露芽。壽州霍山黄芽。《全芳備祖後集》卷二八

建有紫筍。《宣和北苑貢茶録》

蒙頂石花、露鋑芽、籛芽。《全芳備祖後集》卷二八云此爲南劍州所産。南劍州爲五代閩時析建、福兩州所設，姑存此。按：《太平寰宇記》卷一〇〇云，南劍州"茶有六般：白乳、金字、臘面、骨子、山梃、銀子"。以上江南東道八州。

宣州宣城縣有茶山，其東爲朝日所燭，號曰陽坡，其茶最勝，形如小方餅，横鋪茗芽其上。太守常薦之京洛，題曰陽坡茶。杜牧[20]《茶山詩》云："山實東吴秀，茶稱瑞草魁。"《全芳備祖後集》卷二八

宣城縣有丫山[21]小方餅，横鋪茗牙裝面，其山東爲朝日所燭，號曰陽坡，其茶最勝。太守嘗薦於京洛人士，題曰：丫山陽坡横紋茶。《事類賦注》卷一七按：以上二則引録不同，故並録之。

歙州[22]牛梚嶺者尤好。《事類賦注》卷一七

〔池州〕池陽：鳳嶺。《全芳備祖後集》卷二八

洪州西山白露及鶴嶺茶極妙⑤。《事類賦注》卷一七

洪州：西山白露、雙井白芽、鶴嶺。《全芳備祖後集》卷二七按：以上二則引録不同，故並録之。

鄂州之東山、蒲圻、唐年縣[23]，皆産茶，黑色如韭葉⑥，極軟，治頭疼。《太平寰宇記》卷一一二

〔虔州〕南康：雲居。《全芳備祖後集》卷二八

袁州[24]之界橋，其名甚著，不若湖州之研膏、紫筍[25]，烹之有緑腳垂下。《事類賦注》卷一七、《全芳備祖後集》卷二八、《續茶經》卷下之四引《潛確類書》

〔潭州〕長沙[26]之石楠[27]⑦，其樹如棠柟，採其芽謂之茶。湘人以四月摘

楊桐草⑧,搗其汁拌米而蒸,猶蒸糜之類,必啜此茶,乃其風也。尤宜暑月飲之。潭、邵[28]之間有渠江,中有茶,而多毒蛇猛獸。鄉人每年採擷不過十六七斤。其色如鐵,而芳香異常,烹之無滓也。《太平寰宇記》卷一一四

〔潭州〕長沙之石楠,採芽爲茶,湘人以四月四日摘楊桐草,搗其汁拌米而蒸,猶糕糜之類,必啜此茶,乃去風也。尤宜暑月飲之。《事類賦注》卷一七

衡州之衡山[29],封州之西鄉,茶研膏爲之,皆片團如月。《事類賦注》卷一七、《增廣箋注簡齊詩集》卷八《陪諸公登南樓啜新茶家弟出建除體詩諸公既和餘因次韻》注、《續茶經》卷上之一按:以上江南西道九州。

彭州有蒲村、堋口、灌口[30],其園名仙崖、石花等,其茶餅小而市⑨,嫩芽如六出花者,尤妙。《太平寰宇記》卷七三、《事類賦注》卷一七、《續茶經》卷上之一所引稍簡

玉壘關外寶唐山[31],有茶樹産於懸崖,筍長三寸、五寸,方有⑩一葉兩葉。《事類賦注》卷一七按:玉壘關在彭州導江縣。

蜀州晉原、洞口、横源、味江、青城[32],其横源雀舌、鳥嘴、麥顆[33],蓋取其嫩芽所造,以其芽似之也。又有片甲者,即是早春黄芽,其葉相抱如片甲也。蟬翼者,其葉嫩薄如蟬翼也。皆散茶之最上也。《太平寰宇記》卷七五。"晉原"原作"晉源",據《新唐書・地理志六》改。《事類賦注》卷一七所引稍簡,"芽"皆作"芽","相抱"作"相把"。

眉州洪雅、丹稜、昌閤,亦製餅茶,法如蒙頂。《事類賦注》卷一七,"稜"原作"陵",據《新唐書・地理志六》改

眉州洪雅、昌闔、丹棱[34],其茶如蒙頂製餅茶法[35]。其散者葉大而黄,味頗甘苦,亦片甲、蟬翼[36]之次也。《太平寰宇記》卷七四引《茶經》,然《茶經》無此條,參上條及前蜀州條,斷其必出《茶譜》

邛州之臨邛、臨溪、思安、火井[37],有早春、火前、火後、嫩緑等上中下茶。⑪《事類賦注》卷一七

臨邛數邑[38],茶有火前、火後、嫩葉、黄芽號。又有火番餅,每餅重四十兩,入西番[39],党項[40]重之。如中國名山者[41],其味甘苦。《太平寰宇記》卷七五引

《茶經》,《茶經》無此條,參上條,知必出《茶譜》

蜀之雅州有蒙山,山有五頂,頂有茶園,其中頂曰上清峰。昔有僧病冷且久。嘗遇一老父,謂曰:"蒙之中頂茶,嘗以春分之先後,多搆人力,俟雷之發聲,併手採摘,三日而止。若獲一兩,以本處水煎服,即能祛宿疾;二兩,當眼前⑫無疾;三兩,固以換骨;四兩,即爲地仙矣。"是僧因之中頂築室以候,及期獲一兩餘,服未竟而病瘥。時到城市,人見其容貌,常若年三十餘,眉髮緑色,其後入青城訪道,不知所終。今四頂茶園,採摘不廢。惟中頂草木繁密,雲霧蔽虧,鷙獸時出,人跡稀到矣。今蒙頂有露鋑芽、籛芽[42],皆云火前,言造於禁火之前也。《事類賦注》卷一七,又見《本草綱目》卷三二,末多"近歲稍貴此品,制作亦精於他處"數句,疑非《茶譜》語。蒙山有壓膏露芽、不壓膏露芽、並冬芽[43],言隆冬甲坼也。《事類賦注》卷一七

蒙頂有研膏茶,作片進之。亦作紫筍。《事類賦注》卷一七、《增廣箋注簡齋詩集》卷八《陪諸公登南樓啜新茶家弟出建除體詩諸公既和餘因次韻》注所引較簡。

雅州百丈、名山[44]二者⑬尤佳。《太平寰宇記》卷七七

山有五嶺,有茶園,中嶺曰上清峰,所謂蒙嶺茶也。《太平寰宇記》卷七十七

〔梓州〕東川:獸目。《全芳備祖後集》卷二八

〔綿州〕龍安[45]有騎火茶,最上,言不在火前、不在火後作也。清明改火,故曰火。《事類賦注》卷一七,《續茶經》卷上之三引《茶譜續補》,"最上"作"最爲上品",下多"騎火者"三字。

綿州龍安縣生松嶺關者,與荆州同。其西昌、昌明、神泉等縣,連西山生者,並佳。獨嶺上者不堪採擷。《太平寰宇記》卷八三

〔渝州〕南平縣[46]狼猱山茶,黄黑色,渝人重之,十月採貢。《太平寰宇記》卷一三六

瀘州[47]之茶樹,〔夷〕獠[48]常攜瓢具寘側⑭,每登樹採摘芽茶,必含於口。待其展,然後置於瓢中,旋塞其竅。歸必置於暖處。其味極佳。又有粗

者，其味辛而性熱。彼人云：飲之療風[49]，〔通呼爲瀘茶〕⑮《太平寰宇記》卷八八引《茶經》，然《茶經》無此則，當出《茶譜》。

容州[50]黄家洞有竹茶，葉如嫩竹，土人作飲，甚甘美。《太平寰宇記》卷一六七引《茶經》。然《茶經》無此則，當出《茶譜》。按：以上嶺南道一州。

團黄[51]有一旗二槍之號，言一葉二芽也。⑯《事類賦注》卷一七

茶之别者，枳殼牙、枸杞牙、枇杷牙[52]，皆治風疾。又有皂莢牙、槐牙、柳牙[53]，乃上春摘其牙和茶作之。五花茶者，其片作五出花也。《事類賦注》卷一七

唐陸羽著《茶經》三卷。《事類賦注》卷一七

唐肅宗嘗賜高士張志和[54]奴婢各一人，志和配爲夫妻，名之曰漁童、樵青。人問其故，答曰："漁童使捧釣收綸，蘆中鼓枻；樵青使蘇蘭薪桂，竹裏煎茶。"《事類賦注》卷一七按：《茶譜》此則據顔真卿《浪跡先生玄真子張志和碑銘》。顔文見《全唐文》卷三四〇。

胡生者，以釘鉸爲業，居近白蘋洲，傍有古墳，每因茶飲，必奠酹之。忽夢一人謂之曰："吾姓柳，平生善爲詩而嗜茗，感子茶茗之惠，無以爲報，欲教子爲詩。"胡生辭以不能，柳强之曰："但率子意言之，當有致矣。"生後遂工詩焉。時人謂之胡釘鉸詩。柳當是柳惲[55]也。⑰《事類賦注》卷一七按：《南部新書》卷壬記胡生事，與此多同。

覺林僧志崇收茶三等，待客以驚雷莢，自奉以萱草帶，供佛以紫茸香。赴茶者，以油囊盛餘瀝歸。⑱《全芳備祖後集》卷二八按：《雲仙雜記》卷六引《蠻甌志》，與此大致同，中多"蓋最上以供佛，而最下以自奉也"二句。

甫里先生陸龜蒙，嗜茶荈。置小園於顧渚山下，歲入茶租，薄爲甌蟻之費。自爲《品第書》一篇，繼《茶經》《茶訣》之後。《全芳備祖後集》卷二八按：此則據陸龜蒙《甫里先生傳》。陸文見《全唐文》卷八〇一。

撫州有茶衫子紙，蓋裹茶爲名也。其紙長連，自有唐已來，禮部每年給明經帖書。《文房四譜》卷四

傅巽《七誨》云：蒲桃宛柰，齊柿燕栗，常陽黄梨，巫山朱橘，南中茶子，西極石蜜。寒温既畢，應下霜華之茗。《事類賦注》卷一七按：《茶經·七之事》引《七誨》同此數句，而以末二句爲弘君舉《食檄》首二句。此節當出《茶經》。《事類賦注》既誤記書名，復以《食檄》中句竄入《七海》。

茶樹如瓜蘆，葉如梔子，花如白薔薇，實如栟櫚，葉如丁香，根如胡桃。《譚苑醍醐》卷八，又見《全唐文紀事》卷四六引按：此則見《茶經·一之源》。楊慎誤作《茶譜》。

注　釋

1　峽州：州、路名。一作硤路。北周武帝（宇文邕，543—578，560—578在位）改拓州置。因在三峽之口得名。治夷陵（今宜昌西北。唐移今市，宋末移江南，元仍移江北），唐以後略大。元至元十七年（1280）升爲峽州路，轄境相當今湖北宜昌、長陽、枝城等地。元至正二十四年（1364）復降爲州，後改名夷陵州。

2　小江園、明月簝、碧澗簝、茱萸簝，皆茶名。簝，古代宗廟中用的盛肉竹器，不知爲何用以名茶。後三種茶皆出峽州，《唐國史補》："峽州有碧澗明月，芳蕊、茱萸簝等。"峽州唐時治所在今湖北宜昌。

3　涪州：唐武德元年（618）置，治所涪陵縣，即今重慶涪陵，曾一度改名爲涪陵郡。　三般茶：茶名。

4　賓化：唐先天二年（713）以隆化改名，即今四川南川。

5　白馬：縣名，在今四川松潘北岷江源附近。

6　禪智寺：在今江蘇揚州東北，五代時吴徐知訓曾賞花於此。

7　蜀岡：在今江蘇揚州城西北，一名昆岡。鮑照（約414—466）《蕪城賦》：軸以昆岡，謂此上有井，其脈通蜀，曰蜀井。《方輿勝覽》云：舊傳地脈通蜀，故曰蜀岡。《太平寰宇記》云："蜀岡有茶園，其茶甘香如蒙頂，蒙頂在蜀，故以名岡。"

8　義興：即今江蘇宜興。　㴩湖：在今湖南岳陽，含膏茶是當地名産。

9　長興：即今浙江長興。　啄木嶺金沙泉：兩地俱在長興顧渚山中。

10　睦州：唐武德四年(621)置，治所在今浙江建德市東北梅城鎮。　鳩坑：指産於浙江淳安縣(古時屬睦州)鳩坑源的茶。據《雉山邑志》記："淳安茶舊産鳩坑者佳，唐時稱貢物。"《唐國史補》卷下："睦州有鳩坑。"

11　婺州：即今浙江金華。

12　福州：即今福建福州。

13　建州：唐武德四年(621)置，治所在今福建建甌。　方山：在今福建閩侯南。

14　江東：一般自漢至隋唐稱安徽蕪湖以下的長江下游南岸地區爲江東。《茶譜》在舉及某處茶後，一般都是言及本地人對所舉茶的認識和評價，這裏是在説福建茶，若此江東是指長江中下游地區省份，似乎大不妥。抑或是指建溪之東的地區，亦未可知。

15　洪州：即今江西南昌。

16　安吉州：縣名。在浙江湖州西南部，西苕溪流域，鄰接安徽。

17　池陽：古縣名，漢惠帝四年(前191)置，因在池水之北得名。治今陝西涇陽西北。

18　南康：今市名。在江西南部、贛江西源章水流域。三國吴置南安縣，晋改南康縣。

19　東川：唐方鎮名，即劍南東川。至德二載(757)分劍南節度使東部地置。治梓州(今三台)。轄境屢有變動。長期領有梓、遂、綿、普、陵、瀘、榮、劍、龍、昌、渝、合十二州。約當四川盆地中部涪江流域以西，沱江下游流域以東和劍閣、青川等縣。

20　杜牧(803—852)：唐京兆萬年(今陝西西安)人，字牧之，唐名相杜佑(735—812)之孫。太和二年(828)擢進士，復舉賢良方正。曾任監察御史，官至中書舍人。其詩文輯爲《樊川集》。事見新、舊《唐書》之《杜佑傳》附傳。

21　宣城：即今安徽宣城。　丫山：光緒《宣城縣志》卷4山川云：在宣城縣"東水之東爲……雙峰山……二峰對峙，古名丫山，産横紋茶"。

22　歙州：隋置，治所在歙縣(即今安徽歙縣)，隋唐間都曾一度改名爲新安郡,唐乾元(758—760)初仍復爲歙州。

23　鄂州:隋開皇九年(589)改郢州置,治所在江夏,即今湖北武漢之武昌。　東山:在今湖北荆門東。　蒲圻:縣名,即今湖北赤壁市。　唐年縣:唐天寶二年(743)置,治所在今湖北崇陽西南。

24　袁州:在今江西宜春。

25　湖州:即今浙江湖州。　研膏:表明宋朝北苑之前即有研膏茶。　紫筍:茶名。

26　長沙:即今湖南長沙。唐代至宋代,長沙間或爲長沙府、潭州、長沙郡。

27　石楠:《光緒湖南通志》注云:"石柟一名風藥,能治頭風。"亦稱千年紅,薔薇科,常緑灌木或小喬木,花白果紅,葉可入藥,益腎氣,治風痹。

28　邵:邵州,唐置南梁州,後改曰邵州;治所在今湖南邵陽。

29　衡州:即今湖南衡陽,唐時曾一度爲郡。　衡山:縣名,唐天寶八載(749)置,治所即今湖南衡陽。

30　彭州:唐垂拱二年(686)置,治所在今四川彭州,天寶(742—756)初改爲濛陽郡,乾元(758—760)初復爲彭州。　蒲村、堋口、灌口:皆爲彭州屬縣導江的屬鎮。

31　寶唐山:光緒《灌縣鄉土志》引《茶譜》認爲寶唐山即是四川灌縣(今都江堰市)之沙坪山。

32　蜀州:唐垂拱二年(686)置,治所在今四川崇州。　晉原:鎮名,今四川大邑縣駐地。　洞口:不詳。　横源:不詳。　味江:不詳。　青城:蜀州屬縣,在今四川東南。

33　雀舌、鳥觜、麥顆:皆茶名。

34　眉州:唐武德二年(619)置,治所在今四川眉山。　洪雅:眉州屬縣名,隋開皇十一年(591)置,治所在今四川洪雅西。　昌闔:不詳。　丹稜:眉州屬縣,在今四川丹棱。

35　蒙頂:蒙山山頂,在今四川名山,有"揚子江心水,蒙山頂上茶","舊譜最稱蒙頂味,露芽雲味勝醍醐"的詩句。

36 片甲、蟬翼：皆茶名。

37 邛州：在今四川邛崍。 臨溪：縣名，治所在今四川蒲江西。 思安：不詳。 火井：縣名，治所在今四川邛崍西南之火井。

38 臨邛：唐州名，天寶初置，治所在今四川邛崍。

39 西番：又稱西蕃，泛稱古代中國西部地區的各少數民族。

40 党項：中國古代羌人的一支，南北朝時分布在今青海東南部河曲和四川松潘以西山谷地帶。唐代前期，吐蕃征服青藏高原諸部族，大部分党項羌人被迫遷徙到甘肅、寧夏、陝北一帶。北宋時，党項人建立了西夏政權。

41 此處指四川雅安市名山區所産之茶。

42 露鋑芽、籛芽：皆茶名。

43 壓膏露芽、不壓膏露芽、並冬芽，皆爲茶名。

44 雅州：隋仁壽四年(604)置，治所在蒙山(今四川雅安西，北宋移治今雅安)，後改爲臨邛郡。唐武德元年(618)復改爲雅州，天寶初改爲盧山郡，乾元初復改爲雅州。 百丈：縣名，唐貞觀四年(630)置，治所在今四川名山縣東北之百丈。 名山：在今四川雅安市名山區。

45 龍安：古龍安有兩處，一在今四川綿陽市安州區東北，一在今江西安義縣東北，不知孰是。

46 南平：州名，唐貞觀四年(630)置，治所南平縣，在今重慶巴南區東北。

47 瀘州：在今四川瀘州。南朝梁大同(535—546)中置，隋煬帝時州廢置瀘川郡，唐武德元年(618)復爲瀘州。

48 獠：古代對南方少數民族的蔑稱。

49 療風：能治療風疾。

50 容州：唐置銅州，後改曰容州，治北流，治所在今廣西北流。

51 團黄：唐代茶名，《唐國史補》卷下："蘄州有蘄門團黄。"産於蘄州之蘄門(今湖北蘄春境内)。

52 枳殻：中藥，芸香科植物酸橙、香圓和枳等乾燥的成熟果實，性微寒，味酸苦，功能破氣消積，主治食積、胸腹氣滯、脹痛、便秘等症。 枸杞：茄科，落葉小木，果實、根皮入藥，性平味甘，能補腎益精、養肝明目、清虛熱、凉血。　枇杷：薔薇科，常緑小喬木中醫以葉入藥，性平味苦，功能主清肺下氣、和胃降逆，主治肺熱咳嗽、嘔吐逆呃等。

53　皂莢：豆科，落葉喬木，中醫以皂莢果入藥，性温味辛有小毒，能祛痰開竅，皂莢刺亦入藥，能托毒排膿。　槐：豆科，落葉喬木，花和實爲凉血、止血藥。　柳：楊柳科，落葉喬木或灌木。

54　張志和：唐婺州金華人，字子同，初名龜齡。年十六擢明經，肅宗時待詔翰林，授左金吾衛録事參軍。曾被貶爲南浦尉，赦還後不復仕，隱居江湖，自稱煙波釣徒。著《玄真子》，也以"玄真子"自號。善歌詞，能書畫、擊鼓、吹笛。與顔真卿、陸羽等友善。事見《新唐書》本傳。

55　柳惲(465—517)：南朝梁河東解人，字文暢。柳世隆子。少好學，工詩，善尺牘。又從嵇元榮、羊蓋學琴，窮其妙。初任齊竟陵王法曹行參軍。梁武帝時累官左民尚書、廣州刺史、吴興太守。爲政清静，民吏懷之。又精醫術、善弈棋。奉命定棋譜，評其優劣。有《清調論》《十杖龜經》。

校　記

①　有溪山：陳尚君《毛文錫〈茶譜〉輯考》(簡稱陳尚君本)作"青溪山"，據《四庫全書・事類賦》改。

②　陳祖槼、朱自振《中國茶葉歷史資料選輯》(簡稱陳、朱本)注曰："編者按，此係峽川之幾種茶。"

③　本句《敕修浙江通志》卷106引《品茶要録補》所引《茶譜》作"婺州之舉岩碧乳"。

④　南劍：原文作"南劍"，疑作劍南。

⑤　本句《雍正江西通志》引《茶譜》作"洪州白露嶺茶，號爲絶品"。

⑥　黑色如韭葉：民國《湖北通志》引《茶譜》作"大茶黑色如韭葉"。

⑦　石楠：嘉慶《湖南通志》引《茶譜》作"石枏"，光緒《湖南通志》并有注云："按石枏一名風藥，能治頭風。"

⑧ 四月摘楊桐草:《事類賦》卷17引作“四月四日摘楊桐草”。嘉慶《湖南通志》引《茶譜》亦作“四月四日”,并注云:“楊桐即南天燭……。”

⑨ 市:陳尚君本作“布”。

⑩ 方有:光緒《灌縣鄉土志》引《茶譜》作“始得”。

⑪ 本條當與前文從《太平寰宇記》所輯“臨邛”條合爲一條,文爲“邛州之臨邛、臨溪、思安、火井四邑,有早春、火前、火後、嫩緑等上中下茶。”

⑫ 眼前:陳尚君本作“限前”,形誤,徑改。

⑬ 二者:《嘉慶四川通志》引《茶譜》作“二處茶”。

⑭ 夷獠常攜瓢具寘側:陳尚君本缺“夷”,據陳、朱本補。陳尚君本作“穴其”,形誤,據陳、朱本改。

⑮ 通呼爲瀘茶:陳尚君本缺,據陳、朱本補。

⑯ 陳、朱本注曰:“一旗二槍言一葉二芽,疑一槍二旗,一芽二葉之誤。”

⑰ 《池北偶談》亦録有此條。

⑱ 《雲仙雜記》引《蠻甌志》之文與本條大致相同,而多“蓋最上以供佛,而最下以自奉也”兩句。

宋元茶書

茗荈録

◇宋　陶穀　撰

陶穀(903—970),字秀實,邠州新平(今陝西彬州)人。本姓唐,避後晋高祖石敬瑭諱改姓陶。歷仕後晋、後漢、後周至宋,入宋後累官兵部、吏部侍郎。宋太祖建隆二年(961),轉禮部尚書,翰林承旨,乾德二年(964)判吏部銓兼知貢舉,累加刑部、户部尚書。開寶三年(970)十二月庚午卒,年六十八。《宋史》卷二六九有傳,説他"強記嗜學,博通經史,諸子佛老,咸所總覽,多蓄法書名畫,善隸書。爲人雋辨宏博,然奔競務進"。

"茗荈録"原是陶穀所寫《清異録》一書中的"茗荈"部分。《清異録》六卷,内分三十七門。明代喻政抽取其中"茗荈"一門,去除第一條即唐人蘇廙《十六湯品》,題曰《荈茗録》,作爲獨立一書印入他編的《茶書》中。此後有關茶書書目即以《荈茗録》著録。但因《清異録》原題作"茗荈",故此次匯編恢復作《茗荈録》。

《四庫全書總目》稱:陳振孫《直齋書録解題》以爲《清異録》不類宋初人語,明胡應麟《筆叢》曾經辨之,又此書在宋代已爲人引爲詞藻之用,如樓鑰《攻媿集》有《白醉軒》詩,自序云引用此書,故此書當是陶穀於五代宋初之際所撰。關於《茗荈録》的具體成書時間。《茗荈録》第一條《龍坡山子茶》説:"開寶中,竇儀以新茶飲予。"竇儀卒於乾德四年(966)冬,而陶穀卒於開寶三年(970),因此推定《荈茗録》寫定於乾德元年至開寶三年中,即963—970年之間。

傳今刊本有:(1)明周履靖夷門廣牘本,(2)明喻政《茶書》本,(3)明陳眉公訂正寶顔堂秘笈本,(4)宛委山堂説郛本,(5)清道光年間李錫齡校刊惜陰軒叢書本,(6)涵芬樓説郛本等版本。除喻政《茶書》本單列爲一書外,其餘各版本皆爲《清異録》中一門。

《茗荈録》共有十八條,而宛委山堂説郛本只有十二條(以寶顔堂秘笈本序語,當爲編者删除了“疑誤難正”的六條);夷門廣牘本與涵芬樓説郛本雖有十八條,但文中一些看似與茶不直接相關的文字均被删略。

諸本中陳眉公訂正的寶顔堂秘笈本最善,本書取以爲底本,参校周履靖夷門廣牘本、喻政茶書本、涵芬樓説郛本等其他版本。

龍坡山子茶

開寶中,竇儀[1]以新茶飲予,味極美。奩[2]面標云:“龍坡山子茶。”龍坡是顧渚[3]之别境。

聖楊①花

吴[4]僧梵川,誓願燃頂供養雙林傅大士[5]。自往蒙頂[6]結庵種茶②。凡三年,味方全美。得絶佳者聖楊③花、吉祥蕊,共不踰五斤④,持歸供獻。

湯社[7]

和凝[8]在朝,率同列遞日以茶相飲,味劣者有罰,號爲“湯社”。

縷金耐重兒

有得建州茶膏[9],取作耐重兒[10]八枚,膠以金縷[11],獻於閩王曦[12]。遇通文之禍,爲内侍所盜,轉遺貴臣。

乳妖

吴僧文了善烹茶。游⑤荆南[13],高保勉白于⑥季興[14],延置紫雲庵,日試其藝。保勉父子呼爲湯神,奏授華定水大師上人[15],目曰“乳妖”[16]。

清人樹

僞閩甘露堂前兩株茶,鬱茂婆娑,宫人呼爲“清人樹”。每春初,嬪嬙戲摘⑦新芽,堂中設“傾筐會”。

玉蟬膏

顯德初,大理徐恪見貽卿⑧信鋌子茶[17],茶面印文曰:"玉蟬膏",一種曰"清風使"。恪,建[18]人也。

森伯

湯悦有《森伯頌》[19],蓋茶也。方飲而森然嚴乎齒牙,既久,四肢森然。二義一名,非熟夫湯甌境界者,誰能目之。

水豹囊

豹革爲囊[20],風神呼吸之具也。煮茶啜之,可以滌滯思而起清風。每引此義,稱茶爲"水豹囊"。

不夜侯

胡嶠[21]《飛龍澗飲茶詩》曰:"沾牙舊姓餘甘[22]氏,破睡當封⑨不夜侯。"新奇哉!嶠宿學雄材未達,爲耶律德光所虜北去,後間道復歸。

雞蘇佛

猶子彝[23]⑩,年十二歲。予讀胡嶠茶詩,愛其新奇,因令效法之,近晚成篇。有云:"生涼好唤雞蘇[24]佛,回味宜稱橄欖仙。"然彝⑪亦文詞之有基址者也。

冷面草

符昭遠不喜茶⑫,嘗爲御史同列會茶,嘆曰:"此物面目嚴冷,了無和美之態,可謂冷面草也。飯餘嚼佛眼芎以甘菊湯送之,亦可爽神。"

晚甘侯

孫樵[25]《送茶與崔⑬刑部書》云:"晚甘侯十五人遣侍齋閣。此徒皆請雷而摘[26],拜水而和[27]。蓋建陽丹山[28]碧水之鄉,月澗雲龕之品⑭,慎勿賤用之。"

生成盞

饌茶[29]而幻出物象於湯面者,茶匠通神之藝也。沙門福全生於金鄉[30],長於茶海[31],能注湯幻茶[32],成一句詩,並點四甌,共一絶句,泛乎湯表。小小物類,唾手辦耳。檀越[33]日⑮造門求觀湯戲,全自詠曰:"生成盞裏水丹青,巧畫⑯工夫學不成。卻笑當時陸鴻漸,煎茶赢得好名聲。"

茶百戲

茶至唐始盛。近世有下湯運匕[34]⑰,别施妙訣,使湯紋水脈成物象者,禽獸蟲魚花草之屬,纖巧如畫。但須臾即就散滅。此茶之變也,時人謂之"茶百戲"[35]。

漏影春

漏影春法,用鏤紙貼盞,糝茶[36]而去紙,僞爲花身;别以荔肉爲葉,松實、鴨腳[37]之類珍物爲蕊,沸湯點攪。

甘草癖

宣城[38]何子華邀客於剖金堂,慶新橙。酒半,出嘉陽嚴峻畫陸鴻漸像。子華因言:"前世惑駿逸者爲馬癖,泥貫索者爲錢癖,耽於子息者爲譽兒癖,耽於褒貶者爲《左傳》癖。若此叟⑱者,溺於茗事,將何以名其癖?"楊粹仲曰:"茶至⑲珍,蓋未離乎草也。草中之甘,無出茶上者。宜追目⑳陸氏爲甘草癖。"坐客曰:"允矣哉!"㉑

苦口師

皮光業[39]最耽茗事。一日,中表請嘗新柑,筵具殊豐,簪紱叢集。纔至,未顧尊罍㉒而呼茶甚急,徑進一巨甌。題詩曰:"未見甘㉓心氏,先迎苦口師。"衆噱曰:"此師固清高,而難以療饑也。"

注　釋

1　竇儀(914—966)：字可象,薊州漁陽(今天津薊州區)人。後晋天福中進士,歷仕後漢、後周,後周顯德年間拜端明殿學士,入宋歷任工部尚書、翰林學士、禮部尚書,《宋史》卷263有傳。　案：陶穀此條所記有誤,詳見本書題記關於《茗荈録》具體成書時間的考訂。

2　奩：茶盒。

3　顧渚：即顧渚山,在今浙江長興,所産紫笋茶久負盛名,唐時曾爲貢品。

4　吴：指五代十國時的吴國。

5　燃頂：佛教修真法之一。　雙林：佛寺名。　大士：佛教稱佛和菩薩爲大士。

6　蒙頂：參見本書《茶酒論》……蒙山與佛教及茶文化有着較深的淵源關係,中國最早的有關植茶的傳説,便是漢代的甘露大師在蒙山之頂上清峰親手植茶五株。

7　湯社：即茶社。

8　和凝(898—955)：字成績,五代時鄆州須昌(今山東東平)人。梁時舉進士,歷仕後晋、後漢、後周各朝,官至左僕射,太子太傅,封魯國公。

9　建州：治所在建安(今福建建甌)。　茶膏：指將茶研膏製成的團餅茶。

10　耐重兒：茶名。《十國春秋·閩康宗本紀》:"通文二年……國人貢建州茶膏,製以異味,膠以金縷,名曰'耐重兒',凡八枚。"

11　膠以金縷：指在茶餅表面貼上金絲,以作紋飾。此習沿至宋代,歐陽修《龍茶録後序》就記有"宫人剪金爲龍鳳花草"貼在小龍團茶的茶餅表面。

12　閩：五代時十國之一。　王曦：爲閩國第五任君主,939—942年在位。唯此條所記有誤。《十國春秋》記此事在通文二年(937),時閩國第四任君主王昶在位,而非王曦。王曦是在通文之禍以後才上台的。

13　荆南：五代時十國之一。據有今湖北江陵、公安一帶。

14　季興：高季興(858—928)，亦名高季昌，五代時荆南的建立者。924—928 年在位。　高保勉：高季興子。

15　上人：僧人之尊稱。

16　乳妖：指有烹茶特技者。《荆南列傳》關於此事的記録爲："文了，吴僧也，雅善烹茗，擅絶一時。武信王時來遊荆南，延住紫雲禪院，日試其藝，王大加欣賞，呼爲湯神，奏授華亭水大師，人皆目爲'乳妖'。"

17　大理：官名，本秦漢之廷尉，掌刑獄，爲九卿之一，北齊後改稱大理寺卿。　鋌子茶：鋌指塊狀金銀，此處指塊狀茶餅。

18　建：指建州。唐武德四年(621)置，治所在今福建建甌，宋沿之。

19　湯悦：即殷崇義，陳州西華(今屬河南)人，南唐保大十三年(955)舉進士，李璟時任右僕射。博學能文，所撰詔書大受周世宗贊賞，代表南唐入貢時，"世宗爲之加禮"。國亡入宋，爲避宋宣祖趙弘殷名諱易姓名爲湯悦，開寶年間以司空知左右内史事。《南唐書》卷 23、《十國春秋》卷 28 有傳。　森伯：此處用來比喻品性嚴冷的茶。

20　豹革爲囊：用豹皮作風囊。

21　胡嶠：五代時人。《五代史》卷 73 説胡嶠爲蕭翰掌書記隨入契丹，居七年，周廣順三年(953)返回。

22　餘甘：即餘甘子，亦稱油柑、庵摩敕，熟時紅色，可供食用，初食酸澀，後轉甘，故名。宋人亦有以餘甘作湯爲飲者，黄庭堅《更漏子・餘甘湯》詞曰："菴摩勒，西土果。霜後明珠顆顆。憑玉兔，搗香塵。移爲席上珍。號餘甘，争奈苦。臨上馬時分付。管回味，卻思量。忠言君試嘗。"

案：胡嶠此二句詩，前句寫茶入口先苦後甘的特性，後句寫茶可以令人不眠的功用。

23　猶子：指侄子。　彝：陶穀侄子名。

24　雞蘇：草名，即水蘇，一名龍腦香蘇。

25　孫樵：字可之，關東人，唐懿宗大中年間舉進士，歷官中書舍人、職方郎中等。

26 請雷而摘: 即趁着雷聲采摘。可參看本書五代蜀毛文錫《茶譜》第29條輯文。

27 拜水而和: 用拜敕祭泉得來的水和膏研造而成。可參看本書五代蜀毛文錫《茶譜》第10條輯文。

28 建陽: 縣名,在福建西北部。 丹山: 赤山,袁山松《宜都記》:"尋西北陸行四十里,有丹山。山間時有赤氣籠蓋,林嶺如丹色,因以名山。"

29 饌茶: 指注湯點茶。

30 沙門: 梵文沙門那的簡稱,後專指依照戒律出家修道的佛教僧侶。 金鄉: 縣名,即今山東西南部金鄉。

31 茶海: 此處指盛産茶葉之地。

32 幻茶: 在茶湯表面變幻出圖案或文字。

33 檀越: 即施主。寺院僧人對施捨財物給僧團、寺院者的尊稱,是梵文省略轉换的音譯。

34 匕: 是長柄淺斗的取食用具,唐宋兩代都用類似的器具作攪拌點擊茶湯的用具,如陸羽《茶經·四之器》中的"竹筴",蔡襄《茶録》下篇《茶器》中的"茶匙"。

35 茶百戲: 就是指以茶湯變幻物象的表演。

36 糝茶: 散撒茶末。

37 鴨脚: 銀杏的别名。《本草綱目·果部二》:"銀杏原生江南,葉似鴨掌,因名鴨脚。"

38 宣城: 縣名,在安徽東南部。

39 皮光業: 五代吴越人,皮日休之子,字文通,曾任吴越丞相。吴任臣《十國春秋·吴越·皮光業傳》轉:"天福二年,國建,拜光業丞相。……光業美儀容,善談論,見者或以爲神仙中人。性嗜茗,常作詩,以茗爲苦口師,國中多傳其癖。"

校 記

① 楊: 涵芬樓本作"賜"字。

② 結庵種茶：夷門本爲"山茶"，喻政茶書本作"採菜"。

③ 楊：涵芬樓本作"賜"。

④ 斤：夷門廣牘本（簡稱夷門本）、喻政茶書本作"觔"。

⑤ 夷門本於"游"字前多一"子"字。

⑥ 白于：底本作"白子"。今從夷門本、涵芬樓本改。

⑦ 夷門本、喻政茶書本於此多一"採"字。

⑧ 卿：夷門本、喻政茶書本、惜陰軒叢書本（簡稱惜陰軒本）作"鄉"。

⑨ 封：底本誤作"風"，今從夷門本、喻政茶書本等改正。

⑩ 彝：涵芬樓本作"彝之"。

⑪ 彝：夷門本、涵芬樓本作"彝之"。

⑫ 《續茶經》卷上之7《茶之事》"符"作"苻"。

⑬ 崔：夷門本、喻政茶書本、惜陰軒本、涵芬樓本作"焦"。

⑭ 品：涵芬樓本作"侶"。

⑮ 夷門本於此多一"自"字。

⑯ 晝：喻政茶書本作"盡"。

⑰ 匕：底本作"允"，今據喻政茶書本等改。

⑱ 叟：夷門本作"客"。

⑲ 至：《續茶經》卷下之3《茶之事》引録作"雖"。

⑳ 宜追目：涵芬樓本作"追宜目"。

㉑ 坐客曰："允矣哉！"：《續茶經》卷下之3《茶之事》引録作"一座稱佳"。

㉒ 罍：底本作"壘"，今據喻政茶書本等版本改。

㉓ 甘：夷門本作"柑"。

述煮茶泉品

◇宋　葉清臣　撰

葉清臣(1000—1049),字道卿,長洲(今江蘇蘇州)人。宋仁宗天聖二年(1024)進士,簽書蘇州觀察判官事,天聖六年(1028)召試,授光禄寺丞,充集賢校理,又通判太平州、知秀州。累擢右正言、知制誥,龍圖閣學士、權三司使公事。皇祐元年(1049),知河陽,未幾卒,年五十,贈左諫議大夫。清臣敢言直諫,好學,善屬文,有文集一百六十卷,已佚。《隆平集》卷一四、《宋史》卷二九五有傳。

《述煮茶泉品》只是一篇五百餘字的短文,原被附在張又新《煎茶水記》文後,清陶珽重新編印宛委山堂説郛時當作一書收入,《古今圖書集成》收入食貨典茶部藝文中。宋咸淳刊百川學海、四庫全書、涵芬樓説郛皆在《煎茶水記》後附録,清陸廷燦《續茶經》中有引用。

傳今刊本有:(1) 宋咸淳刊百川學海本,(2) 明華氏刊百川學海本,(3) 明喻政《茶書》本,(4) 宛委山堂説郛本,(5) 古今圖書集成本,(6) 文淵閣四庫全書本,(7) 涵芬樓説郛本等版本。

本書以宋咸淳刊百川學海本爲底本,參校喻政茶書本、宛委山堂説郛本等其他版本。

夫渭黍汾麻[1],泉源之異禀,江橘淮枳,土地之或遷,誠物類之有宜,亦臭味之相感也。若乃擷華掇秀,多識草木之名,激濁揚清,能辨淄澠之品,斯固好事之嘉尚,博識之精鑒,自非嘯傲塵表,逍遥林下,樂追王濛之約[2],不敗①陸納[3]之風,其孰能與於此乎?

吴楚[4]山谷間,氣清地靈,草木②穎挺,多孕茶荈,爲人採拾。大率右於武夷者[5],爲白乳[6],甲於吴興[7]者,爲紫筍[8],産禹穴[9]者,以天章[10]顯,茂錢塘者,以徑山[11]稀。至於續廬之巖,雲衡之麓,鴉山[12]著於無歙,蒙頂傳於岷蜀[13],角立差勝,毛舉實繁。然而天賦尤異,性靡受和③,苟制非其妙,烹失於術,雖先雷而嬴[14],未雨而檐[15],蒸焙以圖[16],造作以經,而泉不香、水不甘,爨之、揚之,若淤若滓。

予少得温氏所著《茶説》[17],嘗識其水泉之目,有二十焉。會西走巴峽[18],經蝦蟆窟④,北憩蕪城[19],汲蜀崗[20]井,東遊故都[21]⑤,絶揚子江,留丹陽[22]酌觀音泉,過無錫剩惠山水[23],粉槍末旗[24],蘇蘭薪桂,且鼎⑥且缶,以飲以歠,莫不瀹氣滌慮,蠲病析酲[25],祛鄙吝之生心,招神明而還觀⑦。信乎物類之得宜,臭味之所感,幽人之佳尚,前賢之精鑒,不可及已。噫!紫華緑英,均一草也,清瀾素波,均一水也,皆忘情於庶彙,或求伸於知己,不然者,叢薄[26]之莽、溝瀆之流[27],亦奚以異哉!遊鹿故宫,依蓮盛府,一命受職,再期服勞,而虎丘之觱沸[28],淞江[29]之清泚,復在封畛[30]。居然挹注是嘗,所得於鴻漸之目,二十而七也[31]。

昔酈元⑧善於《水經》[32],而未嘗知茶;王肅[33]癖於茗飲,而言不及水表,是二美吾無愧焉。凡泉品二十,列於右幅⑨,且使盡神,方之四兩,遂成奇⑩功[34],代酒限於七升[35],無忘真賞云爾。南陽[36]葉清臣述。泉品二十,見張又新《水經》⑪。

注 釋

1 渭:渭水,即今黄河中游支流渭河,在陝西中部。 汾:汾河,黄河第二大支流,在山西中部。

2 王濛:晋司徒長史,事見《世説新語》:“晋司徒長史王濛好飲茶,人至輒命飲之,士大夫皆患之,每欲往候,必云今日有水厄。”

3 陸納:可參看本書唐代陸羽《茶經》“陸納爲吴興太守時……奈何穢吾素業?”。

4 吴:古吴國建都今江蘇蘇州,擁有今江蘇、上海大部,安徽、浙江部分地區。 楚:古楚國先後都今湖北秭歸、江陵,勢力主要在長江中游地區。

5　武夷：武夷山脉跨今江西、福建兩省，主峰在今福建武夷山市，特産"武夷岩茶"。

6　白乳：茶名，宋代名茶，産於福建之北苑。

7　吴興：即今浙江湖州。

8　紫筍：茶名，唐代以來即爲名茶，長期爲貢茶，産於今浙江長興和江蘇宜興的顧渚山區。

9　禹穴：傳説大禹葬於會稽，因指會稽爲禹穴，即今浙江紹興。

10　天章：茶名。

11　徑山：此處指徑山香茗茶，是浙江的傳統名茶，唐宋時始有名，産於今浙江餘杭西北徑山山區。

12　鵶山：茶名。歷來爲安徽名茶，出廣德州建平鵶山（《江南通志》卷86《食貨志・物産・茶・廣德州》）。

13　蒙頂：茶名，産於四川雅安市名山區蒙山地區，唐代始爲貢茶，至清代歷千餘年經久不衰。　岷蜀：指四川地區。

14　先雷而嬴：早於驚蟄就采茶。嬴通"籯"，竹籠，茶人負以采茶。

15　未雨而檐：造茶非常及時。陸羽《茶經》二之具中有"檐"一種，是放在砧上棬模下製茶的用具，有用油絹或雨衫製造者，因而檐指造茶。

16　蒸焙以圖：按照茶圖蒸焙茶葉。

17　温氏：即温庭筠。其著《採茶録》，未知是否即此所云《茶説》。

18　巴峡：指峡州，北宋治夷陵（今湖北宜昌西北），唐時屬山南（東）道，扇子峡在其西面五十里處，又稱明月峡。"峡州扇子山下有石突然，洩水獨清冷，狀如龜形，俗云蝦蟆口水，第四；"張又新《煎茶水記》將其列爲天下第四水。

19　蕪城：在今江蘇揚州西北。

20　蜀崗：今江蘇揚州西北有蜀崗山。此處指張又新《煎茶水記》中所列第十二水"揚州大明寺水"。

21　故都：指金陵。即今江蘇南京。

22　丹陽：即今江蘇鎮江。丹陽觀音泉水爲張又新《煎茶水記》中所列第十一水。

23　惠山寺石泉水爲張又新《煎茶水記》中所列天下第二水。無錫：即今江蘇無錫。

24　粉槍末旗：將茶葉碾磨成粉末。槍、旗，指嫩茶葉。

25　蠲病：除去疾病。　析酲：解除醉酒之病；酲：酒醒後所感覺的困憊如病狀態，《詩經・小雅・節南山》："憂心如酲。"毛傳："病酒曰酲。"

26　叢薄：草木叢生的地方。陸羽《茶經・三之造》："茶之芽者，發於叢薄之上"，指生在草木叢中的茶葉。

27　溝瀆之流：溝渠間的流水。陸羽《茶經・六之飲》："斯溝渠間棄水耳。"

28　虎丘：即今江蘇蘇州虎丘。虎丘寺石泉水爲張又新《煎茶水記》所列第五水。　觱(bì)沸：泉水涌出貌。

29　淞江：吴淞江水爲張又新《煎茶水記》中所列第十六水。

30　葉清臣此處説虎丘和松江水都在他管轄的地界内，表明此文當寫於他任職常州毗陵之後。

31　張又新《煎茶水記》中所記陸羽品第天下之水列爲二十等，另有劉伯芻列天下之水爲七等，葉清臣此處行文泛泛而言"所得於鴻漸之目，二十而七也"。

32　酈元：即酈道元(466或472—527)，北魏地理學家、散文家，字善長，范陽涿縣(今河北涿州)人，撰有《水經注》一書。

33　王肅：字恭懿(464—501)，初仕南齊，後奔北魏，《魏書》卷63有傳。可參看本書唐代陸羽《茶經》"茗不堪與酪爲奴"。

34　見本書五代蜀毛文錫《茶譜》第10條輯文。

35　典出《三國志・韋曜傳》："孫皓每饗宴，坐席無不率以七升爲限，雖不盡入口，皆澆灌取盡。曜飲酒不過二升。皓初禮異，密賜茶荈以代酒。"

36　南陽：在今河南。葉清臣死前知河陽(今河南孟縣)，以南陽自稱，是否以地相近緣故。又，南陽或是河陽之誤。

校記

① 敗：宛委本、集成本、涵芬樓本作“讓”。

② 草木：底本作“若後”，意不可解，今據宛委本改。

③ 受和：宛委本、集成本作“俗諳”。

④ 窟：四庫本作“口”。此處指張又新《煎茶水記》中所列第四水“蝦蟆口水”。

⑤ 故都：都，宛委本、集成本作“郡”。

⑥ 鼎：四庫本作“汲”。

⑦ 還觀：宛委本、集成本作“達觀”。

⑧ 酈元：集成本作“酈道元”。

⑨ 清臣自述“列於右幅”，當於其文前列有張又新所記二十水品，但收録葉氏此文的諸書中，都未見列，只有四庫本將葉氏小文列於張文之後，并於葉文末有小注云“泉品二十，見張又新水經”。

⑩ 奇：宛委本、集成本作“其”。

⑪ 注從四庫本。

大明水記

◇宋　歐陽修　撰

歐陽修(1007—1072),字永叔,北宋吉州永豐(今江西永豐)人。號醉翁、六一居士,謚文忠。舉天聖八年(1030)進士甲科。慶曆(1041—1048)初,召知諫院,改右正言知制誥。時杜衍、韓琦、范仲淹、富弼等主持的"新政"失敗,被指爲"朋黨",貶知滁州,又徙知揚州、潁州,完成《新五代史》。至和元年(1054)還爲翰林學士,奉敕重修《唐書》。嘉祐五年(1060),拜樞密副使。六年,轉户部侍郎、參知政事。神宗初,出知亳州,轉青州、蔡州。以太子少師致仕,歸隱於潁州。晚年自編《居士集》五十卷,南宋周必大等又編校有《歐陽文忠集》一五三卷并附録五卷。《宋史》卷三一九有傳。

《大明水記》作於慶曆八年(1048)歐陽修在揚州時,以其内容多涉張又新《煎茶水記》,據《直齋書録解題》,可知南宋時已被附在《煎茶水記》之卷末,此次匯編,將其作爲一篇獨立文字處理(參見《煎茶水記》題記)。

《浮槎山水記》寫於嘉祐三年(1058),從《四庫全書總目提要》看,原也在《煎茶水記》附《大明水記》之後,此次匯編是以仍附其後。

這兩篇文字,既見於各種版本的《煎茶水記》之後,又見於今本《歐陽修全集》卷六十四、卷四十。本書即以中華書局2001年出版《歐陽修全集》爲底本,校以宋咸淳刊百川學海壬集本、喻政茶書本等。

世傳陸羽《茶經》,其論水云:"山水上,江水次,井水下。"又云:"山水,乳泉、石池漫流者上,瀑湧湍漱勿食,食久,令人有頸疾。江水取去人遠者,井取汲多者。"[1]其説止於此,而未嘗品第天下之水味也。

至張又新爲《煎茶水記》,始云劉伯芻謂水之宜茶者有七等,又載羽爲李季卿論水，次第有二十種。今考二説，與羽《茶經》皆不合。

羽謂山水上，乳泉、石池又上，江水次，而井水下。伯芻以揚子江爲第一，惠山石泉爲第二，虎丘石井第三，丹陽寺井第四，揚州大明寺井第五，而松江第六，淮水第七，與羽説皆相反。季卿所説二十水：廬山康王谷水第一，無錫惠山石泉第二，蘄州蘭溪石下水第三，扇子峽蝦蟆口水第四，虎丘寺井水第五，廬山招賢寺下方橋潭水第六，揚子江南零水第七，洪州西山瀑布第八，桐柏淮源第九，廬州[①]龍池山頂水第十，丹陽寺井第十一，揚州大明寺井第十二，漢江中零水第十三，玉虚洞香溪水第十四，武關西洛水第十五，松江水第十六，天台千丈瀑布水第十七，郴州圓泉第十八，嚴陵灘水第十九，雪水第二十。如蝦蟆口水、西山瀑布、天台千丈瀑布，皆羽戒人勿食，食而生疾。其餘江水居山水上，井水居江水上，皆與羽經相反，疑羽不當二説以自異。使誠羽説，何足信也？得非又新妄附益之耶？其述羽辨南零岸水[②]，特怪其妄也[③]。水味有美惡而已，欲舉[④]天下之水，一二而次第之者，妄説也。故其爲説，前後不同如此。

然此井，爲水之美者也。羽之論水，惡渟浸而喜泉源，故井取汲多者。江雖長流[⑤]，然衆水雜聚，故次山水。惟此説近物理云。

附：浮槎山水記

浮槎山，在慎縣[2]南三十五里，或曰浮闍山，或曰浮巢山，其事出於浮圖、老子之徒荒怪誕幻之説。其上有泉，自前世論水者皆弗道。

余嘗讀《茶經》，愛陸羽善言水。後得張又新《水記》，載劉伯芻、李季卿所列水次第，以爲得之於羽，然以《茶經》考之，皆不合。又新，妄狂險譎之士，其言難信，頗疑非羽之説。及得浮槎山水，然後益知羽爲知水者。

浮槎與龍池山皆在廬州界中，較其水味，不及浮槎遠甚。而又新所記，以龍池爲第十，浮槎之水，棄而不録，以此知其所失多矣。羽則不然，其論曰："山水上，江次之，井爲下"，"山水，乳泉、石池漫流者上"。其言雖簡，而於論水盡矣。

浮槎之水，發自李侯[3]。嘉祐二[⑥]年，李侯以鎮東軍[4]留後[5]出守廬州。

因遊金陵,登蔣山[6],飲其水。既又登浮槎,至其山,上有石池,涓涓可愛,蓋羽所謂乳泉漫流者也。飲之而甘,乃考圖記,問於故老,得其事跡。因以其水遺余於京師。余報之曰:李侯可謂賢矣!

夫窮天下之物,無不得其欲者,富貴者之樂也。至於蔭長松,藉豐草,聽山溜之潺湲,飲石泉之滴瀝,此山林者之樂也。而山林之士視天下之樂,不一動其心。或有欲於心,顧力不可得而止者,乃能退而獲樂於斯。彼富貴者之能致物矣,而其不可兼者,惟山林之樂爾。惟富貴者而不得兼,然後貧賤之士有以自足而高世,其不能兩得,亦其理與勢之然歟?今李侯生長富貴,厭於耳目,又知山林之爲樂。至於攀緣上下,幽隱窮絶,人不及者,皆能得之,其兼取於物者可謂多矣。

李侯折節好學,善交賢士,敏於爲政,所至有能名。凡物不能自見而待人以彰者,有矣,其物未必可貴而因人以重者亦有矣。故予爲誌其事,俾世知斯泉發自李侯始也。

〔三年二月二十有四日廬陵歐陽修記〕⑦

注　釋

1　語出陸羽《茶經》卷下《五之煮》。

2　慎縣:東晋僑置,治所即今安徽肥東東北梁園。

3　李侯:李端愿(?—1091),宋潞州上黨人,字公謹。北宋嘉祐二年(1057)知廬州。《歐陽修全集》卷147有嘉祐三年(1058)歐陽修《與李留後公謹書》,其曰:“前承惠浮槎山水,俾之作記。”云云。

4　鎮東軍:宋代越州節度使軍名。

5　留後:官名,唐朝節度使因出征、入朝或死亡而未有代者,皆置知留後事。其後遂以留後爲稱,亦名節度留後。宋朝沿用至宋徽宗政和(1111—1117)年間,才改稱承宣使。

6　蔣山:即今南京東北的鍾山。

校　記

① 州:《歐陽修全集》(簡稱全集本)誤作“山”。

② 水:底本作“時”,今據喻政茶書本改。

③ 特怪其妄也:底本無“特”,今據喻政茶書本改。

④ 舉:底本作“求”,今據喻政茶書本改。

⑤ 流:底本脱漏此字,今據喻政茶書本改。

⑥ 二:喻政茶書本爲“三”。

⑦ 三年二月二十有四日廬陵歐陽修記:底本無,今據全集本補。案:中國書店本《歐陽修全集》在目録本文下有小注云“嘉祐二年”,與文後所記時間不合,當誤。

茶録

◇宋　蔡襄　撰

蔡襄(1012—1067),字君謨,興化仙遊(今福建仙游)人。宋仁宗天聖八年(1030)舉進士,累官龍圖閣直學士、翰林學士、三司使、端明殿學士。工書法,爲"宋四大家"之一。後人輯其著作爲《蔡忠惠集》,傳世版本主要分三十六卷本及四十卷本兩種。上海古籍出版社於1996年出版點校本《蔡襄集》,堪稱全帙,附録有《蔡忠惠别紀補遺》及《蔡襄生平資料彙輯》。

蔡襄性嗜茶,亦熟知茶事。慶曆七年(1047)任福建轉運使,在建州北宛官焙監造小龍團茶上貢,精炒超乎丁謂監造的龍鳳團茶,頗引當時物議。蘇軾《荔枝嘆》有句:"君不見,武夷溪邊粟粒芽,前丁後蔡寵相加。"自注:"大小龍茶始於丁晉公,而成於蔡君謨。歐陽永叔聞君謨進小龍團,驚嘆曰:'君謨士人也,何至作此事耶!'"撇開蘇軾帶有道德性的譴責統治者的驕奢淫侈,且不論地方官吏是否應當上貢珍物以取悦朝廷,蔡襄監造小龍團,在茶葉製作技術的提高上,是一時無兩的。

蔡襄《茶録》大概撰寫於皇祐三年(1051),因襄於本年十一月十一日有《與彦猷學士書》(見《蔡襄集》卷三一,《别紙》):"近登陛,首問圓小茗造作之因,殊稱珍好。"這與他在《茶録》序中所言,皇帝稱贊"所進上品龍茶最爲精好",是同一件事。陛見之後,蔡襄感到榮幸不已,立即撰寫了《茶録》上呈。《茶録》草稿後來遭竊,輾轉被人勒刻,却錯謬多有。到了治平元年(1064),蔡襄經過修訂,親自書寫刻石,遂爲定本。

《茶録》是中國茶史上的重要著作,對茶飲藝術應立足於"色、香、味"有精到的分析,并及如何藏茶、點茶,也論述了茶器的使用,爲品茶之道奠下理論基礎。

以下采用治平元年(1064)蔡襄自書拓本作底本,參校諸本并陸廷燦

《續茶經》引録題跋。

序①

朝奉郎、右正言、同修起居注[1]臣蔡襄上進：

臣前因奏事，伏蒙陛下諭，臣先任福建轉運使日[2]所進上品龍茶[3]最爲精好。臣退念草木之微，首辱陛下知②鑒，若處之得地，則能盡其材。昔陸羽《茶經》，不第建安之品；丁謂《茶圖》[4]，獨論採造之本。至於烹試，曾未有聞。臣輒條數事，簡而易明，勒成二篇，名曰《茶録》。伏惟清閒之宴，或賜觀采，臣不勝惶懼榮幸之至。謹敘。

上篇論茶③

色

茶色貴白，而餅茶多以珍膏油去聲④其面，故有青黄紫黑之異。善别茶者，正如相工之視人氣色也，隱然察之於内，以肉理實潤者爲上。既已末之，黄白者受水昏重，青白者受水鮮明，故建安人鬥試[5]，以青白勝黄白。

香

茶有真香，而入貢者微以龍腦和膏[6]，欲助其香。建安民間試茶，皆不入香，恐奪其真。若烹點之際，又雜珍果香草，其奪益甚，正當不用。

味

茶味主於甘滑，唯北苑鳳凰山連屬諸焙所産者味佳。隔谿諸山，雖及時加意製作，色、味皆重，莫能及也。又有水泉不甘，能損茶味，前世之論水品者以此。

藏茶

茶宜蒻葉[7]而畏香藥，喜温燥而忌濕冷。故收藏之家，以蒻葉封裹入焙中，兩三日一次，用火常如人體温温，以禦濕潤。若火多，則茶焦不可食。

炙茶

茶或經年，則香、色、味皆陳。於浄器中以沸湯漬之，刮去膏油一兩重乃止，以鈐箝之[8]，微火炙乾，然後碎碾。若當年新茶，則不用此説。

碾茶

碾茶，先以浄紙密裹椎碎，然後熟碾。其大要，旋碾則色白，或經宿，則色已昏矣。

羅茶

羅細則茶浮，粗則水[⑤]浮。

候湯

候湯最難，未熟則沫浮，過熟則茶沈。前世謂之"蟹眼"者，過熟湯也。況瓶中煮之，不可辨，故曰候湯最難。

熁[9]盞

凡欲點茶，先須熁盞令熱，冷則茶不浮。

點茶

茶少湯多，則雲脚散[10]；湯少茶多，則粥面聚[11]。建人謂之雲脚粥面[⑥]。

鈔茶一錢匕[12]，先注湯，調令極匀，又添注之，環回擊拂。湯上盞，可四分則止，視其面色鮮白[⑦]、著盞無水痕爲絶佳。建安鬥試以水痕先者爲負，耐久者爲勝；故較勝負之説，曰相去一水、兩水。

下篇論茶器[⑧]

茶焙

茶焙，編竹爲之，裹[⑨]以蒻葉。蓋其上，以收火也；隔其中，以有容也。納火其下，去茶[⑩]尺許，常温温然[⑪]，所以養茶色香味也。

茶籠

茶不入焙者,宜密封,裹以蒻,籠盛之,置高處,不近濕氣。

砧椎

砧椎,蓋以碎茶。砧以木爲之,椎或金或鐵,取於便用。

茶鈐

茶鈐,屈金鐵爲之,用以炙茶。

茶碾

茶碾,以銀或鐵爲之。黄金性柔,銅及鍮石⑫皆能生鉎[13],不入用。

茶羅

茶羅以絶細爲佳,羅底用蜀東川鵝溪[14]畫絹之密者,投湯中揉洗以冪[15]之。

茶盞

茶色白,宜黑盞,建安所⑬造者,紺[16]黑,紋如兔毫,其坯⑭微厚,熁之久熱難冷,最爲要用。出他處者,或薄,或色紫,皆不及也。其青白盞,鬥試家自不用。

茶匙

茶匙要重,擊拂有力,黄金爲上,人間以銀、鐵爲之。竹者輕,建茶不取。

湯瓶

瓶要小者,易候湯,又點茶、注湯有準。黄金爲上,人間以銀、鐵或瓷、石爲之。

後序⑮

臣皇祐中修起居注,奏事仁宗皇帝,屢承天問以建安貢茶並所以試茶之狀。臣謂論茶雖禁中語,無事於密,造《茶録》二篇上進。後知福州[17],爲掌書記[18]竊去藏稿,不復能記⑯。知懷安縣樊紀購得之,遂以刊勒,行於好事者。然多舛謬。臣追念先帝顧遇之恩,攬本流涕,輒加正定,書之〔於石,以永其傳〕⑰。治平元年五月二十六日,三司使、給事中臣蔡襄謹記。[19]

附録:《茶録》題跋

一、〔宋〕歐陽修　龍茶録後序

茶爲物之至精,而小團又其精者,録敘所謂上品龍茶者是也。蓋自君謨始造而歲貢焉。仁宗尤所珍惜,雖輔相之臣未嘗輒賜。惟南郊大禮致齋之夕,中書、樞密院各四人共賜一餅,宫人剪金爲龍鳳花草貼其上。兩府八家分割以歸,不敢碾試,但家藏以爲寶,時有佳客,出而傳玩爾。至嘉祐七年,親享明堂,齋夕,始人賜一餅。余亦忝預,至今藏之。余自以諫官供奉仗内,至登二府,二十餘年,才一獲賜。而丹成龍駕,舐鼎莫及,每一捧玩,清血交零而已。因君謨著録,輒附於後,庶知小團自君謨始,而可貴如此。治平甲辰七月丁丑,廬陵歐陽修書還公期書室。(見歐陽修《歐陽修全集》卷六五)

二、〔宋〕歐陽修　跋《茶録》

善爲書者,以真楷爲難,而真楷又以小字爲難。羲、獻以來,遺跡見於今者多矣,小楷惟《樂毅論》一篇而已,今世俗所傳出故高紳學士家最爲真本,而斷裂之餘,僅存百餘字爾。此外吾家率更所書《温彦博墓銘》亦爲絶筆,率更書,世固不少,而小字亦止此而已,以此見前人於小楷難工,而傳於世者少而難得也。

君謨小字新出而傳者二,《集古録目序》横逸飄發,而《茶録》勁實端嚴,爲體雖殊,而各極其妙。蓋學之至者,意之所到,必造其精。予非知書者,以接君謨之論久,故亦粗識其一二焉。治平甲辰。(見《歐陽修全集》卷七三)

三、〔宋〕陳東　跋蔡君謨《茶録》

余聞之先生長者，君謨初爲閩漕時，出意造密雲小團爲貢物，富鄭公聞之，歎曰："此僕妾愛其主之事耳，不意君謨亦復爲此！"余時爲兒，聞此語，亦知感慕。及見《茶録》石本，惜君謨不移此筆書《旅獒》一篇以進。（費衮《梁谿漫志》卷八《陳少陽遺文》）

四、〔宋〕李光　跋蔡君謨《茶録》

蔡公自本朝第一等人，非獨字畫也。然玩意草木，開貢獻之門，使遠民被患，議者不能無遺恨於斯。（見李光《莊簡集》卷一七）

五、〔宋〕楊時跋

端明蔡公《茶録》一篇，歐陽文忠公所題也。二公齊名一時，皆足垂世傳後。端明又以翰墨擅天下，片言寸簡，落筆人争藏之，以爲寶玩。況盈軸之多而兼有二公之手澤乎？覽之彌日不能釋手，用書於其後。政和丙申夏四月延平楊時書。

六、〔宋〕劉克莊題跋

余所見《茶録》凡數本，暮年乃得見絹本，見非自喜作此，亦如右軍之於禊帖，屢書不一書乎？公吏事尤高，發奸摘伏如神，而掌書吏輒竊公藏稿，不加罪亦不窮治，意此吏有蕭翼之癖[20]，與其他作奸犯科者不同耶？可發千古一笑。淳祐壬子十月望日，後村劉克莊書，時年六十有二。

七、〔元〕倪瓚題跋

蔡公書法真有六朝唐人風，粹然如琢玉。米老雖追蹤晉人絶軌，其氣象怒張，如子路未見夫子時，難與比倫也。辛亥三月九日，倪瓚題。（見明張丑《真跡日録》卷二）

注　釋

1　朝奉郎：官名，北宋前期爲正六品以上文散官。　右正言：官名，北宋太宗端拱元年(988)，改左、右拾遺爲左、右正言，八品。其後多居外任，或兼領別司，不專任諫諍之職。仁宗明道元年(1032)置諫院後，非特旨供職者不預規諫之事。蔡襄慶曆四年(1043)以右正言直史館出知福州。　修起居注：官名，宋初，置起居院，以三館、秘閣校理以上官充任，掌記録皇帝言行，稱修起居注。蔡襄於慶曆三年(1043)以秘書丞集賢校理兼修起居注，皇祐三年(1051)復修起居注。

2　指蔡襄慶曆七年(1047)自首次知福州改福建路轉運使事。

3　上品龍茶：指蔡襄刻意精細加工製作的小龍團茶。

4　丁謂：於宋太宗至道(995—997)年間任福建路轉運使，攝北苑茶事。　《茶圖》：《郡齋讀書志》載其曾作《建安茶録》，"圖繪器具，及敘採製入貢方式"，不知與《茶圖》是否爲一書。參見本書丁謂撰《北苑茶録》題記。

5　鬥試：鬥茶。唐馮摯《記事珠》："建人謂鬥茶爲茗戰。"

6　龍腦和膏：龍腦，從龍腦樹樹液中提取出來的香料；膏，此處指經過蒸壓研茶後留下的茶體。

7　蒻(ruò)：嫩的香蒲葉。

8　以鈐箝之：宋代用金屬製的"鈐子"炙茶，唐代則還有用竹製夾子炙茶者，以其能益茶味。見陸羽《茶經·四之器·夾》。

9　熁(xié)：熏烤，熏蒸。

10　雲脚散：點好之後的茶湯就會像雲的末端一樣散漫。

11　粥面聚：點好之後的茶湯就會像粥的表面一樣黏稠、凝結。

12　匕：勺、匙類取食用具。這裏指量取茶末的用具。

13　鉎(shēng)：鐵銹。

14　鵝溪：地名，在四川鹽亭西北，以産絹著名，唐時即爲貢品。

15　羃(mì)：覆也，蓋食巾。

16　紺(gàn)：天青色，深青透紅之色。

17 後知福州：指蔡襄至和三年(1056)再知福州事。

18 掌書記：宋代節度州屬官，與節度推官共掌本州節度使印，有關本州軍事文書，與節度推官共簽署、用印，協助長吏治本州事。

19 有關《茶録》的刻石及絹本情况，《福建通志》卷45《古跡・建寧府甌寧縣石刻》"宋《茶録》"下注曰："蔡襄注，上下篇論，並書嵌縣學壁間。"《福州府志》作皇祐三年(1051)蔡襄書，懷安縣令樊紀刊行。《劉後村集》："余所見《茶録》凡數本，暮年乃見絹本，豈非自喜。此作亦如右軍之稧帖，屢書不一書乎?"周亮工《閩小紀》上卷："蔡忠惠《茶録》石刻，在甌寧邑庠壁間，予五年前搨數紙寄所知，今漶漫不如前矣。"

20 蕭翼之癖：蕭翼爲唐人，本名世翼。南朝梁元帝蕭繹曾孫。太宗時爲監察御史，充使取王羲之《蘭亭序》真跡於越僧辨才，用計卒取其帖以歸。

校 記

① 序：底本於題下作"並序"。

② 知：涵芬樓本作"之"。

③ 上篇論茶：宛委、集成、小説大觀本作"茶論"。

④ 《忠惠集》無"去聲"二字小注。查明版忠惠集。

⑤ 水：宛委本、集成及五朝小説大觀本作"沫"。

⑥ 涵芬樓本無此小注。

⑦ 白：忠惠集本作"明"。

⑧ 下篇論茶器：宛委本、集成本及五朝小説大觀本作"器論"。

⑨ 裹：底本及絹本寫作"衷"，或爲書家任意書寫致誤，按文意徑改。

⑩ 茶：端明集本、忠惠集本作"葉"字。

⑪ 常温温然：底本及絹本皆無，而其他諸本皆有，今録存之。

⑫ 鍮石：黄銅。鍮，忠惠集本外諸本皆作"碖"。碖，音俞，一種次於玉的石頭。這裏説的是用金屬所製的茶碾，所以當作"鍮"。

⑬ 所：涵芬樓本作“新”字。

⑭ 坯：底本當作“坯”。

⑮ 後序：底本、絹本、四庫本無此二字，喻政茶書本、百家名書本作“茶録后序”。

⑯ 涵芬樓本於“記”後多一“之”字。

⑰ 於石，以永其傳：底本無，據絹寫本及流傳諸本補。於，端明集本作“以”。以，端明集本作“得”。

東溪試茶録

◇宋　宋子安　撰

宋子安，北宋人，明喻政萬曆刻《茶書》本稱其爲建安人，餘不詳。

作者之名，宋刊百川學海本、《宋史·藝文志》作"宋子安"，《郡齋讀書志》之袁本同，但衢本就作"朱子安"，明末刻佚名明人重輯一百二十種一百五十卷《百川學海》本、明喻政《茶書》本、明末刻佚名《茶書》十三種本、清抄本《茶書》七種十四卷本亦皆作"朱子安"。按《四庫全書總目》稱："百川學海爲舊刻，且《宋史·藝文志》亦作'宋子安'，則《讀書志》爲傳寫之訛也"。據此，作者似當爲宋子安。

《東溪試茶録》在《宋史·藝文志》中作《東溪茶録》，在明陶宗儀編清刊宛委山堂本《説郛》及明末刻佚名《茶書》十三種中，均作《試茶録》。且後世茶書引録、及其他書文中引用宋子安此書時，亦多有稱《試茶録》者。按宋子安在書中自稱"故曰《東溪試茶録》"，所以正式的書名當爲《東溪試茶録》。

萬國鼎《茶書總目提要》根據書中所説："近蔡公作《茶録》"，依蔡襄《茶録》刻石於治平元年（1064）的時間，判定此書作於治平元年前後。

《文獻通考》説："其序謂：七閩至國朝，草木之異則産臘茶、茘子，人物之秀則産狀頭、宰相，皆前代所未有，以時而顯，可謂美矣。然其草厚味，不宜多食，其人物多智，難於獨任。亦地氣之異云。"此序已不見於傳今諸本《東溪試茶録》，可知馬端臨所見宋刊本已不存。

該書的主要刊本有：

（1）宋咸淳（1265—1274）刊百川學海[1]戊集[2]本；

（2）明翻宋百川本；

（3）明弘治十四年（1501）華氏刊百川學海壬集本[3]；

(4) 明嘉靖十五年(1536)鄭氏宗文堂刻百川學海二十卷本;

(5) 明朱祐檳(? —1539)《茶譜》本;

(6) 明萬曆(1573—1620)胡氏文會堂刻《百家名書》本;

(7) 明萬曆四十一年(1613)明喻政《茶書》本;

(8) 明陳仁錫重訂明末刊百川學海本;

(9) 重編坊刊末明末刊百川學海一百四十四卷本;

(10) 明末刻明人佚名重輯百川學海一百五十卷本;

(11) 明末刻《茶書》十三種本;

(12) 清姚振宗輯《師石山房叢書》本(稿本);

(13) 格致叢書本;

(14) 清順治三年(1646)李際期刻宛委山堂説郛本;

(15) 清古今圖書集成本;

(16) 清四庫全書本;

(17) 清抄本《茶書》七種本;

(18) 民國叢書集成本(言據百川學海本排印,但與景宋咸淳刊百川學海本不同);

(19) 民國(1927)陶氏涉園刊影宋百川學海本;

(20) 百部叢書集成本(台北藝文印書館據陶氏涉園影宋咸淳左圭原刻百川學海本影印)。

本書以陶氏涉園刊影宋百川學海本爲底本,并參校他本。

序

建首七閩[4],山川特異,峻極迴環,勢絶如甌。其陽多銀銅,其陰孕鉛鐵,厥土赤墳[5],厥植惟茶。會建而上,羣峯益秀,迎抱相向,草木叢條,水多黄金,茶生其間,氣味殊美。豈非山川重複,土地秀粹之氣鍾於是,而物得以宜歟?

北苑西距建安[6]之洄溪二十里而近,東至東宫百里而遥。焙①名有三十六②,東宫其一也。過洄溪,踰東宫,則僅能成餅耳。獨北苑連屬諸山者最勝。北苑前枕溪流,北③涉數里,茶皆氣弇然,色濁,味尤薄惡,況其遠者乎?亦猶橘過淮爲枳也。近蔡公[7]作《茶録》亦云:“隔溪諸山,雖及時加意製造,色味皆重矣。”

今北苑焙,風氣亦殊。先春朝隮[8]常雨,霽則霧露昏蒸[9],晝午猶寒,故茶宜之。茶宜高山之陰,而喜日陽之早。自北苑鳳山南,直苦竹園頭東南,屬張坑頭,皆高遠先陽處,歲發常早,芽極肥乳[10],非民間所比。次出壑源嶺,高土沃④地,茶味甲於諸焙。丁謂亦云:“鳳山高不百丈,無危峯絶崦,而崗阜環抱,氣勢柔秀,宜乎嘉植靈卉之所發也。”又以:“建安茶品,甲於天下,疑山川至靈之卉,天地⑤始和之氣,盡此茶矣。”又論:“石乳出壑嶺斷崖缺石之間,蓋草木之仙骨。”丁謂之記,録建溪茶事詳備矣。至於品載,止云“北苑壑源嶺”,及總記“官私諸焙千三百三十六”耳。近蔡公亦云:“唯北苑鳳凰山連屬諸焙所産者味佳。”故四方以建茶爲目⑥,皆曰北苑。建人以近山所得,故謂之壑源。好者亦取壑源口南諸葉,皆云彌珍絶。傳致之間,識者以色味品第,反以壑源爲疑。

今書所異者,從二公紀土地勝絶之目,具疏園隴百名之異,香味精粗之别,庶知茶於草木,爲靈最矣。去畝步之間,别移其性。又以佛嶺、葉源、沙溪附見,以質二焙[11]之美,故曰《東溪試茶録》。自東宫、西溪,南焙、北苑皆不足品第,今略而不論。

總叙焙名北苑諸焙,或還民間,或隸北苑,前書未盡,今始終其事。

舊記建安郡官焙三十有八,自南唐歲率六縣民採造,大爲民間所苦。我宋建隆巳來,環北苑近焙,歲取上供,外焙俱還民間而裁税之。至道年中,始分游坑、臨江、汾常、西濛洲、西小豐、大熟六焙,隸南劍[12]。又免五縣茶民,專以建安一縣民力裁足之,而除其口率泉。

慶曆中,取蘇口、曾坑、石坑、重院,還屬北苑焉。又丁氏舊録云:“官私之焙,千三百三十有六”,而獨記官焙三十二。東山之焙十有四:北苑龍焙一,乳橘内焙二,乳橘外焙三,重院四,壑嶺五,謂⑦源六,范源七,蘇口八,東宫九,石坑十,建溪[13]十一,香口十二,火梨十三,開山十四。南溪之焙十有二:下瞿一,濛洲東二,汾東三,南溪四,斯源五,小香六,際會七,謝坑八,沙龍九,南鄉十,中瞿十一,黄熟十二。西溪之焙四:慈善西一,慈善東二，慈惠三，船坑四。北山之焙二：慈善東⑧一，豐樂二。

北苑曾坑、石坑附

建溪之焙三十有二，北苑首其一，而園別爲二十五，苦竹園頭甲之，鼯鼠窠次之，張坑頭又次之。

苦竹園頭連屬窠坑，在大山之北，園植北山之陽，大山多脩木叢林，鬱蔭⑨相及。自焙口達源頭五里，地遠而益高。以園多苦竹，故名曰苦竹，以高遠居衆山之首，故曰園頭。直西定山之隈，土石迴向如窠然，南挾泉流積陰之處而多飛鼠，故曰鼯鼠窠。其下曰小苦竹園。又西至於大園，絶山尾，疏竹蓊翳，昔多飛雉，故曰雞藪窠。又南出壤園、麥園，言其土壤沃，宜辫麥[14]也。自青山曲折而北，嶺勢屬如貫魚，凡十有二，又隈曲如窠巢者九，其地利爲九窠十二壟。隈深絶數里，曰廟坑，坑有山神祠焉。又焙南直東，嶺極高峻，曰教練壟，東入張坑，南距苦竹帶北，岡勢横直，故曰坑。坑又北出鳳凰山，其勢中跱，如鳳之首，兩山相向，如鳳之翼，因取象焉。鳳凰山東南至於袁雲壟，又南至於張坑，又南最高處曰張坑頭，言昔有袁氏、張氏居於此，因名其地焉。出袁雲之北，平下，故曰平園。絶嶺之表，曰西際。其東爲東際。焙東之山，縈紆如帶，故曰帶園。其中曰中歷坑，東又曰馬鞍山，又東黄淡[15]窠，謂山多黄淡也。絶東爲林園，又南曰柢⑩園。

又有蘇口焙，與北苑不相屬，昔有蘇氏居之，其園別爲四：其最高處曰曾坑，際上又曰尼園，又北曰官坑上園、下坑園⑪。慶曆中，始入北苑。歲貢有曾坑上品一斤，叢出於此。曾坑山淺土薄，苗發多紫，復不肥乳，氣味殊薄。今歲貢以苦竹園茶充之，而蔡公《茶録》亦不云曾坑者佳。又石坑者，涉溪東北，距焙僅一舍[16]，諸焙絶下。慶曆中，分屬北苑。園之別有十：一曰大番⑫，二曰石雞望，三曰黄園，四曰石坑古焙，五曰重院，六曰彭坑，七曰蓮湖，八曰嚴曆，九曰烏石高，十曰高尾。山多古木脩林，今爲本焙取材之所。園焙歲久，今廢不開。二焙非産茶之所，今附見之。

壑源葉源附

建安郡東望北苑之南山，叢然而秀，高峙數百丈，如郛郭焉。民間所謂捍火山也。其絶頂⑬西南下，視建之地邑。民間謂之望州山山起壑源口而西，周抱北苑之羣山，迤邐南絶，其尾巋然，山阜高者爲壑源頭，言壑源嶺山自此首也。大山南北，以限沙溪。其東曰壑水之所出。水出山之南，東北合爲建溪。壑源口者，在北苑之東北。南徑數里，有僧居曰承天，有園隴北，税官山。其茶甘香，特勝近焙，受水則渾然色重，粥面無澤。道山之南，又西至於章歷。章歷西曰後坑，西曰連焙，南曰焙上⑭，又南曰新宅，又西曰嶺根，言北山之根也。茶多植山之陽，其土赤埴，其茶香少而黄白。嶺根有流泉，清淺可涉。涉泉而南，山勢回曲，東去如鉤，故其地謂之塾嶺坑頭，茶爲勝。絶處又東，别爲大窠坑頭，至大窠爲正壑嶺，實爲南山。土皆黑埴，茶生山陰，厥味甘香，厥色青白，及受水，則淳淳[17]光澤。民間謂之冷粥面視其面，涣散如粟。雖去社，芽⑮葉過老，色益青明⑯，氣益鬱然，其止[18]，則苦去而甘至。民間謂之草木大而味大是也。他焙芽葉過⑰老，色益青濁，氣益勃然，甘至⑱，則味去而苦留，爲異矣。大窠之東，山勢平盡，曰壑嶺尾，茶生其間，色黄⑲而味多土氣。絶大窠南山，其陽曰林坑，又西南曰壑嶺根，其西曰壑嶺頭。道南山而東，曰穿欄焙，又東曰黄際。其北曰李坑，山漸平下，茶色黄而味短。自壑嶺尾之東南，溪流繚遶，岡阜不相連附。極南塢中曰長坑，踰嶺⑳爲葉源。又東爲梁坑，而盡於下湖。葉源者，土赤多石，茶生其中，色多黄青，無粥面粟紋而頗明爽，復性重喜沉，爲次也。

佛嶺

佛嶺連接葉源、下湖之東，而在北苑之東南，隔壑源溪水。道自章阪㉑東際爲丘坑，坑口西對壑源，亦曰壑口。其茶黄白而味短。東南曰曾坑，今屬北苑其正東曰後歷。曾坑之陽曰佛嶺，又東至於張坑，又東曰李坑，又有硬頭、後洋、蘇池、蘇源、郭源、南源、畢源、苦竹坑、歧頭、槎頭，皆周環佛嶺之東南。茶少甘而多苦，色亦重濁。又有簹[19]源、簹，音膽㉒，未詳此字。石門、江源、白沙，皆在佛嶺之東北。茶泛然縹塵色而不鮮明，味短而香少，爲劣耳。

沙溪

沙溪去北苑西十里，山淺土薄，茶生則葉細，芽不肥乳。自溪口諸焙，色黄而土氣。自龔漈南曰挺頭,又西曰章坑,又南曰永安,西南曰南坑漈,其西曰砰溪。又有周坑、范源、温湯漈、厄源、黄坑、石龜、李坑、章坑、章村㉓、小梨,皆屬沙溪。茶大率氣味全薄,其輕而浮,浡浡如土色,製造亦殊壑源者不多留膏[20],蓋以去膏盡,則味少而無澤也,茶之面無光澤也故多苦而少甘。

茶名茶之名類殊别,故録之。

茶之名有七:

一曰白葉茶,民間大重,出於近歲,園焙時有之。地不以山川遠近,發不以社之先後[21],芽葉如紙,民間以爲茶瑞,取其第一者爲鬥茶。而氣味殊薄,非食茶之比。今出壑源之大窠者六葉仲元、葉世萬、葉世榮、葉勇㉔、葉世積、葉相,壑源巖下一葉務滋,源頭二葉團、葉肱,壑源後坑〔一〕葉久,壑源嶺根三葉公、葉品、葉居[22],林坑黄漈一游容,丘坑一游用章,畢源一王大照[23],佛嶺尾一游道生,沙溪之大梨漈上㉕一謝汀㉖,高石巖一雲擦院,大梨一吕演,砰溪嶺根一任道者。

次有柑葉茶,樹高丈餘,徑頭七八寸,葉厚而圓,狀類柑橘之葉。其芽發即肥乳,長二寸許,爲食茶之上品。

三曰早茶,亦類柑葉,發常先春,民間採製爲試焙者。

四曰細葉茶,葉比柑葉細薄,樹高者五六尺,芽短而不乳,今生沙溪山中,蓋土薄而不茂也。

五曰稽茶,葉細而厚密,芽晚而青黄。

六曰晚茶,蓋稽㉗茶之類,發比諸茶晚,生於社後。

七曰叢茶,亦曰蘖茶,叢生,高不數尺,一歲之間,發者數四,貧民取以爲利。

採茶辨茶須知製造之始,故次。

建溪茶,比他郡最先,北苑、壑源者尤早。歲多暖,則先驚蟄十日即芽;歲多寒,則後驚蟄五日始發。先芽者,氣味俱不佳,唯過驚蟄者最爲第一。民間常以驚蟄爲候。諸焙後北苑者半月,去遠則益晚。凡采茶必以晨興,不以日出。日出露晞,爲陽所薄,則使芽之膏腴立㉘耗於内,茶及受水而不鮮明，故常以早爲最。凡斷芽必以甲，不以指。以甲則速斷不柔，以指則多温易損。擇之必精，濯之必潔，蒸之必香，火之必良，一失其度，俱爲茶病。民間常以春陰爲採茶得時。日出而採，則芽㉙葉易損，建人謂之採摘不鮮，是也。

茶病試茶辨味，必須知茶之病，故又次之。

芽擇肥乳，則甘香而粥面着盞而不散。土瘠而芽短，則雲腳[24]渙亂，去盞而易散。葉梗半，則受水鮮白。葉梗短，則色黄而泛。梗，謂芽之身除去白合處，茶民以茶之色味俱在梗中。烏蔕[25]、白合[26]，茶之大病。不去烏蔕，則色黄黑而惡。不去白合，則味苦澀。丁謂之論備矣蒸芽必熟，去膏必盡。蒸芽未熟，則草木氣存，適口則知去膏未盡，則色濁而味重。受煙則香奪，壓黄[27]則味失，此皆茶之病也。受煙，謂過黄時火中有煙，使茶香盡而煙臭不去也。壓〔黄，謂〕去膏之時㉚，久留茶黄未造，使黄經宿，香味俱失，弇然氣如假雞卵臭也。㉛

注 釋

1　萬國鼎《茶書總目提要》於百川學海本下有云："抱經樓及皕宋樓藏書志有宋刊本，不知即係百川本或係另一種。"

2　此據程光裕《宋代茶書考略》言在戊集。

3　程光裕《宋代茶書考略》稱"弘治本、景刊咸淳本據弘目次編印本、景弘治本"。不知與萬國鼎所稱明翻宋百川本是否係同指。（陶氏涉園刊景宋百川學海本亦在戊集）

4　七閩：原指古代居住在今福建和浙江南部的閩人，因分爲七族，故稱爲七閩。後稱福建爲閩，也叫七閩。建首七閩：建州是福建的首府。　按，《宋史・地理志》中福建路的首列州府爲福州，但是路一級的地方政府機構福建路轉運司却設置在位列第二的建州，從這個意義上可以説建州是福建的首府。

5　墳：土質肥沃。

6　建安：今福建建甌。

7　蔡公：即蔡襄。

8　隮（jì）：由山谷涌升上來的雲氣。

9　霽（jì）：雨雪停止，晴朗的天氣；蒸，熱氣上升。　霽則霧露昏蒸：雨後的晴天也是水霧濛濛的。

10　芽極肥乳：茶芽汁液豐富養分充足。

11　質：評斷，評量。　二焙：指北苑、壑源二園焙。

12　南劍：即南劍州，治所今福建南平。

13　建溪：水名。在福建，爲閩江北源。其地産名茶，號建茶。

14　麰（móu）：麰麥，大麥。

15　黄淡：一種果品，南宋張世南《游宦紀聞》卷5："果中又有黄淡子……大如小橘，色褐，味微酸而甜。"而陳藏器《補本草》則徑云黄淡子爲橘之一種。

16　一舍：三十里，古時行軍三十里爲一舍。

17　淳淳：流動貌。

18　止：留住，不動。其止：當指喝了茶之後，茶留在口中的滋味與感覺。

19　簣（gōng）：笠名。按，原文中小注"簣"音"膽"有誤。

20　製造亦殊壑源者不多留膏：造茶也和壑源不多留膏的方法不一樣。

21　發：指茶發芽。　社：社有春社、秋社，采茶論時間言"社"一般都是指春社。

22　壑源葉姓茶園的白茶在宋代殊爲有名，蘇軾《寄周安孺茶》詩有曰："自云葉家白，頗胜中山酥。"

23　王家白茶在宋代亦久馳名，劉弇《龍雲集》卷28："其品製之殊，則有……葉家白、王家白……"蔡襄治平二年（1065）正月的《茶記》則專門記録了王家白茶的事情："王家白茶聞於天下，其人名王大詔。白茶唯一株，歲可作五七餅，如五銖錢大。方其盛時，高視茶山，莫敢與之角。一餅直錢一千，非其親故不可得也。終以園家以計枯其株。予過建安，大詔垂涕爲余言其事。今年枯枿輒生一枝，造成一餅，小於五銖。大詔越四千里特攜以來京師見予，喜發顔面。予之好茶固深矣，而大詔不遠數千里之役，其勤如此，意謂非予莫之省也，可憐哉！乙巳初月朔日書。”

24　雲脚：義同粥面，也指末茶調膏注湯擊拂點茶後，在茶湯表面形成的沫餑狀的湯面。

25　烏蒂：趙汝礪《北苑别録・揀茶》云：“烏蒂，茶之蒂頭是也。”徽宗《大觀茶論》：“既擷則有烏蒂……烏蒂不去，害茶色。”是茶葉摘離茶樹時的蒂頭部分。

26　白合：黄儒《品茶要録》之二《白合盜葉》云：“一鷹爪之芽，有兩小葉抱而生者，白合也。”是茶樹梢上萌發的對生兩葉抱一小芽的茶葉，常在早春采第一批茶時出現。

27　壓黄：茶已蒸者爲黄，茶黄久壓不研、造茶而致茶色味有損，謂之壓黄。

校　記

①　焙：底本作“姬”，朱祐檳茶譜本作“焙”，當以此字爲是，否則殊難讀通。

②　三十六：底本“三十六”後有“東”字，朱祐檳茶譜本、喻政茶書本、集成本無。按此“東”字當無，爲衍文，徑删。

③　北：叢書集成本作“比”。

④　沃：宛委本、集成本、四庫本作“決”。

⑤　地：喻政茶書本作“下”。

⑥　目：朱祐檳茶譜本、喻政茶書本作“首”。

⑦　謂：集成本作“渭”。

⑧　西溪四焙之一爲“慈善東”，北山二焙之一亦曰“慈善東”，此處諸書所記當有誤。

⑨　蔭：朱祐檳茶譜本、喻政茶書本、集成本作“蔭”。

⑩　柢：朱祐檳茶譜本作“秪”。

⑪　官坑上園、下坑園：《北苑别録》作“上下官坑”。下坑園中之“園”字或爲衍字。

⑫ 番：朱祐檳茶譜本、喻政茶書本、集成本作“畬”。

⑬ 頂：百家名書本作“項”。

⑭ 上：朱祐檳茶譜本、喻政茶書本、百家名書本、宛委本、集成本、四庫本作“山”。

⑮ 芽：底本、朱祐檳茶譜本、百家名書本、宛委本、集成本、叢書集成本作“茅”。

⑯ 明：百家名書本、喻政茶書本作“清”。

⑰ 過：底本、宛委本、四庫本、叢書集成本作“遇”。

⑱ 甘至：喻政茶書本作“其止”。

⑲ 黄：喻政茶書本作“黑”。

⑳ 嶺：集成本作“流”。

㉑ 阪：百家名書本、喻政茶書本作“版”。

㉒ 膽：朱祐檳茶譜本作“贍”。

㉓ 村：朱祐檳茶譜本作“材”。

㉔ 勇：喻政茶書本作“湧”。

㉕ 漈上：朱祐檳茶譜本作“澄上”。

㉖ 汀：朱祐檳茶譜本作“江”。

㉗ 稽：底本、朱祐檳茶譜本、百家名書本、喻政茶書本、宛委本、集成本、叢書集成本皆作“雞”。

㉘ 立：朱祐檳茶譜本、百家名書本、宛委本、集成本作“泣”，喻政茶書本作“消”，叢書集成本作“出”。

㉙ 芽：底本、百家名書本、宛委本、集成本、叢書集成本作“茅”。

㉚ 壓黄，謂去膏之時：諸本皆爲“壓去膏之時”，按其行文，此處當有脱漏，故增補之。

㉛ 喻政茶書本於篇末有云：“右《東溪試茶録》一卷，皇朝朱子安集，拾丁蔡之遺。東溪，亦建安地名。其序謂：七閩至國朝，草木之異則産臘茶、荔子，人物之秀則産狀頭、宰相，皆前代所未有。以時而顯，可謂美食。然其草木味厚，不宜多食，其人物雖多智，難獨任。亦地氣之異云。澶淵晁公武題。”

品茶要録

◇宋　黄儒　撰

黄儒,字道輔[1],北宋建安(今福建建甌)人。《文獻通考》著録《品茶要録》一卷,又稱"陳氏曰:元祐中,東坡嘗跋其後(按,附後)。"《古今合璧事類備要·外集》卷四十三"香茶門"亦録有"東坡書《品茶要録後》"。熙寧六年(1073)進士。餘不詳。

《四庫全書總目》以爲東坡文見閣本《東坡外集》,"東坡外集實僞本,則此文亦在疑信間也"。

萬國鼎稱此書撰於1075年左右。

關於本書的書名,只夷門廣牘本稱爲"茶品"或"茶品要録",實是周履靖以己意任意而改所致,因黄儒書中實有自稱書名爲《品茶要録》者。

關於本書的刊本:四庫館臣稱"明新安程百二始刊之",萬國鼎《茶書總目提要》沿録,筆者也曾沿用此説。近勘明周履靖夷門本(萬曆二十五年,1597)實爲此書的最早刊本。今傳刊本有:(1)明周履靖夷門本,(2)明程百二程氏叢刻本,(3)明喻政茶書本,(4)苑委山堂説郛本,(5)古今圖書集成本,(6)文淵閣四庫全書本,(7)五朝小説本,(8)宋人説粹本,(9)涵芬樓説郛本,(10)叢書集成初編本(據夷門本影印)等版本。

夷門本雖爲現存最早的刊本,但錯訛太多,故本書不取以爲底本,而以稍後一點的程氏叢刻本爲底本,參校喻政茶書本及其他版本。

品茶要録目録①

總論

説者常怪陸羽②《茶經》不第建安[2]之品,蓋前此茶事未甚興,靈芽真筍,往往委翳消腐,而人不知惜。自國初以來,士大夫沐浴膏澤,詠歌昇平之日久矣。夫體勢灑落,神觀沖淡,惟兹茗飲爲可喜。園林亦相與摘英夸異,制捲蠶新而趨③時之好,故殊絶④之品始得自出於蓁莽之間,而其名遂冠天下。借使陸羽復起,閱其金餅,味其雲腴[3]⑤,當爽然[4]自失矣。

因念草木之材,一有負瑰偉絶特者,未⑥嘗不遇時而後興,况於人乎!然士大夫間爲珍藏精試之具,非會⑦雅好真⑧,未嘗輒出。其好事者,又嘗⑨論其采制之出入,器用之宜否⑩,較試之湯火,圖於縑素,傳玩於時,獨未有⑪補於賞鑒之明爾。蓋園民射利,膏油其面,色品味易辨而難評⑫。予因收閱⑬之暇,爲原采造之得失,較試之低昂,次爲十説,以中其病,題曰《品茶要録》云。

一、采造過時

茶事起於驚蟄前,其采芽如鷹爪,初造曰試焙,又曰一火,其次曰二火。二⑭火之茶,已次一火矣。故市茶芽者,惟同出於三火前者爲最佳⑮。尤喜⑯薄寒氣候,陰不至於⑰凍,芽茶⑱尤畏霜⑲,有造於一火二火皆遇⑳霜,而三火霜霽,則三火之茶㉑勝矣。㉒晴不至於暄,則穀芽含㉓養約勒而滋長有漸,采工亦優㉔爲矣。凡試時泛色鮮白,隱於薄霧者,得於佳時而然也;有造於積雨者,其㉕色昏黄㉖;或氣候暴暄,茶芽蒸發,采工汗㉗手薰漬,揀摘不給[5]㉘,則製造雖㉙多,皆爲常品矣。試時色非鮮白、水脚[6]微紅者,過時之病也。

二、白合盗葉[7]

茶之精絶者曰斗,曰亞斗,其次揀芽[8]。茶芽㉚,斗品雖最上,園户㉛或止一株,蓋天材間有特異,非能皆然也。且物之變勢無窮㉜,而人之耳目有盡,故造斗品之家,有昔優而今劣、前負而後勝者。雖〔人工〕㉝有至有不至,亦造化推移,不可得而擅也。其造,一火曰斗,二火曰亞斗,不過十數銙而已。揀芽則不然,遍園隴中擇㉞其精英者爾。其或貪多務得,又滋色澤,往往以白合盗葉間之。試時色雖鮮白,其味澀淡者,間白合盗葉之病也。一鷹爪之芽,有兩小葉抱而生者,白合也。新條葉之抱生㉟而色㊱白者,盜葉也。造揀芽常剔取鷹爪,而白合不用,況盜葉乎。

三、入雜

物固不可以容僞,況飲食之物,尤不可也。故茶有入他葉者,建㊲人號爲"入雜"。銙列入柿葉,常品入桴、檻[9]葉。二葉易致,又滋色澤,園民欺售直而爲之㊳。試時無粟紋甘香,盞面浮散,隱如微毛,或星星如纖絮者,入雜之病也。善茶品者,側盞視之,所入之多寡,從可知矣。嚮上下品有之,近雖銙列,亦或勾使。

四、蒸不熟

穀芽[10]初采,不過盈箱㊴而已,趣時爭新之勢然也。既采而蒸。既蒸而研。蒸有不熟之病,有過熟之病。蒸不熟㊵,則㊶雖精芽,所損已多。試時色青易沉,味㊷爲桃仁㊸之氣者,不蒸熟之病也。唯正熟者,味甘香。

五、過熟

茶芽方蒸,以氣爲候,視之不可以不謹也。試時色㊹黄而粟紋大者,過熟之病也。然雖過熟,愈於不熟,甘香之味勝㊺也。故君謨論色,則以青白勝黄白;余論味,則以黄白勝青白。

六、焦釜

茶,蒸不可以逾久,久而過熟,又久則湯乾,而焦釜之氣上㊻。茶工有泛㊼新湯以益之,是致熏㊽損茶黄。試時色多昏紅㊾,氣焦味惡者,焦釜之病也。建人號爲㊿熱[51]鍋氣[52]。

七、壓黄[11]

茶已蒸者爲黄,黄細[12],則已入捲模制之矣。蓋清潔鮮明,則香色如之[53]。故采佳[54]品者,常於半曉間衝蒙雲霧,或以罐汲新泉懸胸間,得必投其中,蓋欲鮮也。其或日氣烘爍,茶芽暴長,工力不給[55],其〔采〕[56]芽已陳而不及蒸,蒸而不及研,研或出宿而後製,試時色不鮮明,薄如壞卵氣者,壓黄之病⑰也。

八、漬膏[13]⑱

茶餅光黄,又如蔭潤者,榨不乾也。榨欲盡去其膏,膏盡則有⑲如乾竹葉之色⑳。惟㉑飾首面者,故榨不欲乾,以利易售。試時色雖鮮白,其味帶苦者,漬膏之病也。

九、傷焙[14]

夫茶本以芽葉之物就之捲模,既出捲,上笪[15]㉒焙之,用火務令通徹㉓。即以灰㉔覆之㉕,虚其中,以熱㉖火氣。然茶民不喜用實炭,號爲冷火,以茶餅新濕㉗,欲速乾以見售,故用火常帶煙焰。煙焰既多,稍失看候,以故熏損茶餅。試時其色昏紅,氣味帶焦者,傷焙之病也。

十、辨壑源、沙溪[16]

壑源、沙溪,其地相背,而中隔一嶺,其勢㉘無數里之遠,然茶産頓殊。有能出力㉙移栽植之,亦爲土氣所化。竊嘗怪茶之爲草,一物爾,其勢必由得地而後異。豈水絡地脈,偏鍾㉚粹[17]於壑源?抑㉛御焙占此大岡巍隴,神物伏護,得其餘蔭耶?何其甘芳精至而獨㉜擅天下也。觀夫㉝春雷一驚,筠籠纔起,售者已擔簦挈橐於其門,或先期而散留金錢,或茶纔入笪而争酬所直,故壑源之茶常不足客所求。其有桀猾之園民,陰取沙溪茶黄,雜就家捲而製之,人徒趣其名,睨其規模之相若,不能原其實者,蓋有之矣。凡壑源之茶售以十,則沙溪之茶售以五,其直大率仿㉞此。然沙溪之園民,亦勇於㉟爲㊱利,或雜以松黄,飾其首面。凡㊲肉理怯薄,體輕而色黄,試時雖鮮白,不能久泛㊳,香㊴薄而味短者,沙溪之品也。凡肉理實厚,體堅而色紫,試時泛盞㊵凝久,香滑而味長者,壑源之品也。

後論

余嘗論茶之精絶者,白合未開㊶,其細如麥,蓋得青陽[18]之輕清者也。

又其山多帶砂石而號嘉品者,皆在山南,蓋得朝陽之和者也。余嘗事閒,乘晷影[19]之明淨,適軒亭之瀟灑,一取佳品嘗試[82],既而神[83]水生於華池,愈甘而清[84],其有助乎!然建安之茶,散天[85]下者不爲少[86],而得建安之精品不爲多[87],蓋有得之者,亦[88]不能辨,能辨矣[89],或不善於烹試,善烹試矣,或非其時,猶不善也,況非其賓乎?然未有主賢而賓愚者也。夫惟知此,然後盡茶之事。昔者陸羽號爲知茶,然羽之所知者,皆今所謂草茶[20]。何哉?如鴻漸所論"蒸筍[90]並葉,畏流其膏"[21],蓋草茶味短而淡,故常恐去膏;建茶力厚而甘,故惟欲去膏。又論福建[91]爲"未詳,往往[92]得之,其味極佳"[22],由是觀之,鴻漸未嘗到建安歟?

附録:

(一)書黄道輔《品茶要録》後[93]　眉山蘇軾書

物有畛而理無方,窮天下之辯,不足以盡一物之理。達者寓物以發其辯,則一物之變,可以盡南山之竹。學者觀物之極,而遊於物之表,則何求而不得?故輪扁行年七十而老於斫輪,庖丁自技而進乎道,由此其選也。

黄君道輔,諱儒,建安人,博學能文,淡然精深,有道之士也。作《品茶要録》十篇,委曲微妙,皆陸鴻漸以來論茶者所未及。非至静無求,虛中不留,烏能察物之情如其詳哉!昔張機有精理而韻不能高,故卒爲名醫;今道輔無所發其辯而寓之於茶,爲世外淡泊之好,以此高韻輔精理者。予悲其不幸早亡,獨此書傳於世,故發其篇末云。天都程百二録於忻賞齋

(二)程氏叢刻本序言

嘗於殘楮中得《品茶要録》,愛其議論。後借閣本《東坡外集》讀之,有此書題跋,乃知嘗爲高流所賞識,幸余見之偶同也。傳寫失真,僞舛過半,合五本校之,乃稍審諦如此。回書一過,並附東坡語於後,世必有賞音如吾兩人者。

萬曆戊申春分日澹翁書,時年六十有九

（三）吴逵《題〈品茶要録〉》

茶,宜松,宜竹,宜僧,宜銷夏。比者余結夏於天界最深處,松萬株,竹萬杆,手程幼輿所集《茶品》一編,與僧相對,覺腋下生風,口中露滴,恍然身在清涼國也。今人事事不及古人,獨茶政差勝。余每聽高流談茶,其妙旨參入禪玄,不可思議。幼輿從斯搜補之,令茶社與蓮邦共證浄果也。屬鄉人江文炳紀之。

南羅居士吴逵題於小萬松庵

（四）徐𤊹跋

黄儒事跡無考。按《文獻通考》:"陳振孫曰:《品茶要録》一卷,元祐中東坡嘗跋其後。"今蘇集不載此跋,而陳氏之言必有所據,豈蘇文尚有遺耶? 然則儒與蘇公同時人也。徐𤊹識。

注　釋

1　《文獻通考》引陳振孫《直齋書録解題》言其字道父,《四庫全書總目提要》以爲非。但喻政茶書本亦題作道父。

2　建安:舊縣名,治今福建建甌。三國吴至隋爲建安郡治,唐以後爲建州、建寧府、建寧路治。1913 年改名建甌。宋以産北苑茶著名,北苑茶是當時貢茶。

3　雲腴:謂雲之脂膏,道家以爲仙藥。《雲笈七籤·方藥》:"又雲腴之味,香甘異美,強骨補精,鎮生五臟,守氣凝液,長魂養魄,真上藥也。"宋代即有以雲腴指茶者,宋庠《謝答吴侍郎惠茶二絶句》詩之一:"衰翁劇飲雖無分,且喜雲腴伴獨醒。"

4　爽然:默然。

5　不給:不及時。

6　水脚:茶湯表面沫餑消退時在茶碗壁上留下的水痕。

7　白合盗葉:亦稱白合、抱娘茶,即茶樹梢上萌發的對生兩葉抱一小芽的芽葉。常在早春采第一批茶時發生。製優質茶須剔除之。

8　揀芽：一槍一旗爲揀芽,即一芽一葉,芽未展尖細如槍,葉已展有如旗幟。又稱“中芽”。

9　桴、檻：桴爲木頭外層的粗皮,檻是欄杆。此處當爲二種植物。

10　穀芽：茶名。唐李咸用《同友生春夜聞雨》:“此時童叟渾無夢,爲喜流膏潤穀芽。”

11　壓黄：唐宋團、餅茶製造中,因鮮葉采回不及時蒸,蒸後不及時研,研而不及時烘焙而導致茶色不鮮明,茶味呈淡薄的壞鷄蛋味,統稱爲壓黄。

12　黄細：茶黄研細之後。

13　漬膏：漬,即浸、漚;膏,即茶汁。團、餅茶製作中,蒸過的茶需榨盡茶汁,因茶汁未榨盡而色濁味重爲漬膏。

14　傷焙：指唐宋團、餅茶製作中烘焙火候失度。

15　笪(dá)：一種用粗竹篾編成的形狀像席子的製茶器具。

16　辨壑源、沙溪：分辨壑源、沙溪的茶葉是宋代鑒别茶葉的一項重要工作,蘇軾有詩曰:“壑源沙溪強分辨。”壑源即壑源山,位於福建建甌。爲宋北苑外焙産茶最好之地。沙溪爲閩江南源,在福建中部。

17　鍾粹：集注精華。

18　青陽：指春天。《爾雅・釋天》:“春爲青陽。”注:“氣清而温陽。”

19　晷影：影,日影。

20　草茶：宋代稱蒸研後不經壓榨去膏汁的茶爲草茶。

21　語出陸羽《茶經・二之具・甑》,原文略有不同:“散所蒸牙笱並葉,畏流其膏。”

22　語出陸羽《茶經・八之出・嶺南》。

校　記

①　目録據喻政茶書本補。

②　羽：夷門本、喻政茶書本作“公”。

③ 趣：夷門本、喻政茶書本作“移”。
④ 絶：集成本、宋人説粹本（簡稱説粹本）作“異”，宛委本作“异”。
⑤ 夷門本於此多一“者”字。
⑥ 夷門本於“未”字前多一“來”字。
⑦ 會：宛委本、集成本、説粹本作“尚”。
⑧ 夷門本於此多一“真”字。
⑨ 嘗：宛委本、集成本、説粹本作“常”。
⑩ 之宜否：夷門本爲“宜之否”。
⑪ 有：喻政茶書本無此字。
⑫ 評：夷門本、喻政茶書本、宛委本、集成本、説粹本作“詳”。
⑬ 收閲：夷門本、喻政茶書本、宛委本、集成本、説粹本作“閲收”。
⑭ 二：夷門本作“三”。
⑮ 佳：夷門本無此字。
⑯ 喜：集成本作“善”。
⑰ 於：夷門本、喻政茶書本、宛委本、集成本、説粹本無。
⑱ 芽茶：宛委、涵芬樓及集成本作“芽發時”。
⑲ 喻政茶書本於此多一“寒”字。
⑳ 夷門本於此多一“之”字。
㉑ 涵芬樓本於此多一“已”字。
㉒ 此小注夷門本刊爲正文，以下諸小注皆同，不復出校。
㉓ 含：夷門本作“舍”。
㉔ 優：夷門本作“復”。
㉕ 其：夷門本作“真”。
㉖ 黄：宛委本、集成本、説粹本無。
㉗ 汗：夷門本、説粹本作“汙”。
㉘ 夷門本於此多一“矣”字。
㉙ 雖：夷門本作“須”。
㉚ 芽：夷門本、喻政茶書本無。
㉛ 園户：夷門本刻作“菌尸”。

㉜ 窮：宛委本、集成本、説粹本作“常”。
㉝ 人工：底本無“人”字，今據喻政茶書等版本補。
㉞ 涵芬樓本於此多一“去”字。
㉟ 之抱生，喻政茶書本爲“細”；抱，宛委本、集成本、説粹本作“初”。
㊱ 色：宛委本、集成本無。
㊲ 建：夷門本無此字。
㊳ 之：涵芬樓本於“之”字後多一“也”字。
㊴ 箱：喻政茶書本爲“掬”，宛委本、集成本、説粹本作“筐”。
㊵ 蒸不熟：喻政茶書本作“蒸而不熟者”。
㊶ 則：夷門本、宛委本、集成本、説粹本作“自”，喻政茶書本無此字。
㊷ 味：夷門本作“昜”。
㊸ 桃仁：底本作“挑入”，今據喻政茶書本等版本改。
㊹ 色：夷門本、喻政茶書本作“葉”。
㊺ 勝：夷門本、喻政茶書本作“盛”。
㊻ 上：宛委本、集成本、説粹本作“出”，喻政茶書本作“上升”。
㊼ 泛：原作“乏”，今據涵芬樓本改。
㊽ 熏：宛委本、集成本、説粹本作“蒸”，夷門本無此字。
㊾ 紅：宛委本、集成本、説粹本作“黯”。
㊿ 爲：宛委本、集成本、説粹本無此字。
51 熱：夷門本作“熟”。
52 本小注喻政茶書本亦刻爲正文。
53 之：夷門本作“入”。
54 佳：夷門本作“著”。
55 給：喻政茶書本作“及”。
56 采：底本無，今據喻政茶書本等版本補之。
57 之病：底本脱，涵芬樓本作“之謂”，夷門本作“人”，喻政《茶書》本作“久”，今據宛委本等版本改。
58 漬膏：漬，底本作“清”。
59 有：夷門本作“大”。

⑥⓪ 色：夷門本作"思"，喻政茶書本作"狀"，宛委本、集成本、説粹本作"意"。
⑥① 惟：喻政茶書作"惟夫"。
⑥② 笪：夷門本作"荳"。
⑥③ 務令通徹：夷門本作"務通令徹"。令，喻政茶書本作"合"；徹，夷門本、喻政茶書本、宛委本、集成本、説粹本又作"熟"。
⑥④ 灰：喻政茶書本作"火"。
⑥⑤ 即以灰覆之：夷門本作"即以芽葉之物就之"。
⑥⑥ 熱：宛委本、集成本、説粹本作"熟"。
⑥⑦ 濕：底本、爲"温"，據喻政茶書本等改。
⑥⑧ 勢：宛委本、集成本、説粹本作"去"。
⑥⑨ 力：底本爲"火"，據喻政茶書本等改。
⑦⓪ 錘：底本爲"種"，據喻政茶書本等改。
⑦① 抑：夷門本、喻政茶書本、宛委本、集成本、説粹本作"豈"。
⑦② 獨：宛委本、集成本、説粹本作"美"。
⑦③ 夫：涵芬樓本作"乎"。
⑦④ 仿：底本作"放"，據喻政茶書本等改。
⑦⑤ 於：夷門本、涵芬樓本作"以"。
⑦⑥ 爲：喻政茶書本作"射"，宛委本、集成本、説粹本作"覓"。
⑦⑦ 凡：夷門本、喻政茶書本作"或"。
⑦⑧ 泛：夷門本作"香"，喻政茶書本無。
⑦⑨ 香：夷門本作"泛"。
⑧⓪ 盞：夷門本、喻政茶書本作"盃"。
⑧① 夷門本於"白合未開"句前多"美其色"三字。
⑧② 一取佳品嘗試：宛委本、集成本、説粹本爲"一一皆取品試"。
⑧③ 神：底本作"求"，據喻政茶書本等改。
⑧④ 清：夷門本、喻政茶書本作"親"，説粹本作"新"。
⑧⑤ 天：夷門本、喻政茶書本作"入"。
⑧⑥ 少：喻政茶書本、宛委本、集成本、説粹本作"也"。

㉗ 不爲多：宛委本、集成本、説粹本作“不善炙”；夷門本作“不爲炙”。
㉘ 亦：底本、夷門本、喻政茶書本、四庫本、涵芬樓本無，按行文當有。
㉙ 亦不能辨，能辨矣：亦，原本無，據文意補。夷門本作“不能辨矣”。
㉚ 筍：涵芬樓本作“芽”。
㉛ 涵芬樓本於此多一“而”字。
㉜ 往往：夷門本於此二字後多一“而”字。
㉝ 夷門本、喻政茶書本、宛委本、集成本、涵芬樓本、説粹本諸本皆未附蘇軾此“書後”之文。

本朝茶法

◇宋　沈括　撰

沈括(1031—1095),字存中,錢塘(今浙江杭州)人,寄籍蘇州。至和元年(1054)以父蔭初仕爲海州沭陽縣主簿,嘉祐八年(1063)舉進士。累官翰林學士、龍圖閣待制、光禄寺少卿。英宗治平三年(1066)爲館閣校勘,神宗熙寧五年(1072),提舉司天監,六年,奉使察訪兩浙,七年,爲河北路察訪使,八年,爲翰林學士、權三司使,次年罷知宣州。元豐三年(1080)知延州,加鄜延路經略安撫使。兩年後因徐禧失陷永樂城,謫均州團練副使。哲宗元祐初徙秀州(今浙江嘉興),後移居潤州(今江蘇鎮江),紹聖二年(1095)卒,年六十五。博學善文,於天文、方志、律曆、音樂、醫藥、卜算,無所不通。撰有《長興集》《夢溪筆談》《蘇沈良方》等,事迹附見《宋史》卷三三一《沈遘傳》。

《本朝茶法》原是沈括晚年於潤州撰著的《夢溪筆談》卷十二中的一節,記述北宋茶葉專賣法和茶利。宋代江少虞《事實類苑》卷二十一收録之,題作“茶利”。明代陶宗儀《説郛》將其録出作爲一書,取首四字題名爲“本朝茶法”。清代陶珽重輯宛委山堂本説郛、五朝小説大觀、宋人小説都將其作爲單獨一書收録,萬國鼎《茶書總目提要》仍之。本書亦將其作爲一種茶書收録。

刊本:除(1)宛委山堂説郛及(2)五朝小説大觀·宋人小説本兩種獨立成篇的刊本外,便是明清以來刻行的諸種《夢溪筆談》版本,計有:(3)明弘治乙卯(1495)徐珤刊本,(4)明商濬稗海本,(5)明毛晉津逮秘書本,(6)明崇禎四年(1631)嘉定馬元調刊本,(7)清嘉慶十年(1805)海虞張海鵬學津討原本,(8)清光緒三十二年(1906)番禺陶氏愛廬刊本,(9)1916年貴池劉世珩玉海堂覆刻宋乾道二年(1166)揚州州學刊本,

(10) 1934 年涵芬樓景印明覆宋本,(11) 四部叢刊續編本(爲涵芬樓景印明覆宋本)等。

本書以光緒番禺陶氏愛廬刊《夢溪筆談》本《本朝茶法》爲底本,參校宛委山堂説郛本、五朝小説大觀、宋人小説本等諸種相關《夢溪筆談》刊本,及江少虞《事實類苑》的引録。校勘及注釋部分皆參考了胡道静先生《夢溪筆談校證》(上海:上海古籍出版社,1987 年)中的相關内容。

本朝茶法:乾德二年,始詔在京、建州、漢、蘄口各置榷貨務。五年,始禁私賣茶,從不應爲情理重[1]。太平興國二年,删定禁法條貫,始立等科罪[2]。

淳化二年,令商賈就園户買茶,公於官場貼射,始行貼射法[3]。淳化四年,初行交引[4],罷貼射法;西北入粟給交引,自通利軍[5]始;是歲罷諸處榷貨務,尋復依舊。

至咸平元年,茶利錢以一百三十九萬二千一百一十九貫三百一十九爲額。至嘉祐三年,凡六十一年用此額,官本雜費皆在内,中間時有增虧,歲入不常。咸平五年,三司使王嗣宗[6]始立三分法[7],以十分茶價,四分給香藥,三分犀象,三分茶引。六年,又改支六分香藥、犀象,四分茶引。景德二年,許人入中錢帛金銀,謂之三説[8]。

至祥符九年,茶引益輕,用知秦州曹瑋議[9],就永興、鳳翔[10]以官錢收買客引,以救引價,前此累增加饒[11]錢。

至天禧二年,鎮戎軍[12]納大麥一斗,本價通加饒共支錢一貫二百五十四。

乾興元年,改三分法,支茶引三分,東南見錢二分半,香藥四分半。天聖元年,復行貼射法,行之三年,茶利盡歸大商,官場但得黄晚惡茶,乃詔孫奭[13]重議,罷貼射法。明年,推治元議省吏計覆官、旬獻等[14]①皆決配沙門島,元詳定樞密副使張鄧公[15],參知政事吕許公、魯肅簡各罰俸一月[16],御使中丞劉筠[17]、入内内侍省副都知周文質[18]、西上閤門使薛昭②廓[19]、三部副使[20]各罰銅二十斤,前三司使李諮落樞密直學士[21],依舊知洪州[22]。

皇祐三年,算茶[23]依舊只用見錢。至嘉祐四年二月五日,降敕罷茶禁③。

國朝六榷貨務、十三山場[24],都賣茶歲一千五十三萬三千七百四十七斤半,祖[④]額錢[25]二百二十五萬四千四十七貫一十。

其六榷貨務,取最中,嘉祐六年,抛占[26]茶五百七十三萬六千七百八十六斤半,祖額錢一百九十六萬四千六百四十七貫二百七十八。荆南府祖額錢三十一萬五千一百四十八貫三百七十五,受納潭、鼎、澧、岳、歸、峽[⑤]州、荆南府[27]片散茶共八十七萬五千三百五十七斤。漢陽軍[28]祖額錢二十一萬八千三百二十一貫[⑥]五十一,受納鄂州[29]片茶二十三萬八千三百斤半。蘄州蘄口祖額錢三十五萬九千八百三十九貫八百一十四[⑦],受納潭、建州、興國軍[30]片茶五十萬斤。無爲軍[31]祖額錢三十四萬八千六百二十貫四百三十,受納潭、筠、袁、池、饒、建、歙、江、洪州、南康[32]、興國軍片散茶共八十四萬二千三百三十三斤。真州[33]祖額錢五十一萬四千二十二貫九百三十二,受納潭、袁、池、饒、歙、建撫、筠、宣、江、吉、洪州、興國、臨江[34]、南康軍片散茶共二百八十五萬六千二百六斤。海州[35]祖額錢三十萬八千七百三貫六百七十六,受納睦、湖、杭、越、衢、温、婺、台、常、明[36]、饒、歙州片散茶共四十二萬四千五百九十斤。

十三山場祖額錢共二十八萬九千三百九十九貫七百三十二[⑧],共買茶四百七十九萬六千九百六十一斤。光州[37]光山場買茶三十萬七千二百十六斤,賣錢一萬二千四百五十六貫;子安場買茶二十二萬八千三十斤[⑨],賣錢一萬三千[⑩]六百八十九貫三百四十八;商城場買茶四十萬五百五十三斤,賣錢二萬七千七十九貫四百四十六。壽州[38]麻步場買茶三十三萬一千八百三十三斤,賣錢三萬[⑪]四千八百一十一貫三百五十;霍山場買茶五十三萬二千三百九斤,賣錢三萬五千五百九十五貫四百八十九;開順場買茶二十六萬九千七十七斤,賣錢一萬七千一百三十貫。廬州[39]王同場買茶二十九萬七千三百二十八斤,賣錢一萬四千三百五十七貫六百四十二。黄州[40]麻城場買茶二十八萬四千二百七十四斤,賣錢一萬二千五百四十貫。舒州[41]羅源場買茶一十八萬五千八十二斤,賣錢一萬四百六十九貫七百八十五;太湖場買茶八十二萬九千三十二斤,賣錢三萬六千九十六貫六百八十。蘄州[42]洗馬場買茶四十萬斤,賣錢二萬[⑫]六千三百六十貫;王祺場買茶一[⑬]十八萬二千二百二十七斤,賣錢一萬一千九百五十三貫九百三十二[⑭];石橋場買茶五十五萬斤,賣錢三萬六千[⑮]八十貫。

注　釋

1　《續資治通鑒長編》卷五將此事繫於"乾德二年八月辛酉,初令京師、建安、〔漢陽〕、蘄口並置場榷茶〔令商人入帛京師,執引詣沿江給茶〕(陳均《皇朝編年備要》卷1)"條下,曰:"自唐武宗始禁民私賣茶,自十斤至三百斤,定納錢决杖之法。於是令民茶折税外,悉官買,民敢藏匿而不送官及敢私販鬻者,没入之。計其直百錢以上者,杖七十,八貫加役流。主吏以官茶貿易者,計其直五百錢,流二千里,一貫五百及持仗販易私茶爲官司擒捕者,皆死。"并自注云:"自'唐武宗'以下至'皆死'並據本志,當在此年,今附見榷茶後。"李燾可知所記并不確然。録此備考。

2　事見《續資治通鑒長編》卷18載太平興國二年二月,有司言:"江南諸州榷茶,准敕於緣江置榷貨諸務。百姓有藏茶於私家者,差定其法,著於甲令,匿而不聞者,許鄰里告之,賞以金帛,咸有差品。仍於要害處縣法以示之。詔從其請。凡出茶州縣,民輒留及賣鬻計直千貫以上,黥面送闕下,婦人配爲鐵(針)工。民間私茶減本犯人罪之半。榷務主吏盗官茶販鬻,錢五百以下,徙三年;三貫以上,黥面送闕下。茶園户輒毁敗其叢株者,計所出茶論如法。"

3　貼射法:令商人貼納給官户的買茶葉應得净利息錢後,直接向園户買茶的專賣辦法。

4　交引:官府准許商人在京師或邊郡繳納金銀、錢帛、糧草,按值至指定場所領取現金或某些商貨運銷的憑證。

5　通利軍:北宋河北西路下屬軍,今河南浚縣。

6　王嗣宗:字希阮,汾州(今山西汾陽)人,時以右諫議大夫充三司户部使改鹽鐵使。《宋史》卷287有傳。

7　三分法:北宋宿兵西北,募商人於沿邊入納糧草,按地域遠近折價,償以東南茶葉,後將全部支付茶葉的方法改爲支付一部分香藥、一部分犀象和一部分茶葉的辦法,稱爲三分法。

8　三説:與三分法差同,即將全部支付茶葉的方法改爲一部分現錢、一部分香藥犀象和一部分茶葉的方法。

9　秦州：晋泰始五年(269)始分雍、凉、梁三州置，唐宋沿之，只轄境縮小，宋治今甘肅天水市。曹瑋：字寶臣(973—1030)，北宋真定靈壽(今屬河北)人，曹彬子。以廕爲西頭供奉官，後以父薦知渭州，累遷知秦州兼涇、原、儀、渭、鎮戎緣邊安撫使，簽書樞密院事。統兵四十年，未嘗失利。事見《宋史》卷258《曹彬傳》附傳。

10　永興：北宋陝西路永興軍。北宋元豐五年(1082)析天下爲二十三路，永興軍路爲其一，治京兆府(今陝西西安)。　鳳翔：鳳翔府，唐至德二年(757)升鳳翔郡置，北宋屬秦鳳路，治天興縣(即今陝西鳳翔)。

11　加饒：補貼定額的錢或物。

12　鎮戎軍：北宋至道三年(997)置，治今固原，初屬陝西路，後屬秦鳳路。

13　孫奭(962—1033)：字宗古，北宋博平(今屬山東)人，家於須城。九經及第，累官龍圖閣待制。奭以經術進，守道自處，有所言未嘗阿附，曾力諫真宗迎天書、祀汾陰。仁宗時擇名儒爲講讀，召爲翰林侍講學士，三遷兵部侍郎，龍圖閣學士。以太子少傅致仕，卒謚宣。《宋史》卷431有傳。

14　計覆官、旬獻：皆爲官吏名。

15　張鄧公：張士遜(964—1049)，字順之，北宋光化軍乾德(今湖北老河口西北)人。淳化(990—994)進士，調鄖鄉縣主簿，累官同中書門下平章事，後拜太傅，封鄧國公致仕。《宋史》卷311有傳。

16　吕許公：吕夷簡(979—1044)，字坦夫，北宋壽州(治今安徽鳳台)人。咸平(998—1003)進士，真宗朝歷任地方官，以治績爲真宗所賞識。仁宗即位，拜參知政事，天聖六年(1028)拜相，後幾度罷相復拜相，康定元年(1040)封許國公，後以太尉致仕。傳載《宋史》卷311。　魯肅簡：魯宗道(966—1029)，字貫之，北宋譙人。登進士，天禧(1017—1021)中爲右正言，多所論列，真宗書殿壁曰"魯直"。仁宗時拜參知政事，爲權貴所嚴憚，目爲"魚頭參政"，卒謚肅簡。傳載《宋史》卷286。

17　御史中丞：官名。宋御史大夫無正員，僅爲加官，以御史中丞爲御史台長官。　劉筠：字子儀，北宋大名人。舉進士，詔試選人，校太清樓書，擢筠第一，爲秘閣校理，預修《册府元龜》，累進翰林學士。後以知廬州卒。傳載《宋史》卷305。

18　入内内侍省副都知：宋宦官機構入内内侍省官員之一。入内内侍省，簡稱後省，景德三年(1006)由内省侍入内内班侍院與入内都知司、内東門都知司并爲入内内侍省，掌宫庭内部生活事務。

19　西上閤門使：宋代官名，屬横班諸司使，無職掌，僅爲武臣遷轉之階。政和二年(1112)改右武大夫。

20　三部副使：官名。北宋太平興國元年(976)始置三司副使，爲三司副長官。

21　李諮(？—1036)：字仲詢，北宋新喻人。真宗朝舉進士，累官翰林學士等職。卒謚憲成。《宋史》卷292有傳。　樞密直學士：官名，簡稱樞直，宋承五代後唐置，與觀文殿學士并充皇帝侍從，備顧問應對。政和四年(1114)改稱述古殿直學士。

22　洪州：即今江西南昌。

23　算茶：徵收茶税。算，徵税，古時税收的一種，對商人、手工業者等徵收，課税物件爲商品或資産。

24　六榷貨務：《宋史·食貨志·茶上》："宋榷茶之制，擇要會之地，曰江陵府、曰真州、曰海州、曰漢陽軍、曰無爲軍、曰蘄州之蘄口，爲榷貨務六。"　十三山場：《宋會要·食貨》三〇之三一至三二"崇寧元年十二月八日，尚書右僕射蔡京等言"條注引《三朝國史·食貨志》："十三場，蘄州王祺一也，石橋二也，洗馬三也，黄梅場四也，黄州麻城五也，廬州王同六也，舒城太湖七也，羅源八也，壽州霍山九也，麻步十也，開順口十一也，商城十二也，子安十三也。"

25　祖額錢：定額錢。又稱作租額錢。

26　抛占：受納，占有。

27　潭：潭州，治所在今湖南長沙市。　鼎：鼎州，治今湖南常德。　澧：

澧州,治澧陽(今湖南澧縣)。　岳:岳州,治巴陵(今湖南岳陽)。　歸:歸州,治秭歸(今湖北秭歸)。　峽州:治夷陵(今湖北宜昌西北)。　荊南府:即江陵府,治江陵(今湖北江陵)。

28　漢陽軍:治漢陽縣(今湖北武漢漢陽)。

29　鄂州:故地在今湖北武昌。

30　興國軍:治永興縣(今湖北陽新),屬江南西路。

31　無爲軍:治今安徽無爲。

32　筠:筠州,治高安(今屬江西)。　袁:袁州,治宜春(今屬江西)。　池:池州,治秋浦(今安徽貴池)。　饒:饒州,治鄱陽(今江西鄱陽)。　歙:歙州,初治休寧,後移治歙縣(今屬安徽)。　江:江州,今江西九江。　南康:南康軍,治今廬山。

33　真州:治揚子(今江蘇儀徵市),宋時當東南水運衝要,爲江、淮、兩浙、荆湖等路發運使駐所,繁盛過於揚州。

34　建撫:撫州,治臨川(今江西撫州西)。　宣:宣州,治宣城(今安徽宣城)。　吉:吉州,唐治廬陵(今江西吉安),宋仍之。　臨江:臨江軍,今江西樟樹。

35　海州:今江蘇連雲港西南海州鎮。

36　睦:睦州,今浙江建德。　湖:湖州,治烏程(今浙江湖州)。　杭:杭州,治錢塘(今浙江杭州)。　越:越州,治會稽(今浙江紹興)。　衢:衢州,治信安(今浙江衢州)。　温:温州,治永嘉(今浙江温州)。　婺:婺州,治金華(今浙江金華)。　台:台州,治臨海(今浙江臨海)。　常:常州,治晋陵(今江蘇常州)。　明:明州,治鄮縣(今浙江寧波南)。

37　光州:今河南潢川。光州瀕淮河上游,自古爲南北兵争重地,南宋在此置榷場,與金貿易。

38　壽州:治壽春(今安徽壽縣)。

39　廬州:治合肥(今安徽合肥)。

40　黄州:治今湖北黄岡。

41　舒州:治懷寧縣(今安徽潛山)。

42　蘄州：今湖北蘄春蘄州鎮西北。

校　記

① 計覆：《事實類苑》卷21引作“勾覆”，五朝小説大觀·宋人小説本（簡稱宋人小説本）作“計復”。　旬獻：《事實類苑》卷21引作“句獻”。　等：商濬稗海本（簡稱稗海本）、學津秘書本（簡稱學津本）、宛委本、宋人小説本作“官”。

② 薛昭廓之“昭”，宛委本、宋人小説本作“招”。

③ 以上爲《夢溪筆談》卷12《官政》第8條。

④ 宛委本、宋人小説本、稗海本及《事實類苑》卷21引“祖”字皆作“租”，以下八“祖”字均如此。

⑤ 峽：底本作“陝”，乃沿明崇禎四年（1631）嘉定馬元調刊本（簡稱崇禎本）之誤，其餘諸本皆作“峽”。蓋此處諸州府均屬湖南、湖北兩路，不涉陝西路也。

⑥ 二十一貫之“二”明弘治乙卯徐珤刊本（簡稱弘治本）作“三”。

⑦ 蘄州蘄口：弘治本兩“蘄”字作“靳”，“一十四”作“四十一”。

⑧ 三十二：宛委本、宋人小説本作“三十三”。

⑨ 三十斤：宛委本、稗海本、學津本作“二十斤”。

⑩ 三千：底本、明毛晉津逮秘書本、崇禎本、玉海堂本覆刻宋乾道二年（1166）揚州州學刊本、涵芬樓本并誤作“三十”。

⑪ 三萬：宛委本、宋人小説本、稗海本、學津本皆作“二萬”。

⑫ 二萬：弘治本作“一萬”。

⑬ 弘治本無“一”字。

⑭ 三十二：宛委本、宋人小説本作“九十二”。

⑮《事實類苑》卷21引“六千”作“二千”。以上爲《夢溪筆談》卷12《官政》第9條。

鬥茶記

◇宋　唐庚　撰

唐庚(1071—1121),字子西,眉州丹稜(今四川丹棱)人。宋哲宗(趙煦,1076—1100,1086—1100在位)紹聖元年(1094)舉進士,調利州司法參軍,歷知閬中縣、綿州。宋徽宗(趙佶,1082—1135,1101—1125在位)大觀(1107—1110)中,官宗子博士。四年(1110),丞相張商英(1043—1121)薦其才,除京畿路提舉常平。政和(1111—1117)初,因商英罷相而坐貶惠州。政和七年(1117),復官承議郎,還京。宣和三年(1121)歸蜀,道病卒,年五十一。現存有《眉山集》,《宋史》卷四四三有傳。

唐庚嘗曰:"作文當學司馬遷,作詩當學杜子美。"如南宋劉克莊(1187—1269)《後村詩話》即稱其"諸文皆高,不獨詩也"。政和二年(1112),唐庚在惠州寫下《鬥茶記》,清代陶珽重新編印宛委山堂《説郛》時,將它收録其中,《古今圖書集成·食貨典》也將它收入茶部藝文類,視之爲有關茶的文獻。此次匯編,因也收録。

本書以宋刻《唐先生文集》卷五《鬥茶記》爲底本,參校宛委山堂説郛本、古今圖書集成本、文淵閣四庫全書本等版本。

政和二年三月壬戌,二三君子相與鬥茶於寄傲齋[1],予爲取龍塘水[2]烹之而第其品,以某爲上,某次之。某閩人,其所齎宜尤高,而又次之。然大較皆精絶。

蓋嘗以爲天下之物有宜得而不得,不宜得而得之者。富貴有力之人,或有所不能致,而貧賤窮厄,流離遷徙之中,或偶然獲焉。所謂"尺有所短,寸有所長",良不虚也。唐相李衛公[3]好飲惠山泉,置驛傳送,不遠數千里。而近世歐陽少師作《龍茶録序》[4],稱嘉祐七年親享[①]明堂[5],致齋[6]之夕,始以小團分賜二府[7],人給一餅,不敢碾試,至今藏之。時熙寧元年也。吾聞茶不問團銙[8②],要之貴新,水不問江井,要之貴活。千里致水,真僞固不可知,就令識真,已非活水。自嘉祐七年壬寅至熙寧元年戊申,首尾七年,更閱三朝而賜茶猶在,此豈復有茶也哉!

今吾提瓶走龍塘,無數十步,此水宜茶,昔人以爲不減清遠峽[9]。而海道趨建安,不數日可至,故每歲新茶不過三月至矣。罪戾之餘,上寬不誅,得與諸公從容談笑於此,汲泉煮茗,取一時之適,雖在田野,孰與烹數千里之泉,澆七年之賜茗也哉?此非吾君之力歟?夫耕鑿食息,終日蒙福而不知爲之者,直愚民爾,豈我輩謂耶!是宜有所紀述,以無忘在上者之澤云。

注 釋

1 寄傲齋:唐庚有《寄傲齋記》曰:"吾謫居惠州,掃一室於所居之南,號寄傲齋。"

2 龍塘水:唐庚有《秋水行》詩曰:"僕夫取水古龍塘,水中木佛三肘長。"

3 唐相李衛公:唐代宰相李德裕。

4 歐陽少師:即歐陽修,曾官太子少師。《龍茶録序》:見今本《歐陽修全集》卷65,題爲"龍茶録後序",亦見於本書宋代蔡襄《茶録》。

5 明堂:明堂禮,季秋大享明堂,是宋代最大的吉禮之一。《宋史》卷101《禮志》載行此禮後,一般都要"御宣德門肆赦,文武内外官遞進官有差。宣制畢,宰臣百僚賀於樓下,賜百官福胙,及内外致仕文武升朝官以上粟帛羊酒"。

6 致齋:舉行祭祀或典禮以前清整身心的禮式,後來帝王在大祀,如祭天地等禮時,行致齋禮。

7 二府:宋代以樞密院專掌軍政,稱西府;中書門下(政事堂)掌管政務,稱東府。合稱二府。爲最高國務機關。

8 團銙:團爲圓形的餅茶,銙爲方形的餅茶。

9 清遠峽：又名飛來峽，爲廣東北江自南而北的三峽之一，全長九公里，位於清遠城北二十三公里處。

校 記

① 享：四庫本作“饗”。
② 銙：四庫本作“鋌”。

大觀茶論

◇宋　趙佶　撰

《大觀茶論》是宋徽宗趙佶所寫的一部茶書,全面探討了茶葉種植、采擇、製造及品賞的知識,對北宋飲茶作爲一種生活藝術,做了總結性的提升。

宋徽宗是北宋第八任皇帝,雖然治國無方,却酷愛藝術,不但長於書畫,也精於藝術鑒賞。他以皇帝之尊,舉國之富,對飲茶藝術精益求精,并且手自操持飲茶之程序,發展出一套上層社會最高貴雅致的飲茶之道。徽宗曾多次爲臣下點茶,示範他所發展的茶藝。蔡京(1047—1126)《太清樓侍宴記》記其"遂御西閣,親手調茶,分賜左右"。上有所好,下有所從,一時蔚然成風。徽宗政和至宣和(1109—1125)年間,曾下詔北苑官焙,令其製造及上供了大量精品貢茶,如玉清慶雲、瑞雲祥龍、浴雪呈祥等。(詳見《宣和北苑貢茶録》)

關於書名,本書緒言僅稱《茶論》。熊蕃《宣和北苑貢茶録》説:"至大觀初,今上親制《茶論》二十篇。"南宋晁公武《郡齋讀書志》著録:"《聖宋茶論》一卷,右徽宗御制";《文獻通考》沿録。故知,此書原名《茶論》。晁公武是宋朝人,爲尊本朝皇帝的著作,故稱"聖宋"。明初陶宗儀《説郛》收録了全文,因其著作年代爲大觀年間(1107—1110),改稱《大觀茶論》。《古今圖書集成》收録此書,沿其名,遂成通用書名。

本書以涵芬樓説郛本爲底本,參校宛委山堂説郛本及古今圖書集成本。

序①

嘗謂首地而倒生[1],所以供人之求者,其類不一。穀粟之於饑,絲枲[2]之於寒,雖庸人孺子皆知,常須而日用,不以歲時之舒迫②而可以興廢也。至若茶之爲物，擅甌閩[3]之秀氣，鍾山川之靈稟，祛襟滌滯，致清導和，則非庸人孺子可得而知矣；沖淡簡潔，韻高致静，則非遑遽之時可得而好尚矣。

本朝之興，歲修建溪[4]之貢，龍團鳳餅，名冠天下；壑③源之品，亦自此盛。延及於今，百廢俱舉，海内晏然，垂拱密勿[5]，幸致無爲。薦紳之士，韋布[6]之流，沐浴膏澤，薫陶德化，咸以雅尚相推④，從事茗飲。故近歲以來，采擇之精，製作之工，品第之勝，烹點之妙，莫不咸造其極。且物之興廢，固自有然，亦係乎時之汙隆[7]。時或遑遽，人懷勞悴，則向所謂常須而日用，猶且汲汲營求，惟恐不獲，飲茶何暇議哉？世既累洽[8]，人恬物熙[9]，則常須而日用者，因而⑤厭飫[10]狼藉。而天下之士，厲志清白，競爲閑暇修索之玩，莫不碎玉鏘金[11]，啜英咀華，較筐箧⑥之精，争鑑裁之妙；雖否⑦士[12]於此時，不以蓄茶爲羞。可謂盛世之清尚也。

嗚呼，至治之世，豈惟人得以盡其材，而草木之靈者，亦〔得〕⑧以盡其用矣。偶因暇日，研究精微，所得之妙，人⑨有不自知爲利害者，敘本末列⑩於二十篇，號曰《茶論》。

地産

植産之地，崖必陽，圃必陰。蓋石⑪之性寒，其葉抑以⑫瘠，其味疏以薄，必資陽和以發之。土之性敷，其葉疏以暴，其味強以肆，必資陰⑬以節之。今圃⑭家皆植木，以資茶之陰。陰陽相濟，則茶之滋長得其宜。

天時

茶工作於驚蟄，尤以得天時爲急。輕寒，英華漸長，條達而不迫，茶工從容致力，故其色味兩全。若或時暘鬱燠[13]，芽奮甲暴[14]⑮，促工暴力，隨槁⑯晷刻所廹，有蒸而未及壓，壓而未及研，研而未及製，茶黄留漬，其色味所失已半。故焙人得茶天爲慶。

采擇

擷茶以黎明，見日則止。用爪斷芽，不以指揉，慮氣汗薰漬⑰，茶不鮮潔。故茶工多以新汲水自隨，得芽則投諸水。凡芽如雀舌穀粒者爲斗品，一槍一旗爲揀芽,一槍二旗爲次之,餘斯爲下茶⑱。茶始芽萌,則有白合;既擷,則有烏蒂⑲。白合不去,害茶味;烏蒂不去,害茶色。

蒸壓

茶之美惡,尤係於蒸芽壓黄[15]之得失。蒸太生則芽滑,故色清而味烈;過熟則芽爛,故茶色赤而不膠。壓久則氣竭味漓[16],不及則色暗味澀。蒸芽欲及熟而香,壓黄欲膏[17]盡亟止,如此,則製造之功十已得七八矣。

製造

滌芽惟潔,濯器惟浄,蒸壓惟其宜,研膏惟熱,焙火惟良。飲而有〔少〕⑳砂者,滌濯之不精也。文理[18]燥赤者,焙火之過熟也。夫造茶,先度日晷之短長,均工力之衆寡,會采擇之多少,使一日造成。恐茶㉑過宿,則害色味。

鑑辨

茶之範度不同,如人之有面首也。膏稀者,其膚蹙以文[19];膏稠者,其理斂以實。即日成者,其色則青紫;越宿製造者,其色則慘黑。有肥凝如赤蠟者,末雖白,受湯則黄;有縝密如蒼玉者,末雖灰,受湯愈白。有光華外暴而中暗者,有明白内備而表質者,其首面之異同,難以㉒概論。要之色整徹而不駁,質縝繹而不浮,舉之則凝然㉓,碾之則鏗㉔然,可驗其爲精品也。有得於言意之表者,可以心解。

比又有貪利之民,購求外焙已采之芽,假以製造,研碎已成之餅,易以範模,雖名氏采製似之,其膚理色澤,何所逃於鑑賞㉕哉。

白茶

白茶自爲一種,與常茶不同。其條敷闡[20],其葉瑩薄。崖林之間偶然生出,蓋㉖非人力所可致,正焙[21]之有者不過四五家,〔生者〕㉗不過一二株,所造止於二三胯[22]而已。芽英不多,尤難蒸焙。湯火一失,則已變而爲常品。須製造精微,運㉘度得宜,則表裏昭澈,如玉之在璞,他無與㉙倫也。淺焙[23]亦有之,但品格不及。

羅碾

碾以銀爲上,熟鐵次之。生鐵者,非淘煉槌磨所成,間有黑屑藏於隙穴,害茶之色尤甚。凡碾爲製,槽欲深而峻,輪欲鋭而薄。槽深而峻,則底有准而茶常聚;輪鋭而薄,則運邊中而槽不戞[24]。羅欲細而面緊,則絹不泥而常透。碾必力而速㉚,不欲久,恐鐵之害色。羅必輕而平㉛,不厭數[25],庶已細者不耗。惟再羅,則入湯輕泛,粥面光凝,盡茶㉜色。

盞

盞色貴青黑,玉毫[26]條達者爲上,取其煥發茶采色也。底必差深而微寬,底深則茶直㉝立,易以取乳;寬則運筅[27]旋徹,不礙擊拂。然須度茶之多少,用盞之小大。盞高茶少,則掩蔽茶色;茶多盞小,則受湯不盡。盞惟熱,則茶發立耐久。

筅

茶筅以筯竹老者爲之,身欲厚重,筅欲疏勁,本欲壯而末必眇,當如劍脊〔之狀〕㉞。〔蓋身厚重,則操之有力而易於運用。筅疏勁如劍脊〕㉟,則擊拂雖過而浮沫不生。

瓶

瓶宜金銀,大小之制㊱,惟所裁給㊲。注湯利害,獨瓶之口嘴而已。嘴之口欲㊳大而宛直,則注湯力緊而不散。嘴之末欲圓小而峻削,則用湯有節而不滴瀝。蓋湯力緊則發速有節,不滴瀝,則茶面不破。

杓

杓之大小,當以可受一盞茶爲量。過一盞則必歸其餘,不及則必取其不足。傾杓煩數,茶必冰矣。

水

水以清輕甘潔爲美，輕甘乃水之自然，獨爲難得。古人第[39]水雖曰中泠[40]、惠山[28]爲上，然人相去之遠近，似不常得。但當取山泉之清潔者，其次，則井水之常汲者爲可用。若江河之水，則魚鼈之腥，泥濘之汙，雖輕甘無取。

凡用湯以魚目、蟹眼[29]連繹迸躍爲度，過老則以少新水投之，就火頃刻而後用。

點

點茶不一，而調膏繼刻。以湯注之，手重筅輕，無粟文蟹眼者[30]，謂之静面點。蓋擊拂無力，茶不發立，水乳未浹，又復增[41]湯，色澤不盡，英華淪散，茶無立作矣。有隨湯擊拂，手筅俱重，立文泛泛，謂之一發點。蓋用湯已故[31]，指腕不圓，粥面未凝，茶力已盡，霧雲雖泛，水腳[32]易生。妙於此者，量茶受湯，調如融膠。環注盞畔，勿使侵[42]茶。勢不欲猛，先須攪動茶膏，漸加擊拂，手輕筅重，指遶腕旋[43]，上下透徹，如酵糵之起麵，疏星皎月，燦然而生，則茶面[44]根本立矣。

第二湯自茶面注之，周回一線，急注急止，茶面不動，擊拂既力，色澤漸開，珠璣磊落。

三湯多寡[45]如前，擊拂漸貴輕匀，周環〔旋復〕[46]，表裏洞徹，粟文蟹眼，泛結雜起，茶之色十已得其六七。

四湯尚嗇，筅欲轉稍[47]寬而勿速，其真精[48]華彩，既已焕然[49]，輕雲[50]漸生。

五湯乃可稍縱，筅欲輕盈[51]而透達，如發立未盡，則擊以作之。發立已[52]過，則拂以斂之，結浚靄[33]，結凝雪，茶色盡矣[53]。

六湯以觀立作，乳點勃然[54]，則以筅著居，緩繞拂動而已。

七湯以分輕清重濁，相稀稠得中，可欲則止。乳霧洶湧，溢盞而起，周回凝而不動，謂之咬盞，宜均其輕清浮合者飲之。《桐君録》曰："茗有餑，飲之宜人"[34]，雖多不爲過也。

味

夫茶以味爲上,甘香重滑,爲味之全,惟北苑、壑源之品兼之。其味醇而乏風骨[55]者,蒸壓太過也。茶槍乃條之始萌者,木[56]性酸,槍過長,則初甘重而終微[57]澀。茶旗乃葉之方敷者,葉味苦,旗過老,則初雖留舌而飲徹反甘矣。此則芽胯有之,若夫卓絶之品,真香靈味,自然不同。

香

茶有真香,非龍麝[35]可擬。要須蒸及熟而壓之,及乾而研,研細而造,則和[58]美具足,入盞則馨香四達,秋爽灑然。或蒸氣如桃仁夾雜,則其氣酸烈而惡。

色

點茶之色,以純白爲上真,青白爲次,灰白次之,黄白又次之。天時得於上,人力盡於下,茶必純白。天時暴暄,芽萌狂長,采造留積,雖白而黄矣。青白者,蒸壓微生;灰白者,蒸壓過熟。壓膏不盡則色青暗,焙火太烈則色昏赤。

藏焙

數焙則首面乾而香減,失焙則雜色剥而味散。要當新芽初生即焙,以去水陸風濕之氣。焙用熟火置爐中,以静灰擁合七分,露火三分,亦以輕灰糝覆,良久即置焙簍上[59],以逼散焙中潤氣。然後列茶於其中,盡展角焙之[60],未可蒙蔽,候火通徹覆之。火之多少,以焙之大小增減。探手爐中,火氣雖熱而不至逼人手者爲良,時以手挼[61]茶體,雖甚熱而無害,欲其火力通徹茶體耳。或曰,焙火如人體温,但能燥茶皮膚而已,内之餘[62]潤未盡,則復蒸暍矣。焙畢,即以用久漆竹器中緘藏之,陰潤勿開,如此終年再焙,色常如新。

品名

名茶各以所産之地,如葉耕之平園台星巖,葉剛之高峯青鳳髓,葉思純之大嵐,葉嶼之眉山,葉五崇林之羅漢山水,葉芽、葉堅之碎石窠、石臼窠一作突窠,葉瓊、葉輝之秀皮林,葉師復、師貺之虎巖,葉椿之無雙巖芽,葉懋之老窠園,名擅其門[63],未嘗混淆,不可概舉。前後爭鬻[64],互爲剥竊,參錯無據。曾不思[65]茶之美惡,在於製造之工拙而已,豈岡地之虛名所能增減哉。焙人之茶,固有前優而後劣者,昔負而今勝者,是亦園地之不常也。

外焙

世稱外焙之茶,臠[36]小而色駁,體好而味澹,方之正焙,昭然可別。近之好事者,篋笥之中,往往半之蓄外焙之品。蓋外焙之家,久而益工製造之妙,咸取則[66]於壑源,傚像規模,摹外[67]爲正。殊不知其[68]臠雖等而蔑風骨,色澤雖潤而無藏蓄,體雖實而膏理乏縝密之文,味雖重而澀滯乏馨香之美,何所逃乎外焙哉? 雖然,有外焙者,有淺焙者。蓋淺焙之茶,去壑源爲未遠,制之能工,則色亦瑩白,擊拂有度,則體亦立湯,〔惟〕[69]甘重香滑之味稍[70]遠於正焙耳。至於外焙,則迥然可辨。其有甚者,又至於采柿葉桴欖之萌,相雜而造,味雖與茶相類,點時隱隱有[71]輕絮泛然,茶面粟文不生,乃其驗也。桑苧翁[37]曰:"雜以卉莽,飲之成病。"可不細鑑而熟辨之?

注　釋

1　倒生:草木的根株由下而上長枝葉,故稱草木爲倒生。

2　枲(xǐ):指麻。

3　甌:指浙江東部地區。　閩:指福建。

4　建溪:閩江北源,在福建省北部。其主要流域爲宋代建州轄境,故此處建溪指稱建州。

5　密勿:勤勉努力。《漢書・楚元王傳》:"故其詩曰:'密勿從事,不敢告勞。'"注:"密勿猶黽勉從事。"

6　韋布:韋帶布衣,貧賤者所服,用以指稱貧賤者。

7　汙隆:高下,指時世風俗的盛衰。《文選・廣絶交論》:"龍驤蠖屈,從道汙隆。”

8 累洽：謂太平相承。《文選·兩都賦》：“至於永平之際，重熙而累洽。”

9 人恬物熙：與上文“人懷勞悴”相對當是“人物恬熙”的互文，意爲人人安樂。

10 厭飫：飲食飽足，杜牧《杜秋娘詩》：“歸來煮豹胎，厭飫不能飴。”

11 碎玉鏘金：用金屬製的茶碾碾圓玉狀的餅茶。

12 否：通“鄙”，質樸。

13 暘（yáng）：日出。　鬱燠：鬱與燠二字相通，温暖。《文選·廣絶交論》：“敘温鬱則寒谷成暄，論嚴苦則春叢零葉。”注：“鬱與燠，古字通也。”

14 芽奮甲暴：與宛委及集成本的“芽甲奮暴”，意皆爲茶芽迅猛生長。

15 壓黄：指對已經過蒸造的茶芽進行壓榨，擠出其中的膏汁。

16 味漓：味薄。

17 膏：指茶的汁液。

18 文理：茶餅表面的紋路。

19 其膚蹙以文：茶餅表面蹙縐成紋。

20 敷闡：舒展顯明。

21 正焙：指專門生産貢茶的官茶園，一般指北苑龍焙。

22 胯：古人腰帶上的飾物，宋代用來指稱片茶、餅茶，又稱“銙”。

23 淺焙：據本書後面的文字，意爲最接近北苑正焙的外焙茶園。

24 戛：狀聲詞。形容金石之類相叩擊的響聲。

25 不厭數：不怕多羅篩幾次。數：屢次，多次。

26 玉毫：宋人茶盞以兔毫盞爲上，深色的盞面有淺色的兔毫狀的細紋。玉毫是對兔毫的美稱。

27 筅：茶筅，點茶用具，一般用竹子製作。

28 中泠：江蘇鎮江金山南面的中泠泉。　惠山：江蘇無錫惠山第一峰白石塢中的泉水。此二泉水在張又新《煎茶水記》中由劉伯芻評爲天下第一、第二水。

29 魚目、蟹眼：水煮開時表面翻滚起像魚目、蟹眼一般大小的氣泡。陸羽《茶經》以"其沸如魚目"者爲一沸之水。

30 粟文：粟粒狀花紋。 蟹眼：此處指茶湯表面像蟹眼般大小的顆粒狀花紋。

31 故：久。

32 水脚：指點茶激發起的沫餑消失後在茶盞壁上留下的水痕。

33 浚：深。 靄：雲氣。

34 《桐君録》：陸羽《茶經·七之事》曾引録。

35 龍麝：即龍涎腦和麝香，是宋代最常用的兩種香料。

36 臠：原指切成小片的肉，這裏借指製成餅茶的團胯。

37 桑苧翁：即陸羽，此出陸羽《茶經·一之源》。

校 記

① "序"題，底本、宛委本均無，今據集成本增之。

② 舒迫：底本爲"遑遽"。按，舒迫與下文"興廢"對稱而言，遑遽意爲匆忙不安，單義，無法與興廢對舉，所以當用"舒迫"爲妥。

③ 本句前宛委本、集成本多一"而"字。

④ 雅尚相推：底本作"高雅相"，今據宛委本改。

⑤ 因而：宛委本、集成本作"固久"。

⑥ 篋笥：宛委本、集成本作"筐篋"。

⑦ 否：宛委本、集成本作"下"。

⑧ 得：底本無，今據宛委本及集成本補。

⑨ 人：宛委本、集成本作"後人"。

⑩ 列：集成本作"别"。

⑪ 石：底本作"茶"。相對後文"土之性敷"，當是對舉用法，以"石"爲是。今據宛委本改。

⑫ 以：底本作"而"。按此節以下行文皆以"以"字連接，因據宛委本、集成本改。

⑬ 陰：底本作“木”，集成本作“陰蔭”。按，此處當和前文“陽”對舉，當以“陰”爲是。

⑭ 圃：底本似作“國”，因復印本模糊不清，今據宛委本改。

⑮ 芽奮甲暴：宛委本、集成本作“芽甲奮暴”。

⑯ 槁：宛委本、集成本作“稿”。

⑰ 漬：集成本作“積”。

⑱ 茶：宛委本、集成本無。

⑲ 蒂：底本、宛委本、集成本皆作“帶”，徑改。以下一“蒂”字同，不復出校。

⑳ 少：底本無，據宛委本、集成本補。

㉑ 底本於“茶”字後多一“暮”字，當爲衍文。

㉒ 難以：底本作“雖”，當誤，今據宛委本改。

㉓ 然：宛委本、集成本作“結”。

㉔ 鏗：底本作“鑑”，當誤。

㉕ 鑑賞：底本作“僞”。

㉖ 蓋：底本、宛委本、集成本皆作“雖”，於行文不通，當作“蓋”。

㉗ 生者：底本無此二字，據宛委本、集成本補。

㉘ 運：底本作“過”，當誤，據宛委本、集成本改。

㉙ 與：底本作“爲”，據宛委本、集成本改。

㉚ 速：底本作“遠”，據宛委本、集成本改。

㉛ 平：底本作“手”，據宛委本、集成本改。

㉜ 宛委本、集成本於“茶”字後多一“之”字。

㉝ 直：宛委本、集成本作“宜”。

㉞ 之狀：底本脱漏此二字，今據宛委本補。

㉟ 蓋身厚重……筅疏勁如劍脊：底本脱漏此三句二十字，據宛委本、集成本補。

㊱ 制：底本作“製”，據宛委本、集成本改。

㊲ 給：底本作“製”，據宛委本、集成本改。

㊳ 欲：宛委本、集成本作“差”。

㊴ 第：宛委本、集成本作“品”。

㊵ 泠：底本作“濡”，顯誤，據宛委本、集成本改。

㊶ 增：底本作“傷”，據宛委本改。

㊷ 侵：底本作“浸”，據宛委本、集成本改。

㊸ 旋：底本作“簇”，據宛委本、集成本改。

㊹ 面：宛委本、集成本作“之”。

㊺ 寡：宛委本、集成本作“寘”。

㊻ 旋復：底本無此二字，據宛委本、集成本補。

㊼ 稍：底本作“梢”，據宛委本、集成本改。

㊽ 真精：宛委本、集成本作“清真”。

㊾ 然：宛委本、集成本作“發”。

㊿ 輕雲：宛委本、集成本作“雲霧”。

(51) 盈：宛委本、集成本作“匀”。

(52) 已：底本作“各”，據宛委本、集成本改。

(53) “結浚靄，結凝雪，茶色盡矣”句，底本作“然後結靄凝雪，香氣盡矣”。按前有句言“茶之色十已得之六七”，且此句言靄言雪皆論茶色，故據宛委本、集成本改。

(54) 然：宛委本、集成本作“結”。

(55) 骨：底本作“膏”，據宛委本、集成本改。

(56) 木：底本作“本”，因此處與下文“葉”字對言，故據宛委本、集成本改。

(57) 底本於此多一“鏁”字，含義殊不可解，今據宛委本、集成本删除。

(58) 和：底本作“知”，據宛委本、集成本改。

(59) 良久即置焙簍上：底本爲“良久卻置焙土上”，不甚可解，據宛委本、集成本改。

(60) 之：宛委本、集成本無。

(61) 挼：底本爲“援”，不妥，今據宛委本、集成本改。

(62) 餘：宛委本、集成本爲“濕”。

(63) 名擅其門：宛委本、集成本爲“各擅其美”。

(64) 前後爭鬻：宛委本、集成本作“後相爭相鬻”。

(65) 曾不思：宛委本、集成本作“不知”。

(66) 則：底本作“之”，據宛委本、集成本改。

(67) 外：底本作“主”，據宛委本、集成本改。

(68) 其：底本作“至”，據宛委本、集成本改。

(69) 惟：底本無，據宛委本、集成本補。

(70) 稍：底本作“不”，據宛委本、集成本改。

(71) 有：宛委本、集成本作“如”。

茶録

◇宋　曾慥　輯

曾慥(1091—1155),字端伯,號至游居士。福建晋江人,北宋名臣曾公亮(999—1078)五世孫。靖康(1126—1127)世變之際,曾慥妻父投靠金人,因此受到牽連,在南宋朝廷遭到免官,遂杜門著書。他博覽漢晋以來百家小説,於紹興六年(1136)編成《類説》五十卷。

本篇由《類説》中輯出。原題《茶録》,未署作者,當爲曾慥就所見資料編輯而成。後來《記纂淵海》引録,將出處注爲"蔡君謨《茶録》",實誤。近來出版的《類説校注》(福州:福建人民出版社,1996年)亦以訛傳訛,將《類説》中的《茶録》誤爲蔡襄《茶録》。其實,蔡襄《茶録》有治平元年(1064)手書刻石傳本,首尾俱全,與《類説》中的《茶録》不同。

本書以明天啟六年(1626)山陰岳鍾秀《類説》重刊本(改爲六十卷)作底本,参校文淵閣四庫全書本,并参考輯文原書。

雲腳乳面　候湯　茗戰　火前火後[1]　報春鳥　蟾背蝦目　文火　苦茶　秘水　茶詩

雲腳乳面

凡茶少湯多,則雲腳散[2];湯少茶多,則乳面聚[3]。

候湯

《茶經》:"一曰茶,二曰檟,三曰蔎,四曰茗,五曰荈。"郭璞云:"早取爲茶,晚取爲荈。"又候湯有三:沸如魚目,微有聲爲一沸;四邊如湧泉連珠,爲二沸;騰波鼓浪,爲三沸;湯老矣①。

茗戰

建人[4]謂②鬥茶爲茗戰。

火前火後

蜀雅州[5]蒙頂上,有火前茶,謂禁火以前採者。後者曰火後茶。又有石花茶。

報春鳥

《顧渚山茶記》:“山中有鳥,每至正月二月,鳴云‘春起也’;至三四月云‘春去也’。”採茶者呼爲報春鳥。

蟾背蝦目

謝宗《論茶》云:“豈可爲酷蒼頭[6],便應代酒從事[7]。”又云:“候蟾背之芳香,觀蝦目之沸湧。細漚花泛,浮浡雲騰。昏俗塵勞,一啜而散。”

文火

顧況《論茶》云:“煎以文火細煙,小鼎長泉。”

苦茶

陶隱居[8]云:“苦茶換骨輕身,丹丘子、黃山③君服之仙去。”

秘水

唐秘書省中水最佳,名秘水。

茶詩

古人茶詩:“欲知花乳清冷味,須是眠雲臥石人。”[9]杜牧《茶詩》云:“山實東吳秀,茶稱瑞草魁。”劉禹錫《試茶》詩云:“何況蒙山顧渚春,白泥赤印走香塵。”

注釋

1 火前火後：火，指“禁火”，即舊時“寒食”節，有些地方“火前火後”，也即指“明前明後”之意。

2 雲脚散：古代點茶不當出現的現象。唐宋以前飲用的餅茶或團茶，先炙并碾磨成粉後，對於點茶，尤其宋代上層社會中，十分講究。如宋徽宗趙佶所寫的《大觀茶論》中，對於點茶如何調膏、用筅擊拂輕重、怎樣注湯、應有怎樣的茶面，都講述很細。綜合宋人點茶和茶面的一般看法，是要求甌底無沉澱，湯色白麗，茶面凝完膜，即由無數細泡組成的所謂“粥面”或“乳面”，以看不見“水痕”爲佳。古人認爲這是茶之“精華”。《大觀茶論》稱：“《桐君録》曰：‘茗有餑，飲之宜人’，雖多不爲過也。”如本文所説，如果“茶少湯多，則雲脚散”，便達不到上述的效果，不會形成茶面。

3 乳面聚：一作“粥面聚”。宋人飲用名貴餅茶，點後湯面要求形成一層膜狀的餑沫。但茶粉和開水的比例一定要恰當。水多茶少不行，同樣茶多湯少擊拂不宜，茶粉、茶餑擴散不開積聚一起，也不行。參見上注。

4 建人：此指宋建州建安郡或建寧府人。建，即建州，故治在今福建建甌。

5 雅州：古治在今四川雅安。

6 酪蒼頭：蒼頭，即以“青巾纏頭以異於衆”，戰國時有些國家的軍隊即頭裹青巾。此指“奴隸”。顔師古在注文中即稱：“漢名奴爲蒼頭。”“酪蒼頭”即“酪奴”。事出北魏楊衒之《洛陽伽藍記》：稱南齊朝臣王肅北投拓跋魏，“初不食羊肉及酪漿，常食鯽魚羹，渴飲茗汁”。後來肅漸漸習慣吃羊肉喝羊奶。一天，魏主問肅羊肉與魚、奶酪與茗相比如何？肅曰：“羊陸產之最，魚水族之長，羊比齊魯大國，魚比邾莒小國；惟茗飲不中與酪漿作奴。”

7 酒從事：此處“從事”和前文“蒼頭”相對應，即“隨從僕役”抑或“酒保”“酒家保”之意。

8 陶隱居：指陶弘景(456—536)，字通明，丹陽秣陵(今南京江寧)人，自號“華陽隱居”。

9 此所謂“古人茶詩”的詩句，疑曾慥從劉禹錫《西山蘭若試茶歌》“欲知藥乳清冷味，須是眠雲跂石人”，及《白孔六帖》“欲知花乳清涼味，須是眠雲臥石人”二句各取數字改組而成。

校　記

① 湯老矣：《茶經》“三沸”以後，爲“已上水老，不可食也”，此係慥據義縮改。

② 謂：底本作“爲”，據《記事珠》及四庫本改。

③ 丘子：原作“岳”。　山：原作“石”。

宣和北苑貢茶録

◇宋　熊蕃　撰
　　　熊克　增補
清　汪繼壕　按校

熊蕃,字叔茂,福建建陽人。北宋時期就建安北苑造團茶,至宋徽宗宣和年間,北苑貢茶盛極一時。熊蕃親見其盛况,遂寫此書。熊蕃子熊克,字子復,博聞強記,尤其熟悉宋朝典故,著述甚多,有《中興小記》四十卷,事迹見《宋史》卷四四五《文苑傳》。熊克於紹興二十八年(1158)攝事北苑,因其父所作貢茶録中,僅列貫茶名稱,不見形制,遂爲之繪圖,共附三十八圖。又將其父所作御苑采茶歌十首,一并附於篇末。

熊蕃寫作此書的時間,當爲宣和七年(1125),因書中提到宣和七年,又稱宋徽宗爲"今上",而徽宗在此年之後則禪位给欽宗。而熊克的增補,則明確説是紹興二十八年(1158)。

此書在《直齋書録解題》《宋史》《文獻通考》都有著録。今傳刊本有:(1)明喻政茶書本,(2)宛委山堂説郛本,(3)古今圖書集成本,(4)文淵閣四庫全書本,(5)讀畫齋叢書辛集(清人汪繼壕按校)本,(6)涵芬樓説郛本等。

以上版本大略有兩個系統:(1)(2)(3)(6)注很少,均無圖無熊蕃詩,但茶名下列有圈模質地與尺寸。四庫本(4)因據《永樂大典》精校,通篇有注有按,有圖有詩,却無尺寸。汪繼壕本(5)則合并諸本之長,再作按校互勘,最爲全帙精審。

本書以汪繼壕按校之讀畫齋叢書本爲底本,参校他本。文中"按"指文淵閣四庫全書本按語,"繼壕按"則爲汪繼壕按語。

陸羽《茶經》、裴汶《茶述》,皆不第建品。説者但謂二子未嘗至閩[①],

〔繼壕按〕《説郛》"閩"作"建"。曹學佺《輿地名勝志》:"甌寧縣雲際山在鐵獅山左,上有永慶寺,後有陸羽泉,相傳唐陸羽所鑿。宋楊億詩云'陸羽不到此,標名慕昔賢'是也。"而不知物之發也,固自有時。蓋昔者山川尚閟[1],靈芽未露。至於唐末,然後北苑出爲之最。〔繼壕按〕張舜民《畫墁録》云:"有唐茶品,以陽羡爲上供,建溪北苑未著也。貞元中,常衮爲建州刺史,始蒸焙而研之,謂研膏茶。"顧祖禹《方輿紀要》云:"鳳凰山之麓名北苑,廣二十里,舊經云,僞閩龍啟中,里人張廷暉以所居北苑地宜茶,獻之官,其地始著。"沈括《夢溪筆談》云:"建溪勝處曰郝源、曾坑,其間又岔根山頂二品尤勝,李氏時號爲北苑,置使領之。"姚寬《西溪叢語》云:"建州龍焙面北,謂之北苑。"《宋史・地理志》:"建安有北苑茶焙、龍焙。"宋子安《試茶録》云:"北苑西距建安之洄溪二十里,東至東宫百里。過洄溪,踰東宫,則僅能成餅耳。獨北苑連屬諸山者最勝。"蔡絛《鐵圍山叢談》云:"北苑龍焙者,在一山之中間,其周遭則諸葉地也,居是山號正焙。一出是山之外,則曰外焙。正焙、外焙,色香迥殊。此亦山秀地靈所鍾之有異色已。龍焙又號官焙。"是時,僞蜀詞臣毛文錫作《茶譜》,〔繼壕按〕吴任臣《十國春秋》:"毛文錫,字平珪,高陽人,唐進士,從蜀高祖,官文思殿大學士。拜司徒。貶茂州司馬。有《茶譜》一卷。"《説郛》作"王文錫",《文獻通考》作"燕文錫",《合璧事類》《山堂肆考》作"毛文勝";《天中記》"茶譜"作"茶品",並誤。亦第言建有紫筍,〔繼壕按〕樂史《太平寰宇記》云:"建州土貢茶,引《茶經》云:'建州方山之芽及紫筍,片大極硬,須湯浸之,方可碾,極治頭痛,江東老人多味之。'"②而臘面[2]乃産於福。五代之季,建屬南唐。南唐保大三年,俘王延政[3],而得其地。歲率諸縣民,採茶北苑,初造研膏[4],繼造臘面。丁晉公《茶録》[5]載:泉南老僧清錫,年八十四,嘗示以所得李國主[6]書寄研膏茶,隔兩歲方得臘面,此其實也。至景祐中,監察御史丘荷[7]撰《御泉亭記》,乃云,"唐季敕福建罷貢橄欖,但贄[8]臘面茶,即臘面産于建安明矣"。荷不知臘面之號始於福,其後建安始爲之。〔按〕唐《地理志》:福州貢茶及橄欖,建州惟貢綀練,未嘗貢茶。前所謂"罷貢橄欖,惟贄臘面茶",皆爲福也。慶曆初,林世程作《閩中記》,言福茶所産在閩縣十里。且言往時建茶未盛,本土有之,今則土人皆食建茶。世程之説,蓋得其實。而晉公所記,臘面起於南唐,乃建茶也。既又〔繼壕按〕原本"又"作"有",據《説郛》《天中記》《廣羣芳譜》改。製其佳者,號曰京鋌。其狀如貢神金、白金之鋌。聖朝開寶末,下有南唐。太平興國初,特置龍鳳模,遣使即北苑造團茶,以别庶飲,龍鳳茶蓋始於此。〔按〕《宋史・食貨志》載:"建寧臘茶,北苑爲第一,其最佳者曰社前,次曰火前,又曰雨前,所以供玉食,備賜予,太平興國始置。大觀以後,製愈精,數愈多,胯式屢變,而品不一。歲貢片茶二十一萬六千斤。"又《建安志》:"太平興國二年,始置龍焙,造龍鳳茶,漕臣柯適爲之記云。"又一種茶,叢生石崖,枝葉尤茂。至道初,有詔造之,别號石乳。〔繼壕按〕彭乘《墨客揮犀》云:"建安能仁院有茶生石縫間,寺僧采造,得茶八餅,號石巖白,當即此品。"《事文類聚續集》云:"至道間,仍添造石乳、臘面。"而此無臘面,稍異。又一種號的乳,〔按〕馬令《南唐書》:嗣主李璟"命建州茶製的乳茶,號曰京鋌。臘茶之貢自此始,罷貢陽羨茶。"〔繼壕按〕《南唐書》事在保大四年。又一種號白乳。蓋自龍鳳與京、〔繼壕按〕原本脱"京"字,據《説郛》補。石、的、白四種繼出,而臘面降爲下矣。楊文公億[9]《談苑》所記,龍茶以供乘輿及賜執政、親王、長主,其餘皇族、學士、將帥皆得鳳茶,舍人、近臣賜金鋌、的乳,而白乳賜館閣[10],惟臘面不在賜品。〔按〕《建安志》載《談苑》云:京鋌、的乳賜舍人、近臣,白乳、的乳賜館閣。疑京鋌誤金鋌,白乳下遺的乳。〔繼壕按〕《廣羣芳譜》引《談苑》與原注同。惟原注内"白茶賜館閣,惟臘面不在賜品"二句,作"館閣白乳"。龍鳳、石乳茶,皆太宗令罷。金鋌正作京鋌。王鞏《甲申雜記》云:"初貢團茶及白羊酒,惟見任兩府方賜之。仁宗朝及前宰臣,歲賜茶一斤、酒二壺,後以爲例。"《文獻通考》榷茶條云:"凡茶有二類,曰片曰散,其名有龍、鳳、石乳、的乳、白乳、頭金、臘面、頭骨、次骨、末骨、粗骨、山挺十二等,以充歲貢及邦國之用。"注云:"龍、鳳皆團片,石乳、頭乳皆狹片,名曰京的。乳亦有闊片者。乳以下皆闊片。"

蓋龍鳳等茶,皆太宗朝所製。至咸平初,丁晉公漕閩[11],始載之於《茶録》。人多言龍鳳團起於晉公,故張氏《畫墁録》云,晉公漕閩,始創爲龍鳳團。此説得於傳聞,非其實也。慶曆中,蔡君謨將漕[12],創造小龍團以進,被旨仍③歲貢之。君謨《北苑造茶詩》自序云:"其年改造上品龍茶二十八片,纔一斤,尤極精妙,被旨仍歲貢之。"歐陽文忠公[13]《歸田録》云:"茶之品莫貴於龍鳳,謂之小團,凡二十八片,重一斤,其價直金二兩。然金可有,而茶不可得,嘗南郊致齋[14],兩府共賜一餅,四人分之。宫人往往鏤金花其上,蓋貴重如此。"〔繼壕按〕石刻蔡君謨《北苑十詠・采茶詩》自序云:"其年改作新茶十斤,尤甚精好,被旨號爲上品龍茶,仍歲貢之。"又詩句注云:"龍鳳茶八片爲一斤,上品龍茶每斤二十八片。"《澠水燕談》作"上品龍茶一斤二十餅。"葉夢得《石林燕語》云:"故事,建州歲貢大龍鳳團茶各二斤,以八餅爲斤。仁宗時,蔡君謨知建州,始别擇茶之精者,爲小龍團十斤以獻,斤爲十餅。仁宗以非故事,命劾之,大臣爲請,因留免劾,然自是遂爲歲額。"王從謹《清虚雜著補闕》云:蔡君謨始作小團茶入貢,意以仁宗嗣未立,而悦上心也。又作曾坑小團,歲貢一斤,歐文忠所謂兩府共賜一餅者是也。吴曾《能改齋漫録》云:"小龍小鳳,初因君謨爲建漕造十斤獻之,朝廷以其額外,免勘。明年詔第一綱盡爲之。"自小團出,而龍鳳遂爲次矣。元豐間,有旨造密雲龍,其品又加於小團之上。昔人詩云:"小璧雲龍不入香,元豐龍焙乘詔作",蓋謂此也。〔按〕此乃山谷和楊王休點雲龍詩。〔繼壕按〕《山谷集・博士王揚休碾密雲龍同十三人飲之戲作》云:"矞雲[15]蒼璧小般龍,貢包新樣出元豐。王郎坦腹飯床東,太官分賜來婦翁。"又山谷《謝送碾賜壑源揀芽詩》云:"商雲從龍小蒼璧,元豐至今人未識。"俱與本注異。《石林燕語》云:"熙寧中,賈青爲轉運使,又取小團之精者爲密雲龍,以二十餅爲斤而雙袋,謂之雙角團茶,大小團袋皆用緋,通以爲賜也。密雲獨用黄,蓋專以奉玉食。其後又有爲瑞雲翔龍者。"周煇《清波雜志》云:"自熙寧後,始貴密雲龍,每歲頭綱修貢,奉宗廟及供玉食外,賚及臣下無幾。戚里貴近,丐賜尤繁。宣仁一日慨歎曰：令建州今後不得造密雲龍，受他人煎炒。不得，也出來道，我要密雲龍，不要團茶，揀好茶吃了，生得甚意智？此語既傳播于縉紳間，由是密雲龍之名益著。"是密雲龍實始于熙寧也。《畫墁録》亦云："熙寧末，神宗有旨，建州製密雲龍，其品又加於小團矣。然密雲龍之出，則二團少粗，以不能兩好也。"惟《清虚雜著補闕》云："元豐中，取揀芽不入香，作密雲龍茶，小於小團，而厚實過之。終元豐時，外臣未始識之。宣仁垂簾。始賜二府兩指許一小黄袋，其白如玉，上題曰揀芽，亦神宗所藏。"《鐵圍山叢談》云："神祖時，即龍焙又進密雲龍。密雲龍者，其雲紋細密，更精絶于小龍團也。"紹聖間，改爲瑞雲翔龍。〔繼壕按〕《清虚雜著補闕》："元祐末，福建轉運司又取北苑鎗旗，建人所作鬥茶者也，以爲瑞雲龍。請進，不納。紹聖初，方入貢，歲不過八團。其制與密雲龍等而差小也。"《鐵圍山叢談》云："哲宗朝，益復進瑞雲翔龍者，御府歲止得十二餅焉。"至大觀初，今上親製《茶論》二十篇，以白茶與常茶不同④，偶然生出，非人力可致，於是白茶遂爲第一。慶曆初，吴興[16]劉異爲《北苑拾遺》云：官園中有白茶五六株，而壅焙不甚至。茶户唯有王免者，家一巨株，向春常造浮屋以障風日。其後有宋子安者，作《東溪試茶録》，亦言"白茶民間大重，出于近歲。芽葉如紙，建人以爲茶瑞"。則知白茶可貴，自慶曆始，至大觀而盛也。〔繼壕按〕《蔡忠惠文集・茶記》云："王家白茶，聞於天下。其人名大詔。白茶惟一株，歲可作五七餅，如五株錢大。方其盛時，高視茶山，莫敢與之角。一餅直錢一千，非其親故，不可得也。終爲園家以計枯其株。予過建安，大詔垂涕爲予言其事。今年枯櫱輒生一枝，造成一餅，小於五銖。大詔越四千里，特攜以來京師見予，喜發顔面。予之好茶固深矣，而大詔不遠數千里之役，其勤如此，意謂非予莫之省也。可憐哉！己巳初月朔日書。"本注作"王免"，與此異。宋子安《試茶録》、晁公武《郡齋讀書志》作"朱子安"。既又製三色細芽⑤，〔繼壕按〕《説郛》《廣羣芳譜》俱作"細茶"。及試新銙、大觀二年，造御苑玉芽、萬壽龍芽。四年，又造無比壽芽及試新銙。〔按〕《宋史・食貨志》"銙"作"胯"。〔繼壕按〕《石林燕語》作"䩞"，《清波雜志》作"夸"。貢新銙。政和三年造貢新銙式，新貢皆創爲此，獻在歲額之外。自三色細芽出，而瑞雲翔龍顧居下矣。〔繼壕按〕《石林燕語》："宣和後，團茶不復貴，皆以爲賜，亦不復如向日之精。後取其精者爲䩞茶，歲賜者不同，不可勝紀矣。"《鐵圍山叢談》云："祐陵雅好尚，故大觀初，龍焙於歲貢色目外，乃進御苑玉芽、萬壽龍芽。政和間，且增以長壽玉圭。玉圭丸僅盈寸，大抵北苑絶品，曾不過是。歲但可十百餅。然名益新、品益出，而舊格遞降于凡劣爾。"

凡茶芽數品，最上曰小芽，如雀舌、鷹爪，以其勁直纖鋭⑥，故號芽茶。次曰揀芽⑦，〔繼壕按〕《説郛》《廣羣芳譜》俱作"揀芽"。乃一芽帶一葉者，號一鎗一旗。次曰中芽⑧，〔繼壕按〕《説郛》《廣羣芳譜》俱作"中芽"。乃一芽帶兩葉者，號一鎗兩旗。其帶三葉四葉，皆漸老矣。芽茶早春極少。景德中，建守周絳〔繼壕按〕《文獻通考》云："絳，祥符初，知建州。"《福建通志》作"天聖間任"。爲《補茶經》，言：

“芽茶只作早茶,馳奉萬乘嘗之可矣。如一鎗一旗,可謂奇茶也。”故一鎗一旗,號揀芽⑨,最爲挺⑩特光正。舒王[17]《送人官閩中詩》云:“新茗齋中試一旗”,謂揀芽也。或者乃謂茶芽未展爲鎗,已展爲旗,指舒王此詩爲誤,蓋不知有所謂⑪揀芽也。今上聖製《茶論》曰:“一旗一鎗爲揀芽。”又見王岐公珪[18]詩云:“北苑和香品最精,緑芽未雨帶旗新。”故相韓康公絳[19]詩云:“一鎗已笑將成葉,百草皆羞未敢花。”此皆詠揀芽,與舒王之意同。〔繼壕按〕王荆公追封舒王,此乃荆公送福建張比部詩中句也。《事文類聚續集》作“送元厚之詩”,誤。夫揀芽猶貴重⑫如此,而況芽茶以供天子之新嘗者乎!

芽茶絶矣,至於水芽,則曠古未之聞也。宣和庚子歲[20],漕臣鄭公可簡[21]〔按〕《潛確類書》作“鄭可聞”。〔繼壕按〕《福建通志》作“鄭可簡”,宣和間,任福建路轉運司(使)。《説郛》作“鄭可問”。始創爲銀線水芽。蓋將已揀熟芽再剔去,祇取其心一縷,用珍器貯清泉漬之,光明瑩潔,若銀線然。其⑬製方寸新銙,有小龍蜿蜒其上,號龍園⑭勝雪。〔按〕《建安志》云:“此茶蓋於白合中,取一嫩條如絲髮大者,用御泉水研造成。分試其色如乳,其味腴而美。”又“園”字,《潛確類書》作“團”。今仍從原本,而附識於此。〔繼壕按〕《説郛》《廣羣芳譜》“園”俱作“團”,下同。唯姚寬《西溪叢語》作“園”。又廢白、的、石三⑮乳,鼎造花銙二十餘色。初,貢茶皆入龍腦,蔡君謨《茶録》云:茶有真香,而入貢者微以龍腦和膏,欲助其香。至是慮奪真味,始不用焉。

蓋茶之妙,至勝雪極矣,故合爲首冠。然猶在白茶之次者,以白茶上之所好也。異時,郡人黄儒撰《品茶要録》,極稱當時靈芽之富,謂使陸羽數子見之,必爽然自失。蕃亦謂使黄君而閲今日,則前乎此者,未足詫焉。

然龍焙初興,貢數殊少,太平興國初纔貢五十片。〔繼壕按〕《能改齋漫録》云:“建茶務,仁宗初,歲造小龍、小鳳各三十斤,大龍、大鳳各三百斤,不入香京鋌共二百斤,臘茶一萬五千斤。”王存《元豐九域志》云:“建州土貢龍鳳茶八百二十斤。”累增至元符,以片⑯〔繼壕按〕《説郛》作“斤”。計者一萬八千,視初⑰已加數倍,而猶未盛。今則爲四萬七千一百片⑱〔繼壕按〕《説郛》作“斤”。有奇矣。此數皆見范逵所著《龍焙美成茶録》。逵,茶官也。〔繼壕按〕《説郛》作“范達”。

自白茶、勝雪以次,厥名實繁,今列于左,使好事者得以觀焉。

貢菊銙大觀二年造

試新銙政和二年造

白茶政和三年造⑲〔繼壕按〕《説郛》作“二年”。

龍園勝雪宣和二年造

御苑玉芽大觀二年造[20]

萬壽龍芽大觀二年造

上林第一宣和二年造

乙夜清供宣和二年造

承平[21]雅玩宣和二年造

龍鳳英華宣和二年造

玉除清賞宣和二年造

啟沃承恩宣和二年造

雪英宣和三年造[22]〔繼壕按〕《説郛》作"二年",《天中記》"雪"作"雲"。

雲葉宣和三年造[23]〔繼壕按〕《説郛》作"二年"。

蜀葵宣和三年造[24]〔繼壕按〕《説郛》作"二年"。

金錢宣和三年造

玉華宣和三年造[25]〔繼壕按〕《説郛》作"二年"。

寸金宣和三年造〔繼壕按〕《西溪叢語》作"千金",誤。

無比壽芽大觀四年造

萬春銀葉宣和二年造

玉葉長春[26]宣和四年造〔繼壕按〕《説郛》《廣羣芳譜》此條俱在無疆壽龍下。

宜年寶玉宣和二年造[27]〔繼壕按〕《説郛》作"三年"。

玉清慶雲宣和二年造

無疆壽龍宣和二年造

瑞雲翔龍紹聖二年造〔繼壕按〕《西溪叢語》及下圖目並作"瑞雪翔龍",當誤。

長壽玉圭政和二年造

興國巖銙

香口焙銙

上品揀芽紹聖二年造〔繼壕按〕《説郛》"紹聖"誤"紹興"。

新收揀芽

太平嘉瑞政和二年造

龍苑報春宣和四年造

南山應瑞宣和四年造〔繼壕按〕《天中記》“宣和”作“紹聖”。

興國巖揀芽

興國巖小龍

興國巖小鳳已上號細色

揀芽

小龍

小鳳

大龍

大鳳已上號粗色

又有瓊林毓粹[28]、浴雪呈祥、壑源拱[29]秀[30]、貢[31]篚推先、價倍南金、暘谷先春、壽巖都[32]〔繼壕按〕《説郛》《廣羣芳譜》作“卻”。勝、延平石乳[33]、清白可鑒、風韻甚高，凡十色，皆宣和二年所製，越五歲省去。

右歲分[34]十餘綱[22]。惟白茶與勝雪自驚蟄前興役，浹日[23]乃成。飛騎疾馳，不出中春[24]，已至京師，號爲頭綱。玉芽以下，即先後以次發。逮貢足時，夏過半矣。歐陽文忠〔公〕[35]詩曰：“建安三千五百里，京師三月嘗新茶”，蓋異時如此。〔繼壕按〕《鐵圍山叢談》云：“茶苗其芽，貴在社前，則已進御。自是迤邐宣和間，皆占冬至而嘗新茗，是率人力爲之，反不近自然矣。”以今較昔，又爲最早。

〔因〕[36]念草木之微，有瓌奇卓異[37]，亦必逢時而後出，而況爲士者哉？昔昌黎[25]先生感二鳥之蒙採擢，而自悼其不如，今蕃於是茶也，焉敢效昌黎之感賦，姑[38]務自警，而[39]堅其守，以待時而已。

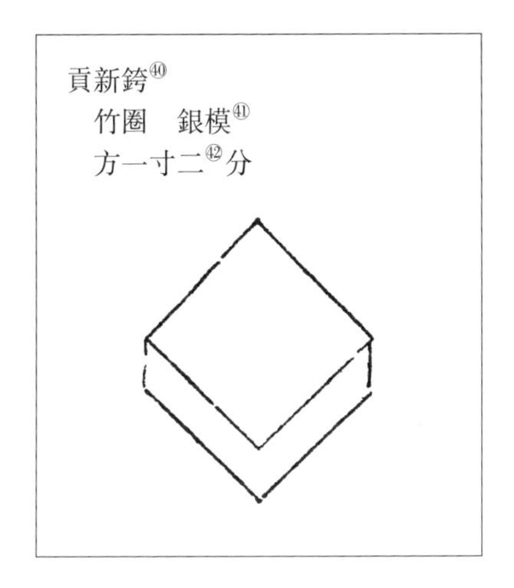

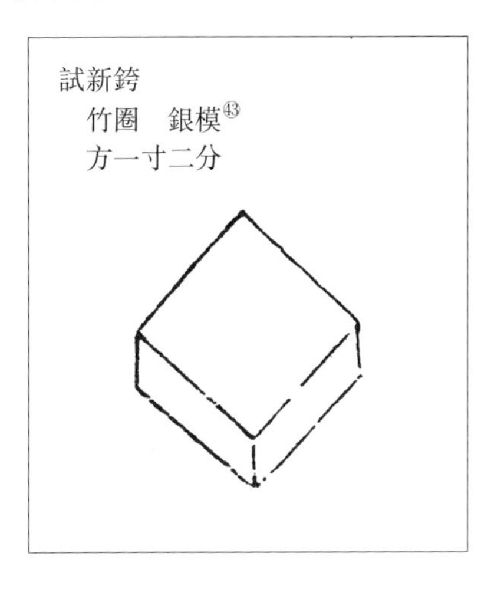

龍園勝雪
竹[44]圈　銀模
方[45]一寸二[46]分

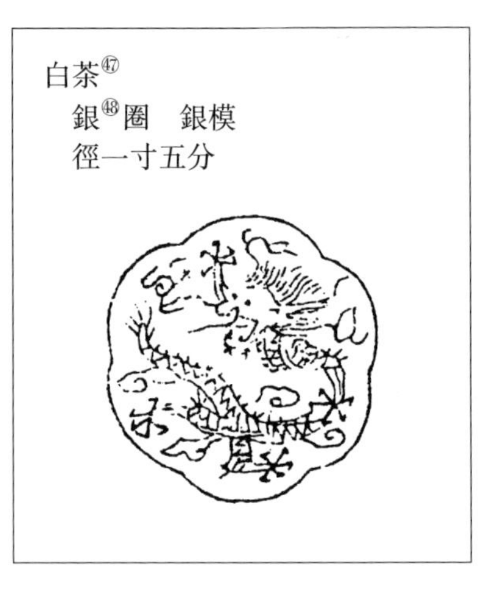
白茶[47]
銀[48]圈　銀模
徑一寸五分

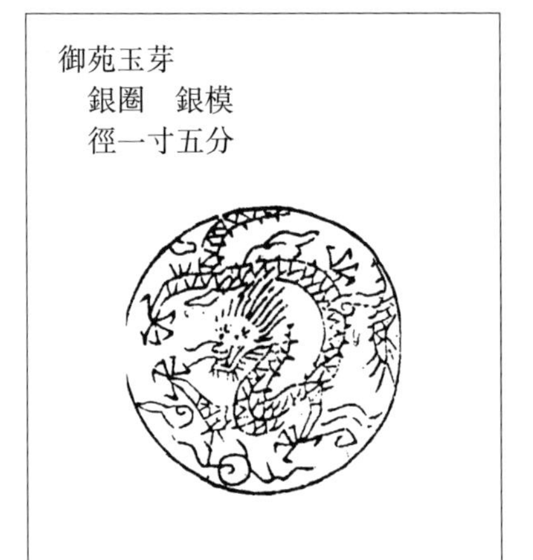
御苑玉芽
銀圈　銀模
徑一寸五分

萬壽龍芽
銀圈　銀模
徑一寸五分

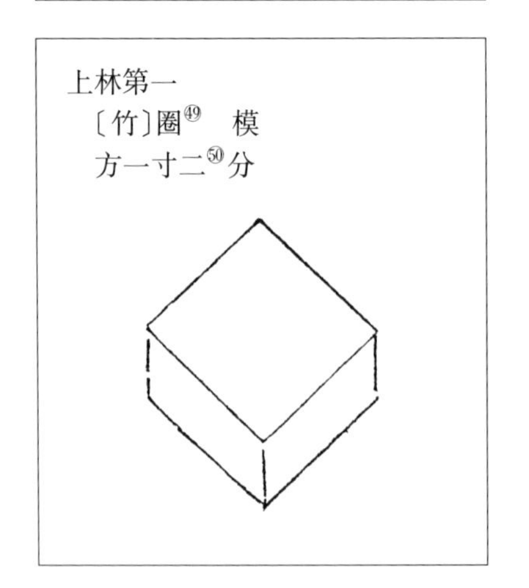
上林第一
〔竹〕圈[49]　模
方一寸二[50]分

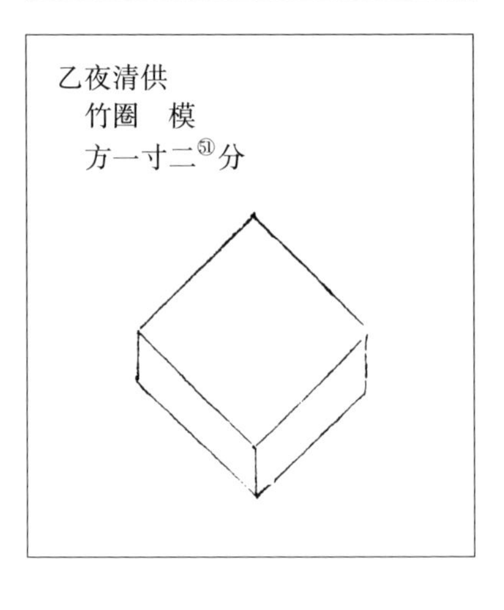
乙夜清供
竹圈　模
方一寸二[51]分

承平雅玩
竹圈　模
方一寸二[52]分

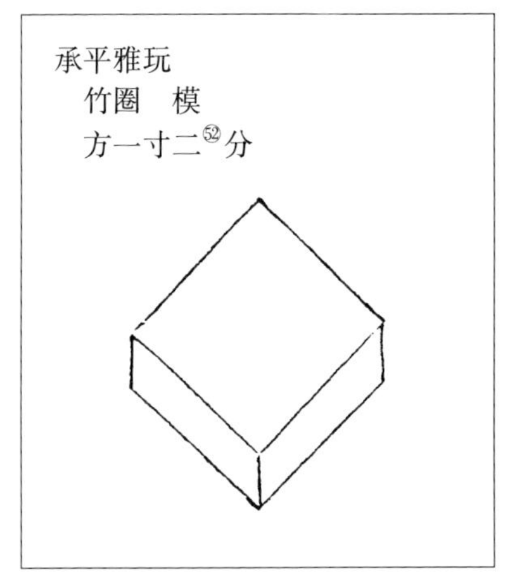

龍鳳英華
〔竹〕圈[53]　模
方一寸二分[54]

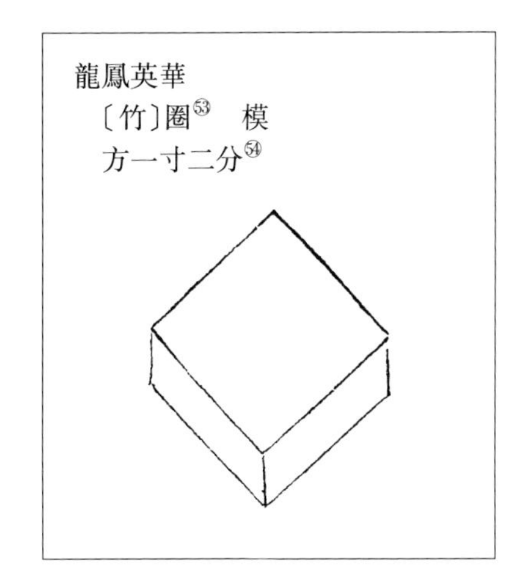

玉除清賞
〔竹〕圈[55]　模
〔方一寸二分〕[56]

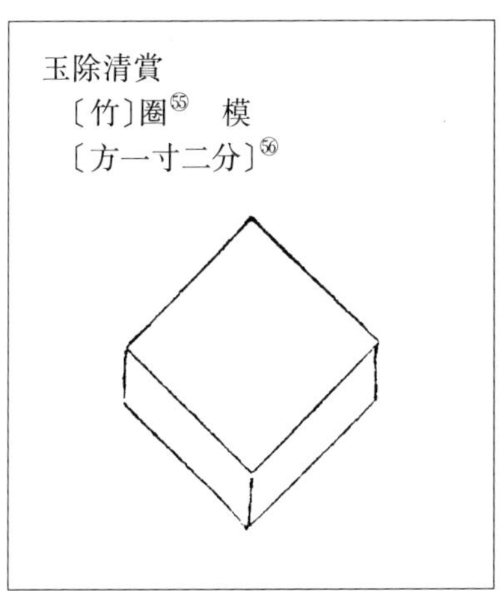

啟沃承恩[57]
竹圈　模
方一寸二[58]分

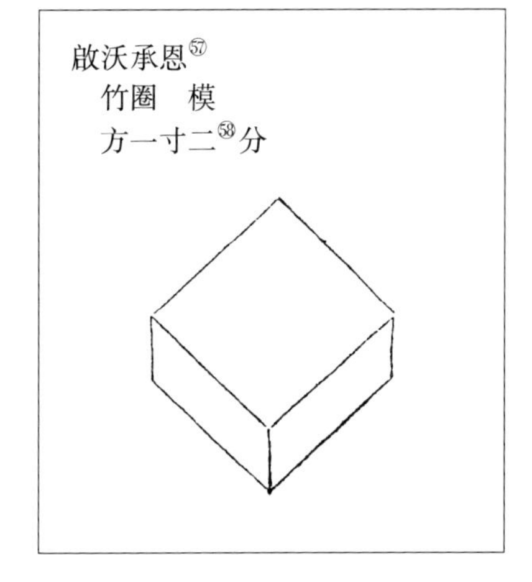

雪英
銀圈　銀模[59]
横長一寸五分

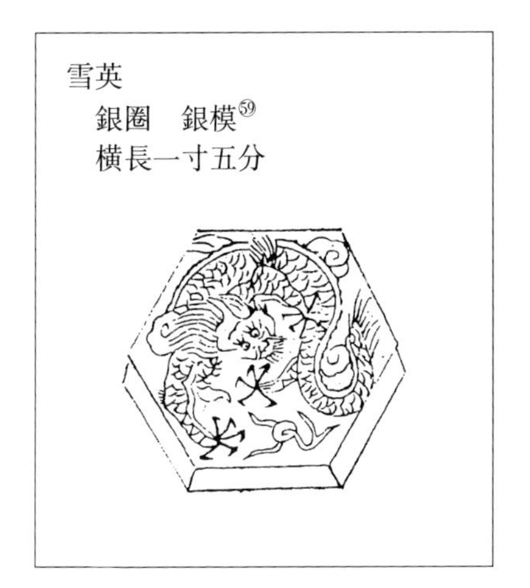

雲葉
銀模　銀圈[60]
横長一寸五分

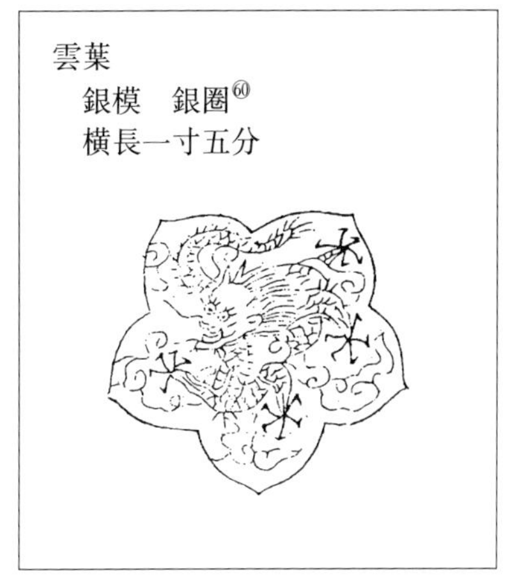

蜀葵
銀模　銀圈[61]
徑一寸五分

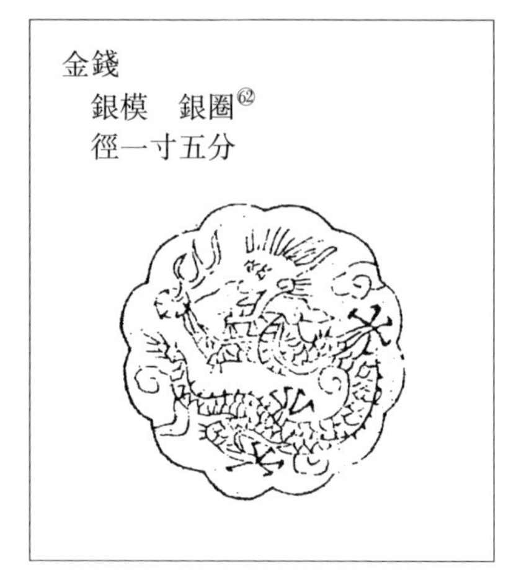
金錢
銀模　銀圈[62]
徑一寸五分

玉華
銀模　銀圈[63]
横長一寸五分

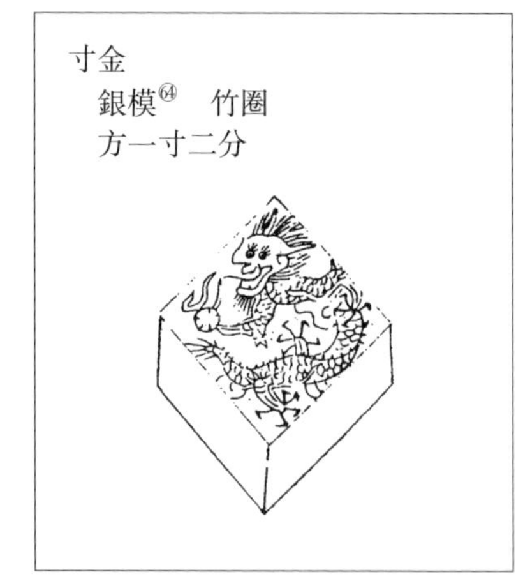
寸金
銀模[64]　竹圈
方一寸二分

無比壽芽
銀模　竹圈
方一寸二分[65]

萬春銀葉
銀模　銀圈[66]
兩尖徑二寸二分

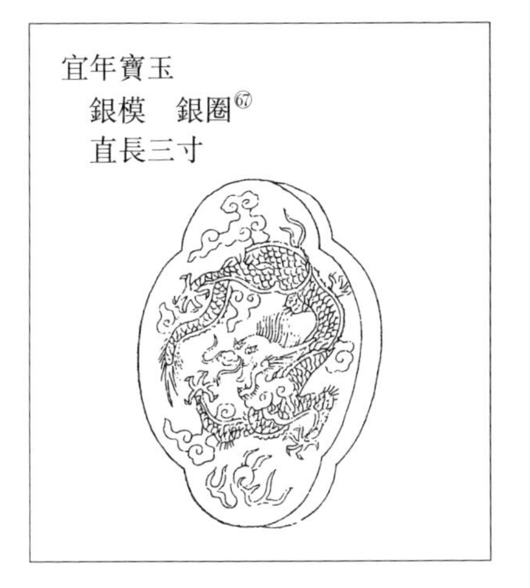
宜年寶玉
銀模　銀圈[67]
直長三寸

玉慶清雲
銀模　銀圈
方一寸八分

無疆壽龍
竹圈　銀模[68]
直長三寸六分[69]

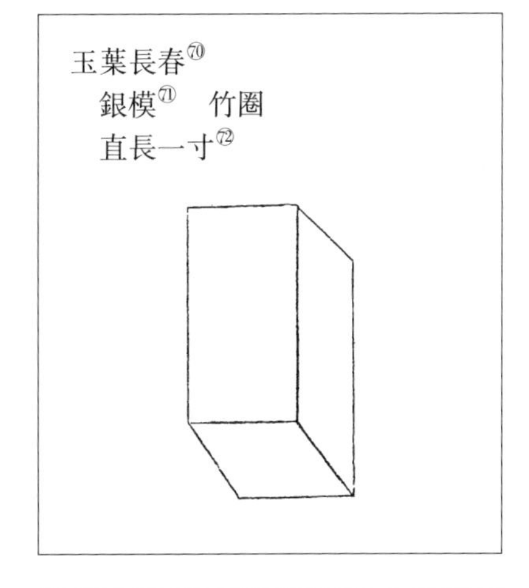
玉葉長春[70]
銀模[71]　竹圈
直長一寸[72]

瑞雲[73]翔龍
銀模　銅[74]圈
徑二[75]寸五分

長壽玉圭
銀模　銅圈[76]
直長三寸

興國巖銙
竹圈　模
方一寸二分

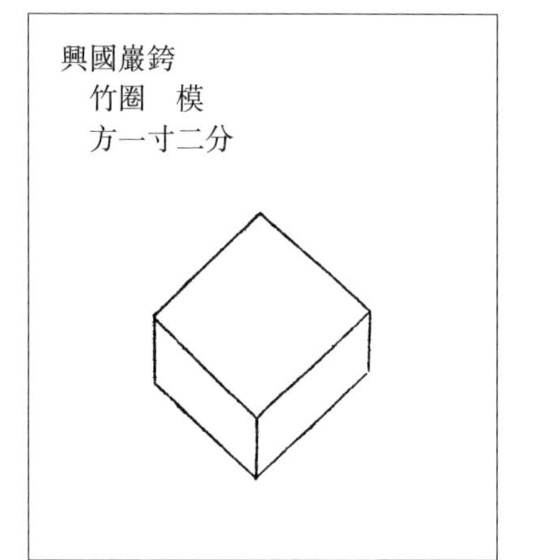

香口焙銙
竹圈　模
方一寸二分

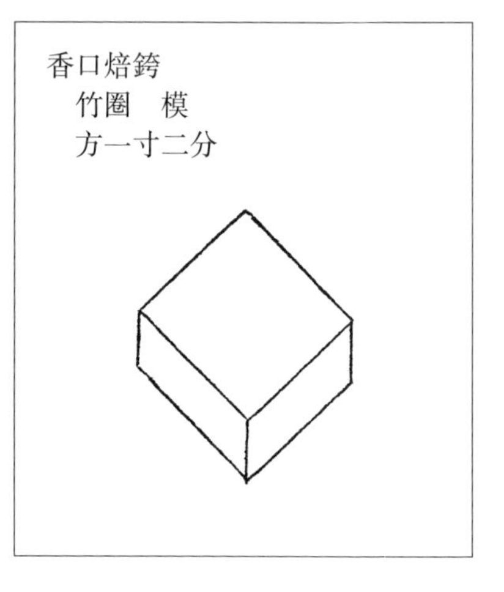

上品揀芽
銀模　銅[77]圈
〔徑二寸五分〕[78]〔繼壕按〕《説郛》此條脱分寸。

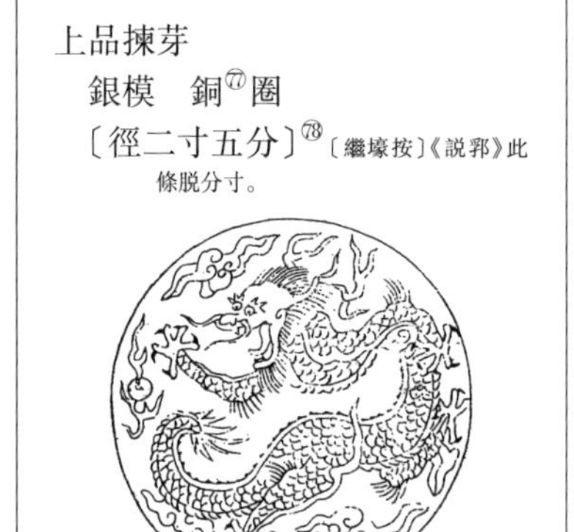

新收揀芽[79]
銀模[80]　銅[81]圈
〔徑二寸五分〕[82]〔繼壕按〕《説郛》此條脱分寸。

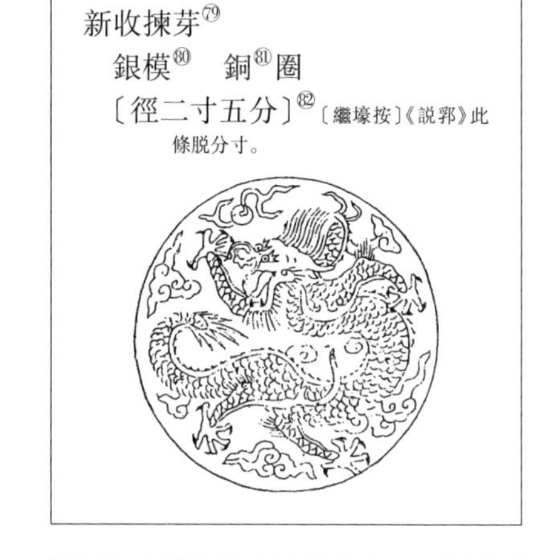

太平嘉瑞
銀模[83]　銅[84]圈
徑一寸五分

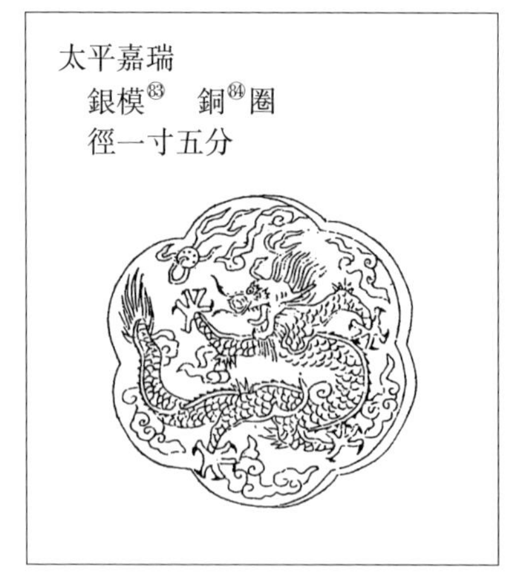

龍苑報春
銀模　銅圈[85]
徑一寸七分

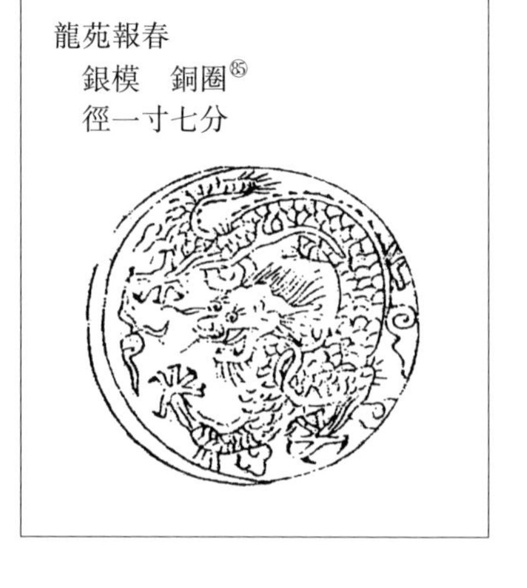

南山應瑞

銀模　銀圈[86]

方一寸八分

興國巖揀芽

銀圈　銀模[87]

徑三寸

小龍

銀圈　銀模[88]

〔徑四寸五分〕[89]〔繼壕按〕《説郛》此條脱分寸,以下即接小龍,注云上同,當同興國巖揀芽分寸也。此本下接大龍,與《説郛》次第異。

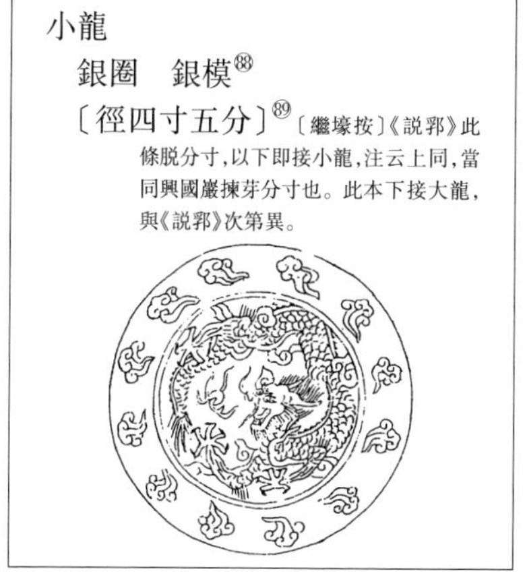

小鳳[90]

銀模　銅[91]圈

〔徑四寸五分〕[92]

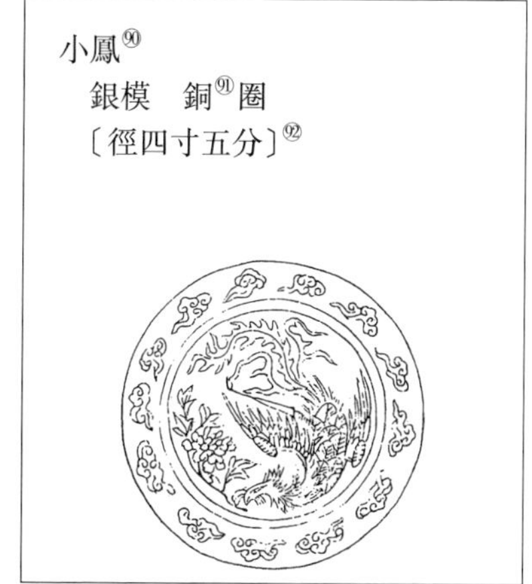

大龍

銀模　銅圈[93]

大鳳

銀模　銅圈[94]

御苑採茶歌十首(並序)[95]

先朝漕司[26]封修睦,自號退士,嘗作《御苑採茶歌》十首,傳在人口。今龍園所製,視昔尤盛,惜乎退士不見也。蕃謹撫[96]故事,亦賦十首,獻之漕使。仍用退士元[27]韻,以見仰慕前修之意。

雪腴貢使手親調,旋放春天採玉條。伐鼓危亭驚曉夢,嘯呼齊上苑東橋。

采采東方尚未明,玉芽同護見心誠。時歌一曲青山裏,便是春風陌上聲。

共抽靈草報天恩,貢令分明龍焙造茶依御廚法使指尊。邏卒日循雲塹繞,山靈亦守御園門。

紛綸争徑蹂新苔,回首龍園曉色開。一尉鳴鉦三令趨,急持煙籠下山來。採茶不許見日出

紅日新升氣轉和,翠籃相逐下層坡。茶官正要龍[97]芽潤,不管新來帶露多。採新芽不折水

翠虬新範絳紗籠,看罷人[98]生玉節風。葉氣雲蒸千嶂緑,歡聲雷震萬山紅。

鳳山日日滃非煙,賸得三春雨露天。棠坼淺紅酣一笑,柳垂淡緑困三眠。紅雲島上多海棠,兩堤宫[99]柳最盛。

龍焙夕薰凝紫霧,鳳池曉濯帶蒼煙。水芽只是[100]宣和有,一洗槍旗二百年。

修貢年年採萬株,只今勝雪與初殊。宣和殿裏春風好,喜動天顔是玉腴。

外臺慶曆有仙官,龍鳳纔聞制小團。〔按〕《建安志》:"慶曆間,蔡公端明爲漕使,始改造小團龍茶。"此詩蓋指此。争得似金模寸璧,春風第一薦宸餐。

〔**後序**〕[101]

先人作茶録,當貢品極盛之時,凡有四十餘色。紹興戊寅歲[28],克攝事北苑,閲近所貢[102]皆仍舊,其先後之序亦同,惟躋龍園勝雪於白茶之上,及無興國巖小龍、小鳳。蓋建炎南渡,有旨罷貢三之一而省去也。〔按〕《建安

志》載,靖康初,詔減歲貢三分之一。紹興間,復減大龍及京鋌之半。十六年,又去京鋌,改造大龍團。至三十二年,凡工用之費,篚羞之式,皆令漕臣耑之,且減其數。雖府貢龍鳳茶,亦附漕綱以進,與此小異。〔繼壕按〕《宋史·食貨志》:"歲貢片茶二十一萬六千斤。建炎以來。葉濃、楊勍等相因爲亂,圓丁散亡,遂罷之。紹興二年,蠲未起大龍鳳茶一千七百二十八斤。五年,復減大龍鳳及京鋌之半。"李心傳《建炎以來朝野雜記甲集》云:"建茶歲産九十五萬斤,其爲團胯者,號臘茶,久爲人所貴。舊制,歲貢片茶二十一萬六千斤。建炎二年,葉濃之亂,圓丁亡散,遂罷之。紹興四年,明堂,始命市五萬斤爲大禮賞。五年,都督府請如舊額發赴建康,召商人持往淮北。檢察福建財用章傑以片茶難市,請市末茶,許之。轉運司言其不經久,乃止。既而官給長引,許商販渡淮。十二年六月,興榷場,遂取臘茶爲場本。九月,禁私販,官盡榷之。上京之餘,許通商,官收息三倍。又詔,私載建茶入海者斬,此五年正月辛未詔旨,議者因請鬻建茶於臨安。十月,移茶事司於建州,專一買發。十三年閏月,以失陷引錢,復令通商。今上供龍鳳及京鋌茶,歲額視承平纔半。蓋高宗以賜賚既少,俱傷民力,故裁損其數云。"先人但著其名號,克今更寫其形制,庶覽之者無遺恨焉。先是,壬子[29]春,漕司再葺[103]茶政,越十三載,仍[104]復舊額。且用政和故事,補種茶二萬株。次[105]年益虔貢職,遂有創增之目。仍改京鋌爲大龍團,由是大龍多於大鳳之數。凡此皆近事,或者猶未之知也。先人又嘗作貢茶歌十首,讀之可想見異時之事,故併取以附於末。[106]三月初吉[30],男克北苑寓舍書。

北苑貢茶最盛,然前輩所録,止於慶曆以上。自元豐之密雲龍、紹聖之瑞雲龍相繼挺出[107],制精於舊,而未有好事者記焉,但見於詩人句中。及大觀以來,增創新銙,亦猶用揀芽。蓋水芽至宣和始有[108],故龍園勝雪與白茶角立,歲充首貢。復自御苑玉芽以下,厥名實繁。先子[31]親見時事,悉能記之,成編具存。今閩中漕臺[32]新刊《茶録》,未備此書。庶幾補其闕云。

淳熙九年冬十二月四日[33],朝散郎、行秘書郎、兼國史編修官、學士院權直熊克謹記。

附録一:〔明〕徐𤇣跋

熊蕃,字叔茂,建陽人,唐建州刺史愽九世孫。善屬文,長於吟詠,不復應舉。築堂名獨善,號獨善先生。嘗著茶録,釐别品第高下,最爲精當。又有製茶十詠及文稿三卷行世。

徐𤇣書

附録二：汪繼壕後記

熊蕃《北苑貢茶録》、趙汝礪《北苑别録》，陶宗儀《説郛》曾載之，而於别録題曰“宋無名氏”。前家君從閔漁仲太史處得四庫寫本《貢茶録》，則有圖有注，《别録》則有汝礪後序，遠勝陶本。然《説郛》於《貢茶録》雖僅存圖目，而諸目之下皆注分寸，又寫本所無。《别録》粗色第六綱内之大鳳茶小鳳茶二條，寫本亦失去。其餘字句異同，多可是正。因取二本互勘，更取他書之徵引二録，及記北苑可與二録相發明者，並注於下。

四庫舊有案語，續注皆稱名以别之。庶覽是書者得以正其訛謬云爾。

嘉慶庚申仲冬蕭山汪繼壕識於環碧山房

注　釋

1　閟（bì）：意爲關閉，封閉。

2　臘面：指蠟面茶，因爲點試時茶湯白如鎔蠟，故名。初創於五代末的福州地區，後專指建州地區的餅茶。宋時人又稱之爲臘茶。南宋程大昌（1123—1195）《演繁露續集》卷5有考辨曰：“建茶名臘茶，爲其乳泛湯面，與鎔蠟相似，故名蠟面茶也。楊文公《談苑》曰‘江左方有蠟面之號’是也。今人多書蠟爲臘，云取先春爲義，失其本矣。”

3　王延政：五代十國時期閩國人，閩王王曦弟。王曦爲政淫虐，延政爲建州刺史，數貽書諫之，曦怒，攻延政，爲所敗，延政乃以建州建國，稱殷，改元天德（943—945），立三年，爲南唐所攻，出降，國亡。遷金陵，封光山王，卒謚恭懿。傳載《新五代史》卷68。

4　研膏：研膏茶，指在蒸茶之後、造茶之前經過研膏工序的餅茶。即在茶芽蒸後入盆缶，加入清水，以木杵將之研細成膏，以便於入圈模造茶成形。

5　丁晉公《茶録》：丁晉公即丁謂，關於其所作茶書，諸書各有不同的記載，本書作《茶録》。

6　李國主：指南唐中宗（又稱中主）李璟（916—961），字伯玉，在位十九年。

7 丘荷:《福建通志·選舉》記天聖八年(1030)王拱辰榜有建安縣邱荷(清代避孔子諱,改丘爲邱),官至侍郎,不詳是否即是。

8 贄(zhì):不動貌,此處指留下。

9 楊文公億:即楊億(974—1020),字大年,北宋浦城人。太宗時賜進士第,真宗時兩爲翰林學士,官終工部侍郎。兼史館修撰。卒謚文。《宋史》卷305有傳。

10 館閣:宋初置昭文館、史館、集賢院,號稱三館,太宗太平興國二年(977)總爲崇文院。端拱元年(988)於崇文院中堂建秘閣,與三館合稱館閣。此處指任職館閣的官員。

11 漕閩:福建路轉運使。

12 蔡君謨將漕:指蔡襄任福建路轉運使。

13 歐陽文忠公:即歐陽修,文忠是其謚號。

14 南郊:南郊大禮,宋代的吉禮之一。在每年的冬至日,皇帝在位於南郊的圜丘祭天。 致齋:舉行祭祀或典禮以前清整身心的禮式,後來帝王在大祀如祭天地等禮時行致齋禮儀。

15 矞雲:彩雲,古代以爲瑞徵。

16 吴興:縣名,宋屬湖州(今浙江湖州)。

17 舒王:即王安石(1021—1086),字介甫,號半山,北宋臨川人。徽宗崇寧間追封舒王。

18 王岐公珪:王珪(1019—1085),字禹玉,北宋華陽人。封岐國公。

19 韓绛(1012—1088):字子華,韓億子,北宋開封雍丘人。

20 宣和庚子歲:即宣和二年(1120)。

21 鄭可簡:浙江衢州人,政和間任福建路判官,以新茶進獻蔡京,得官轉運副使,宣和間任轉運使,宣和七年(1125)五月知越州。史稱其"以貢茶進用"。

22 綱:成批運送貨物的組織。

23 浹日:古代以干支計日,稱自甲至癸一周十日爲"浹日"。《國語·楚語下》:"遠不過三月,近不過浹日。"韋昭注:"浹日,十日也。"

24　中春：意同仲春，即春季之中，農曆二月，爲春季的第二個月。

25　昌黎：即韓愈(768—824)，字退之，河南河陽(今河南孟縣南)人。自謂郡望昌黎，世稱韓昌黎。此言其所撰《感二鳥賦》。

26　漕司：轉運使司的省稱。

27　元：通"原"。

28　紹興戊寅歲：即紹興二十八年(1158)。

29　熊克增補寫於紹興二十八年，此前的壬子年爲紹興二年(1132)。

30　三月初吉：指三月初一日。初吉，朔日，即農曆初一日。

31　先子：或稱先君子，祖先，也指已亡故的父親。

32　漕臺：指稱轉運使，或轉運使司。

33　淳熙：南宋孝宗年號，共十六年(1174—1189)。九年爲1182年，但十二月四日在公元紀年中已跨年度，所以熊克增補此書時當1183年。

校　記

① 閩：宛委本、集成本作"建"。

② 此乃毛文錫《茶譜》中語。

③ 仍：喻政茶書本作"乃"。

④ 與常茶不同：喻政茶書本作"爲不可得"。

⑤ 芽：宛委本、集成本、説粹本作"茶"。

⑥ 鋭：宛委本、説粹本作"鋌"，集成本作"挺"。

⑦ 揀芽：底本、喻政茶書本、四庫本、涵芬樓本皆作"中芽"，後文有解釋何者爲揀芽："故一鎗一旗，號揀芽。"據宛委本、集成本改。

⑧ 中芽：底本、四庫本作"紫芽"。這裏茶芽大小品質，不當言以色，故據他本改爲。

⑨ 芽：只底本作"茶"，今據他本改。

⑩ 挺：喻政茶書本作"奇"。

⑪ 謂：底本作"爲"，今據他本改。

⑫ 貴重：涵芬樓本作"奇"，喻政茶書本、四庫本作"貴"。

⑬ 其：喻政茶書本、宛委本、集成本、涵芬樓本、説粹本作“以”。

⑭ 園：喻政茶書本、宛委本、集成本、涵芬樓本、説粹本皆作“團”，以下諸龍園勝雪之“園”字皆同，不復贅述。

⑮ 三：宛委本、集成本、説粹本無此字。

⑯ 片：宛委本、集成本、説粹本作“斤”。

⑰ 初：喻政茶書本作“昔”。

⑱ 片：宛委本、集成本作“斤”。

⑲ 三年：喻政茶書本、宛委本、涵芬樓本皆作“二年”。自此條開始，涵芬樓本於年份數後皆無“造”字，以下皆同，不復贅述。

⑳ 自此條開始，宛委本、説粹本於年份數後皆無“造”字，以下皆同，不復贅述。

㉑ 平：喻政茶書本作“芳”。

㉒ 三年：喻政茶書本、宛委本、集成本作“二年”。

㉓ 三年：宛委本、集成本作“二年”。

㉔ 三年：宛委本、集成本作“二年”。

㉕ 三年：宛委本、集成本作“二年”。

㉖ 喻政茶書本、宛委本、集成本、涵芬樓本此條皆在“無疆壽龍”條之後。

㉗ 二年：宛委本、集成本作“三年”。

㉘ 自瓊林毓粹至風韻甚高十種均爲茶名。

㉙ 拱：宛委本、集成本作“供”。

㉚ 秀：喻政茶書本、宛委本、集成本、説粹本作“季”。

㉛ 貢：宛委本、集成本、説粹本無，喻政茶書本作“貴”。

㉜ 都：喻政茶書本、宛委本、集成本作“卻”。

㉝ 石乳：涵芬樓本作“乳石”。

㉞ 分：喻政茶書本作“貢”。

㉟ 公：底本無，據他本補。

㊱ 因：底本、四庫本無，據他本增之。

㊲ 涵芬樓本於此多“之名”二字。

㊳ 姑：宛委本、集成本、説粹本作“始”。

㊴ 而：喻政茶書本作“惟”。

㊵ 喻政茶書本、宛委本、集成本、涵芬樓本、説粹本俱無圖，但有圈模質地及尺寸，四庫本有圖有圈模質地但無尺寸，底本有圖有圈模質地有尺寸。今以諸本參互校正。宛委山堂説郛、集成本、涵芬樓本、説粹本圈模尺寸相同者即標爲“同上”，今俱徑用其“同上”之具體文字及尺寸，則每條詳注時不再贅述。

㊶ 銀模：喻政茶書本、四庫本無。

㊷ 二：涵芬樓本作“三”。

㊸ 銀模：喻政茶書本、宛委本、集成本、四庫本、説粹本無。

㊹ 竹：喻政茶書本作“銀”。

㊺ 方：喻政茶書本作“徑”。

㊻ 二：喻政茶書本作“五”。

㊼ 喻政茶書本“白茶”的位次與“萬壽龍芽”互爲顛倒。

㊽ 銀：四庫本作“竹”。

㊾ 竹圈：底本只有“圈”字，據喻政茶書本補。

㊿ 二：涵芬樓本作“五”。

51 二：涵芬樓本作“五”。

52 二：涵芬樓本作“五”。

53 竹圈：底本只有“圈”字，據喻政茶書本補。

54 底本無尺寸，據喻政茶書本補。“二分”涵芬樓本作“五分”。

55 竹圈：底本只有“圈”字，今據喻政茶書本補。

56 底本無尺寸，據喻政茶書本補。“二分”涵芬樓本作“五分”。

57 四庫本無“銀模”。

58 二：涵芬樓本作“五”。

59 喻政茶書本無“銀圈”。宛委本、集成本、説粹本無圈、模。

60 涵芬樓本圈、模前後位置顛倒，喻政茶書本無“銀圈”。宛委本、集成本、説粹本無圈模。

61 喻政茶書本無“銀圈”。宛委本、集成本、説粹本無圈、模。

62 涵芬樓本圈、模前後位置顛倒，喻政茶書本、宛委本、集成本、説粹本無“銀圈”。

63 銀圈：喻政茶書本、宛委本、集成本、涵芬樓本、説粹本無。

64 銀模：喻政茶書本無。

65 喻政茶書本於此衍“横長一寸五分”諸字。

66 銀圈：喻政茶書本無。

67 宛委本、集成本、涵芬樓本、説粹本圈、模位次互爲顛倒。

68 除底本外其他刊本圈模位次皆前後顛倒。涵芬樓本“竹圈”爲“銀圈”。

69 尺寸：喻政茶書本作“三寸”；宛委本、涵芬樓本、集成本作“一寸”；此外，涵芬樓本還衍“徑二寸五分”諸字樣。

70 涵芬樓本本條位次與下文長壽玉圭互爲顛倒。

71 銀模：喻政茶書本、宛委山堂説郛、集成本、四庫本、涵芬樓本、説粹本無。

72 一寸：喻政茶書本、涵芬樓本作“一寸六分”，宛委山堂説郛、集成本作“三寸六分”。

73 雲：四庫本作“雪”。

74 銅：涵芬樓本作“銀”。

75 二：喻政茶書本、涵芬樓本作“一”。

76 銅圈：喻政茶書本、宛委本、集成本、四庫本、涵芬樓本、説粹本無。

77 銅：涵芬樓本作“銀”。

78 底本無尺寸，宛委本、集成本亦無尺寸，據喻政茶書本、涵芬樓本補。

79 喻政茶書本本條位次與下文龍苑報春互爲顛倒。

80 銀模：喻政茶書本、宛委本、集成本、涵芬樓本、説粹本無。

81 銅：宛委本、集成本、涵芬樓本作“銀”。

82 底本無尺寸，宛委本、集成本言尺寸“同上”，但上條并無尺寸；據喻政茶書本、涵芬樓本補。

83 銀模：喻政茶書本、宛委本、集成本、涵芬樓本、説粹本無。

84 銅：宛委本、集成本、涵芬樓本作“銀”。

85 喻政茶書本無“銀模”，“銅圈”喻政茶書本爲“銀圈”。宛委本、集成本、説粹本本條無圈、模。

(86) 喻政茶書本本條圈、模位次互爲顛倒。

(87) 四庫本本條圈、模位次互爲顛倒。喻政茶書本、宛委本、集成本、涵芬樓本、説粹本無"銀圈"。

(88) 四庫本本條圈、模位次互爲顛倒。銀圈:喻政茶書本、宛委本、集成本作"銅圈"。

(89) 底本無尺寸,其他刊本除喻政茶書本外亦皆無尺寸,喻政茶書本補。

(90) 底本、四庫本此條爲"大龍",而本文前叙製造年份時次序爲"小龍小鳳大龍大鳳",故據以改之。

(91) 銅:涵芬樓本作"銀"。

(92) 底本無尺寸,今據喻政茶書本補。宛委本、集成本亦無尺寸。涵芬樓本於圈模下寫"同上",但上條涵芬樓本并無尺寸。

(93) 底本、涵芬樓本無"銀模",四庫本圈、模位次互爲顛倒。

(94) 涵芬樓本於圈模下寫"同上",但上條涵芬樓本并無尺寸。

(95) 喻政茶書本、宛委山堂説郛、集成本、涵芬樓本、説粹本俱無"御苑采茶歌十首"目録及序并以下十首詩。

(96) 撫:四庫本作"摭"。

(97) 龍:四庫本作"靈"。

(98) 人:四庫本作"春"。

(99) 宫:四庫本作"官"。

(100) 是:四庫本作"自"。

(101) "後序"二字,底本及四庫本等諸本皆無,喻政茶書本於此稱以下熊克兩段文字爲"《宣和北苑貢茶録》後序",據此以補。

(102) 貢:宛委本、集成本、説粹本作"貴"。

(103) 葺:喻政茶書本作"緝",宛委本、集成本、説粹本作"攝"。

(104) 仍:喻政茶書本、宛委本、集成本、四庫本、涵芬樓本、説粹本作"乃"。

(105) 次:涵芬樓本作"比",宛委本、集成本、説粹本作"此"。

(106) "先人又嘗作貢茶歌十首,……故併取以附於末"句,喻政茶書本、宛委本、集成本、涵芬樓本、説粹本無,因這些刊本前面都未録存熊蕃詩。

⑩⑦ “自元豐……相繼挺出”諸字句，宛委本、集成本、説粹本作“自元豐後瑞龍相繼挺出”。

⑩⑧ 有：宛委本、集成本、説粹本作“名”。

北苑别録

◇宋　趙汝礪[①]　撰
　清　汪繼壕　按校

趙汝礪，據本篇後序，可知是南宋孝宗(趙昚，1127—1189，1162—1189在位)時人，曾做過福建轉運使主管帳司，其他情況不詳。《四庫全書總目提要》説："《宋史·宗室世系表》漢王房下，有漢東侯宗楷曾孫汝礪，意者即其人歟？"但商王房下左領衛將軍士赽曾孫也有名汝礪者，未知孰是。

《北苑别録》是補熊蕃《宣和北苑貢茶録》而作，趙汝礪後序題署淳熙十三年(1186)。據《文獻通考》，它在南宋末陳振孫《直齋書録解題》中，似乎還單獨著録爲一卷，但自明喻政《茶書》、陶宗儀《説郛》之後，諸書皆將其附收在《宣和北苑貢茶録》後。此次匯編，仍以之作爲獨立的一部書。

關於本篇作者，歷來有三種説法，一是文淵閣四庫全書本的趙汝礪，二是宛委山堂説郛本的宋無名氏，三是明喻政《茶書》本的熊克。四庫本有趙汝礪後序，故可肯定作者之名；其他版本系統缺後序，因此作者不明，以至誤猜。

《北苑别録》今傳刊本同《宣和北苑貢茶録》，以文淵閣四庫全書本系統爲優，有讀畫齋叢書辛集汪繼壕的按校本。本書以汪繼壕本爲底本，參校他本。

建安之東三十里，有山曰鳳凰，其下直[②]北苑，旁聯諸焙，厥土赤壤，厥茶惟上上。太平興國中，初爲御焙，歲模龍鳳，以羞貢篚[1]，益[③]表珍異。慶曆[④]中，漕臺[2]益重其事，品數日增，制度日精。厥今茶自北苑上者，獨冠天下，非人間所可得也。方其春蟲震蟄[3]，千夫[⑤]雷動，一時之盛，誠爲偉觀。

故建人謂至建安而不詣北苑，與不至者同。僕因攝事，遂得研究其始末。姑摭其大概，條爲十餘類，目曰《北苑别録》云。

御園

九窠十二隴按《建安志・茶隴註》云："九窠十二隴即土(山)之凹凸處，凹爲窠，凸爲隴。"〔繼壕按〕宋子安《試茶録》："自青山曲折而北，嶺勢屬貫魚凡十有二，又限曲如窠巢者九，其地利爲九窠十二隴。"

麥窠〔按〕宋子安《試茶録》作"麥園，言其土壤沃，並宜彝麥也"。與此作麥窠異。

壤園〔繼壕按〕《試茶録》"雞窠又南曰壤園、麥園"。

龍遊窠

小苦竹〔繼壕按〕《試茶録》作"小苦竹園，園在鼯鼠窠下"。

苦竹裏

雞藪窠〔按〕宋子安《試茶録》："小苦竹園又西至大園絶尾，疏竹蓊翳，多飛雉，故曰雞藪窠。"〔繼壕按〕《太平御覽》引《建安記》："雞巖隔澗西與武彝相對，半巖有雞窠四枚，石峭上，不可登履，時有峯雞百飛翔，雄者類鷓鴣。"《福建通志》云："崇安縣武彝山大小二藏峯，峯臨澄潭，其半爲雞窠巖，一名金雞洞。雞藪窠未知即在此否。"

苦竹〔繼壕按〕《試茶録》："自焙口達源頭五里，地遠而益高，以園多苦竹，故名曰苦竹，以遠居衆山之首，故曰園頭。"下苦竹源當即苦竹園頭。

苦竹源

鼯鼠窠〔按〕宋子安《試茶録》："直西定山之隈，土石迴向如窠，然泉流積陰之處多飛鼠，故曰鼯鼠窠。"

教煉壟〔繼壕按〕《試茶録》作教練壟："焙南直東，嶺極高峻，曰教練壟，東入張坑，南距苦竹。"《説郛》"煉"亦作"練"。

鳳凰山〔繼壕按〕《試茶録》："横坑又北出鳳皇(凰)山，其勢中跱，如鳳之首，兩山相向，如鳳之翼，因取象焉。"曹學佺《輿地名勝志》："甌寧縣鳳皇(凰)山，其上有鳳皇(凰)泉，一名龍焙泉，又名御泉。宋以來，上供茶取此水濯之。其麓即北苑，蘇東坡序略云：北苑龍焙，山如翔鳳下飲之狀，山最高處有乘風堂，堂側豎石碣，字大尺許。"宋慶曆中，柯適記御茶泉深僅二尺許，下有暗渠，與山下溪合，泉從渠出，日夜不竭。又龍山與鳳皇(凰)山對峙，宋咸平間，丁謂於茶堂之前，引二泉爲龍鳳池，其中爲紅雲島，四面植海棠，池旁植柳。旭日始升時，晴光掩映，如紅雲浮於其上。《方輿紀要》："鳳皇(凰)山一名茶山，又壑源山在鳳皇(凰)山南，山之茶爲外焙綱，俗名捍火山，又名望州山。"《福建通志》："鳳皇（凰）山今在建安縣吉苑里。"

大小焺〔繼壕按〕《説郛》"焺"作"焊"，《試茶録》"壑源"條云："建安郡東望北苑之南山，叢然而秀，高峙數百丈，如郛郭焉。"注云："民間所謂捍火山也。""焊"，疑當作"捍"。

横坑〔繼壕按〕《試茶録》："教練壟帶北岡勢横直，故曰坑。"

猿遊隴〔按〕宋子安《試茶録》："鳳皇（凰）山東南至於袁雲隴，又南至於張坑，言昔有袁氏、張氏居於此，因名其地焉。"與此作猿遊隴異。

張坑〔繼壕按〕《試茶録》："張坑又南，最高處曰張坑頭。"

帶園〔繼壕按〕《試茶録》："焙東之山，縈紆如帶，故曰帶園，其中曰中歷坑。"

焙東

中歷[⑥]〔按〕宋子安《試茶録》作"中歷坑"。

東際〔繼壕按〕《試茶録》："袁雲壟之北，絶嶺之表曰西際，其東爲東際。"

西際

官平〔繼壕按〕《試茶録》："袁雲隴之北，平下，故曰平園。"當即官平。

上下官坑〔繼壕按〕《試茶録》："曾坑又北曰官坑，上園下坑，慶曆中始入北苑。"《説郛》在"石碎窠"下。

石碎窠〔繼壕按〕徽宗《大觀茶論》作"碎石窠"。

虎膝[⑦]窠

樓隴

蕉窠

新園

夫[⑧]樓基〔按〕《建安志》作"大樓基"。〔繼壕按〕《説郛》作"天樓基"。

阮[⑨]坑

曾坑〔繼壕按〕《試茶録》云："又有蘇口焙，與北苑不相屬，昔有蘇氏居之，其園别爲四，其最高處曰曾坑，歲貢有曾坑上品一斤。曾坑山土淺薄，苗發多紫，復不肥乳。氣味殊薄，今歲貢以苦竹園充之。"葉夢得《避暑録話》云："北苑茶，正所産爲曾坑，謂之正焙，非曾坑，爲沙溪，謂之外焙。二地相去不遠，而茶種懸絶。沙溪色白過於曾坑，但味短而微澀，識茶者一啜，如别涇渭也。"

黄際〔繼壕按〕《試茶録》"壑源"條："道南山而東曰穿欄焙，又東曰黄際。"

馬鞍山〔繼壕按〕《試茶録》："帶園東又曰馬鞍山。"《福建通志》："建寧府建安縣有馬鞍山，在郡東北三里許，一名瑞峯，左爲雞籠山。"當即此山。

林園〔繼壕按〕《試茶録》："北苑焙絶東曰林園。"

和尚園

黄淡窠〔繼壕按〕《試茶録》:"馬鞍山又東曰黄淡窠,謂山多黄淡也。"

吴彦山

羅漢山

水[10]桑窠

師姑[11]園〔繼壕按〕《説郛》:"在銅場下。"

銅場〔繼壕按〕《福建通志》:"鳳皇(凰)山在東者曰銅場峯。"

靈滋

范[12]馬園

高畬

大窠頭〔繼壕按〕《試茶録》"壑源"條:"坑頭至大窠爲正壑嶺。"

小山

右四十六所,廣[13]袤三十餘里,自官平而上爲内園,官坑而下爲外園。方春靈芽莩拆[4][14],〔繼壕按〕《説郛》作"萌拆"。常[15]先民焙十餘日,如九窠十二隴、龍遊窠、小苦竹、張坑、西際,又爲禁園之先也。

開焙

驚蟄節,萬物始萌,每歲常以前三日開焙,遇閏則反[16]之,〔繼壕按〕《説郛》"反"作"後"以其氣候少[17]遲故也。〔按〕《建安志》:"候當驚蟄,萬物始萌,漕司常前三日開焙,令春夫喊山以助和氣,遇閏則後二日。"〔繼壕按〕《試茶録》:"建溪茶比他郡最先,北苑壑源者尤早。歲多暖,則先驚蟄十日即芽;歲多寒,則後驚蟄五日始發。先芽者,氣味俱不佳,唯過驚蟄者最爲第一,民間常以驚蟄爲候。"

採茶

採茶之法,須是侵晨,不可見日。侵晨則夜露未晞,茶芽肥潤,見日則爲陽氣所薄,使芽之膏腴内耗,至受水而不鮮明。故每日常以五更撾鼓,集羣夫[18]於[19]鳳皇(凰)山,山有打鼓亭監採官人給一牌入山,至辰刻[5]則復鳴鑼以聚之,恐其踰時貪多務得也。

大抵採茶亦須習熟,募夫之際,必擇土著及諳曉之人,非特識茶〔發〕[20]

早晚所在，而於採摘亦[21]知其指要。蓋以指而不以甲，則多温而易損；以甲而不以指，則速斷而不柔。從舊説也故採夫欲其習熟，政爲是耳。採夫日役二百二十五人。[22]〔繼壕按〕《説郛》作"二百二十二人"。徽宗《大觀茶論》："擷茶以黎明，見日則止。用爪斷芽，不以指揉，慮氣汗熏漬，茶不鮮潔。故茶工多以新汲水自隨，得芽則投諸水。"《試茶録》："民間常以春陰爲採茶得時，日出而採，則芽葉易損，建人謂之採摘不鮮是也。"

揀茶

茶有小芽，有中芽，有紫芽，有白合，有烏蔕，此不可不辨。小芽者，其小如鷹爪，初造龍園[23]勝雪、白茶，以其芽先次蒸熟，置之水[24]盆中，剔取其精英，僅如鍼小，謂之水芽，是芽[25]中之最精者也。中芽，古謂〔繼壕按〕《説郛》有"之"字。一鎗一旗是也。紫芽，葉之〔繼壕按〕原本作"以"，據《説郛》改。紫者是也。白合，乃小芽有兩葉抱而生者是也。烏蔕，茶之蔕頭是也。凡茶以水芽爲上，小芽次之，中芽又次之，紫芽、白合、烏蔕，皆在所不取。〔繼壕按〕《大觀茶論》："茶之始芽萌則有白合，既擷則有烏蔕。白合不去害茶味，烏蔕不去害茶色。"原本脱"不"字，據《説郛》補。使其擇焉而精[26]，則茶之色味無不佳。萬一雜之以所不取，則首面不勻[6]，色濁而味重也。〔繼壕按〕《西溪叢語》："建州龍焙，有一泉極清澹，謂之御泉。用其池水造茶，即壞茶味。惟龍園勝雪、白茶二種，謂之水芽，先蒸後揀，每一芽先去外兩小葉，謂之烏蔕，又次去兩嫩葉，謂之白合，留小心芽置於水中，呼爲水芽，聚之稍多即研焙爲二品，即龍園勝雪、白茶也。茶之極精好者，無出於此，每胯計工價近三十千。其他茶雖好，皆先揀而後蒸研，其味次第減也。"

蒸茶

茶芽再四洗滌，取令潔凈，然後入甑，俟湯沸蒸之。然蒸有過熟之患，有不熟之患。過熟則色黄而味淡，不熟則色青易沈，而有草木之氣，唯在得中之爲當也。

榨茶

茶既熟[7]謂茶黄，須淋洗數過，欲其冷也方入[27]小榨，以去其水，又入大榨出其膏。水芽以馬榨壓之，以其芽嫩故也。〔繼壕按〕《説郛》"馬"作"高"。先是包以布帛，束以竹皮，然後入大榨壓之，至中夜取出揉勻，復如前入榨，謂之翻榨。

徹曉奮擊,必至於乾浄而後已。蓋建茶味遠而力厚,非江茶[8]之比。江茶畏流其膏,建茶惟恐其膏之不盡,膏不盡,則色味重濁矣。

研茶

研茶之具,以柯爲杵,以瓦爲盆。分團酌水,亦皆有數,上而勝雪、白茶,以十六水[9],下而揀芽之水六,小龍、鳳四、大龍、鳳二,其餘皆以十二㉘焉。自十二水以上,日研一團,自六水而下,日研三團至七團。每水研之,必至於水乾茶熟而後已。水不乾則茶不熟,茶不熟則首面不匀,煎試易沈,故研夫猶貴於強而有力㉙者也。

嘗謂天下之理,未有不相㉚須而成者。有北苑之芽,而後有龍井之水。〔龍井之水〕㉛,其深不㉜以丈尺㉝,〔繼壕按〕文有脱誤,《説郛》無此六字亦誤。柯適《記御茶泉》云:“深僅二尺許。”清而且甘,晝夜酌之而不竭,凡茶自北苑上者皆資焉。亦猶錦之於蜀江[10],膠之於阿井[11],詎不信然?

造茶

造茶舊分四局,匠者起好勝之心,彼此相誇,不能無弊,遂併而㉞爲二焉。故茶堂[12]有東局、西局之名,茶銙有東作、西作之號。

凡茶之初出研盆,盪之欲其匀,揉㉟之欲其膩,然後入圈製銙,隨笪過黄。有方㊱銙,有花銙,有大龍,有小龍,品色不同,其名亦異,故隨綱繫之於貢茶云。

過黄

茶之過黄,初入烈火焙之,次過沸湯爁[13]㊲之,凡如是者三,而後宿一火,至翌日,遂過煙焙焉。然煙焙之火㊳不欲烈,烈則面炮而色黑,又不欲煙,煙則香盡而味焦,但取其温温而已。凡火數之多寡,皆視其銙之厚薄。銙之厚者,有十火至於十五火,銙之薄者,亦〔繼壕按〕《説郛》無“亦”字。八火至於六火㊴。火數既足,然後過湯上出色。出色之後,當置之密室,急以扇扇之,則色〔澤〕㊵自然光瑩矣。

綱次[41]〔繼壕按〕《西溪叢語》云:"茶有十綱,第一第二綱太嫩,第三綱最妙,自六綱至十綱,小團至大團而止。第一名曰試新,第二名曰貢新,第三名有十六色,第四名有十二色,第五次有十二色,已下五綱皆大小團也。"云云。其所記品目與録同,唯録載細色粗色共十二綱,而寬云十綱,又云第一名試新,第二名貢新,又細色第五綱十二色内,有先春一色,而無興國巖揀芽,並與録異,疑寬所據者宣和時修貢録,而此則本於淳熙間修貢録也。《清波雜志》云:"淳熙間,親黨許仲啟官麻沙,得北苑修貢録,序以刊行,其間載歲貢十有二綱,凡三等四十一名。第一綱曰龍焙貢新,止五十餘夸(銙),貴重如此。"正與録合。曾敏行《獨醒雜志》云:"北苑産茶,今歲貢三等十有二綱,四萬八千餘銙。"《事文類聚續集》云:"宣政間鄭可簡以貢茶進用,久領漕計,創添續入,其數浸廣,今猶因之。"

細色第一綱

龍焙貢新。水芽,十二水,十宿火。正貢三十銙,創添二十銙。〔按〕《建安志》:"云頭綱用社前三日進發,或稍遲亦不過社後三日。第二綱以後,只火候數足發,多不過十日。粗色雖於五旬内製畢,卻候細綱貢絶,以次進發。第一綱拜,其餘不拜,謂非享上之物也。"

細色第二綱

龍焙試新水芽十二水十宿火正貢一百銙創添五十銙〔按〕《建安志》云:"數有正貢,有添貢,有續添,正貢之外,皆起於鄭可簡爲漕日增。"

細色第三綱

龍園[42]勝雪。〔按〕《建安志》云:"龍園勝雪用十六水,十二宿火。白茶用十六水,七宿火。勝雪係驚蟄後採造,茶葉稍壯,故耐火。白茶無培壅之力,茶葉如紙,故火候止七宿,水取其多,則研夫力勝而色白,至火力則但取其適,然後不損真味。"水芽,十六水,十二[43]宿火。正貢三十銙,續添三十[44]銙,創添六十[45]銙。〔繼壕按〕《説郛》作"續添二十銙,創添二十銙。"

白茶。水芽,十六水,七宿火。正貢三十銙,續添十五[46]銙,〔繼壕按〕《説郛》作"五十銙"。創添八十銙。

御苑玉芽。〔按〕《建安志》云:"自御苑玉芽下凡十四品,係細色第三綱,其製之也,皆以十二水。唯玉芽、龍芽二色火候止八宿,蓋二色茶日數比諸茶差早,不取(敢)多用火力。"小芽〔繼壕按〕據《建安志》"小芽"當作"水芽"。詳細色五綱條注。十二水,八宿火。正貢一百片。

萬壽龍芽。小芽，十二水，八宿火。正貢一百片。

上林第一。〔按〕《建安志》云："雪英以下六品，火用七宿，則是茶力既強，不必火候太多。自上林第一至啟沃承恩凡六品，日子之製（制）同，故量日力以用火力，大抵欲其適當。不論採摘日子之淺深，而水皆十二，研工多則茶色白故耳。"小芽，十二水，十宿火。正貢一百銙。

乙夜清供。小芽，十二水，十宿火。正貢一百銙。

承平雅玩。小芽，十二水，十宿火。正貢一百銙。

龍鳳英華。小芽，十二水，十宿火。正貢一百銙。

玉除清賞。小芽，十二水，十宿火。正貢一百銙。

啟沃承恩。小芽，十二水，十宿火。正貢一百銙。

雪英。小芽，十二水，七宿火。正貢一百片。

雲葉。小芽，十二水，七宿火。正貢一百片。

蜀葵。小芽，十二水，七宿火。正貢一百片。

金錢。小芽，十二水，七宿火。正貢一百片。

玉葉。小芽，十二水，七宿火。正貢一百片。

寸金。小芽，十二水，九宿火。正貢一百銙[47]。

細色第四綱

龍園[48]勝雪。已見前正貢一百五十銙。

無比壽芽。小芽，十二水，十五宿火。正貢五十銙，創添五十銙。

萬春[49]銀葉[50]。〔繼壕按〕《説郛》"芽"作"葉"，《西溪叢語》作"萬春銀葉"。小芽，十二水，十宿火。正貢四十片，創添六十片。

宜年寶玉。小芽，十二水，十二宿火[51]。〔繼壕按〕《説郛》作"十宿火"正貢四十片，創添六十片。

玉清慶雲。小芽，十二水，九宿火[52]。〔繼壕按〕《説郛》作"十五宿火"。正貢四十片，創添六十片。

無疆壽龍。小芽，十二水，十五宿火。正貢四十片，創添六十片。

玉葉長春。小芽，十二水，七宿火。正貢一百片。

瑞雲翔龍。小芽,十二水,九宿火。正貢一百八片。

長壽玉圭。小芽,十二水,九宿火。正貢二百片。

興國巖銙。巖屬南州,頃遭兵火廢,今以北苑芽代之。中芽,十二水,十宿火。正貢二百[53]七十銙。

香口焙銙。中芽,十二水,十宿火。正貢五百[54]銙。〔繼壕按〕《說郛》作"五十銙"。

上品揀芽。小芽,十二水,十宿火。正貢一百片。

新收揀芽。中芽,十二水,十宿火。正貢六百片。

細色第五綱

太平嘉瑞。小芽,十二水,九宿火。正貢三百片。

龍苑報春。小芽,十二水,九宿火。正貢六百[55]片。〔繼壕按〕《說郛》作"六十片",蓋誤。創添六十片。

南山應瑞。小芽,十二水,十五宿火。正貢六十銙[56]。創添六十銙。

興國巖揀芽[57]。中芽,十二水,十宿火。正貢五百一十[58]片。

興國巖小龍。中芽,十二水,十五宿火。正貢七百五十[59]片。〔繼壕按〕《說郛》作"七百五片",蓋誤。

興國巖小鳳。中芽,十二水,十五宿火。正貢五十[60]片。

先春兩色

太平嘉瑞。已見前正貢二百[61]片。

長春玉圭。已見前正貢一百[62]片。

續入額四色

御苑玉芽。已見前正貢一百片。

萬壽龍芽。已見前正貢一百片。

無比壽芽。已見前正貢一百片。

瑞雲翔龍。已見前正貢一百片。

粗色第一綱

正貢：不入腦子[14]上品揀芽小龍，一千二百片。〔按〕《建安志》云："入腦茶，水須差多，研工勝則香味與茶相入。不入腦茶，水須差省，以其色不必白，但欲火候深，則茶味出耳。"六水，十宿火[63]。

入腦子小龍，七百片。四水，十五宿火。

增添：不入腦子上品揀芽小龍，一千二百片。

入腦子小龍，七百片。

建寧府附發：小龍茶，八百四十片。

粗色第二綱

正貢：不入腦子上品揀芽小龍，六百四十片。

入腦子小龍，六百四十二片。〔繼壕按〕《説郛》"二"作"七"[64]。入腦子小鳳，一千三百四十四[65]片。〔繼壕按〕《説郛》無下"四"字。四水，十五宿火。

入腦於大龍，七百二十片。二水，十五宿火。

入腦子大鳳，七百二十片。二水，十五宿火。

增添：不入腦子上品揀芽小龍，一千二百片。

入腦子小龍，七百片。

建寧府附發：小鳳茶，一千二百[66]片[67]。〔繼壕按〕《説郛》二作三。

粗色第三綱

正貢：不入腦子上品揀芽小龍，六百四十片。

入腦子小龍，六百四十四[68]片〔繼壕按〕《説郛》無下"四"字。入腦子小鳳，六百七十二[69]片。

入腦子大龍，一千八片[70]。〔繼壕按〕《説郛》作"一千八百片"。

入腦子大鳳，一千八片[71]。

增添：不入腦子上品揀芽小龍，一千二百片。

入腦子小龍，七百片。

建寧府附發：大龍茶，四百[72]片。大鳳茶，四百片。

粗色第四綱

正貢：不入腦子上品揀芽小龍，六百片。

入腦子小龍，三百三十六片。

入腦子小鳳，三百三十六片。

入腦子大龍，一千二百四十片。

入腦子大鳳，一千二百四十片。

建寧府附發：大龍茶，四百片。大鳳茶，四百[73]片。〔繼壕按〕《説郛》作"四十片"，疑誤。

粗色第五綱

正貢：入腦子大龍，一千三百[74]六十八片。

入腦子大鳳，一千三百六十八片。

京鋌改造大龍，一千六片[75]。〔繼壕按〕《説郛》作"一千六百片"。

建寧府附發：大龍茶，八百片。大鳳茶，八百片。

粗色第六綱

正貢：入腦子大龍，一千三百六十片。

入腦子大鳳，一千三百六十片。

京鋌改造大龍，一千六百片。

建寧府附發：大龍茶，八百片[76]。大鳳茶，八百片[77]。

京鋌改造大龍，一千三百[78]片。〔繼壕按〕《説郛》"三"作"二"。

粗色第七綱

正貢：入腦子大龍，一千二百四十片。

入腦子大鳳，一千二百四十片。

京鋌改造大龍，二千三百五十二[79]片。〔繼壕按〕《説郛》作"二千三百二十片"。

建寧府附發：大龍茶，二百四十片。大鳳茶，二百四十片。

京鋌改造大龍，四百八十片。

細色五綱〔按〕《建安志》云:"細色五綱,凡四十三品,形式各異。其間貢新、試新、龍園勝雪、白茶、御苑玉芽,此五品中,水揀第一,生揀次之。"

貢新爲最上,後開焙十日入貢。龍園勝雪⑧⓪爲最精,而建人有直四萬錢之語。夫茶之入貢,圈以箬葉,内以黄斗[15]⑧①,盛以花箱,護以重⑧②篚,扃以銀鑰⑧③。花箱内外又有黄羅幕之,可謂什襲之珍矣。〔繼壕按〕周密《乾淳歲時記》:"仲春上旬,福建漕司進第一綱茶,名北苑試新,方寸小夸(銙),進御止百夸(銙)。護以黄羅輭籤,藉以青蒻,裹以黄羅夾複,臣封朱印外,用朱漆小匣、鍍金鎖。又以細竹絲織笈貯之,凡數重。此乃雀舌水芽所造,一夸(銙)之直四十萬,僅可供數甌之啜爾。或以一二賜外邸,則以生線分解,轉遺好事,以爲奇玩。"

粗色七綱〔按〕《建安志》云:"粗色七綱,凡五品,大小龍鳳並揀芽,悉入腦和膏爲團,其四萬餅,即雨前茶。閩中地暖,穀雨前茶已老而味重。"

揀芽以四十餅爲角[16],小龍、鳳以二十餅爲角,大龍、鳳以八餅爲角。圈以箬葉,束以紅縷,包以紅楮,〔繼壕按〕《説郛》"楮"作"紙"。緘以蒨⑧④綾⑧⑤,惟揀芽俱以黄焉。

開畬

草木至夏益盛,故欲導⑧⑥生長之氣,以滲雨露之澤。每歲六月興工,虚其本,培其土⑧⑦,滋蔓之草、遏鬱之木,悉用除之,政所以導生長之氣而滲雨露之澤也。此之謂開畬。〔按〕《建安志》云:"開畬,茶園惡草,每遇夏日最烈時,用衆鋤治,殺去草根,以糞茶根,名曰開畬。若私家開畬,即夏半、初秋各用工一次,故私園最茂,但地不及焙之勝耳。"惟桐木則⑧⑧留焉。桐木之性與茶相宜,而又茶至冬則畏寒⑧⑨,桐木望秋而先落;茶至夏而畏日,桐木至春而漸茂,理亦然也。

外焙

石門、乳吉、〔繼壕按〕《試茶録》載丁氏舊録東山之焙十四,有乳橘内焙、乳橘外焙。此作乳吉,疑誤。香口右三焙,常後北苑五七日興工,每日採茶蒸榨以過黄⑨⓪,悉送北苑併造⑨①。

〔**後序**〕[92]

舍人熊公[17],博古洽聞,嘗於經史之暇,緝其先君所著《北苑貢茶録》,鋟諸木以垂後。漕使侍講王公,得其書而悦之,將命摹勒,以廣其傳。汝礪白之公曰:"是書紀貢事之源委,與制作之更沿,固要且備矣。惟水數有贏縮、火候有淹亟、綱次有後先、品色有多寡,亦不可以或闕。"公曰:"然。"遂摭書肆所刊修貢録曰幾水、曰火幾宿、曰某綱、曰某品若干云者條列之。又以所採擇製造諸説,併麗於編末,目曰《北苑别録》。俾開卷之頃,盡知其詳,亦不爲無補。

淳熙丙午孟夏望日門生從政郎福建路轉運司主管帳司
趙汝礪敬書

附録:汪繼壕後記[18]

注　釋

1　羞:進獻。　貢篚:采製貢茶或盛放貢茶用的竹器,用以指貢茶。篚:圓形竹器。

2　漕臺:指福建路轉運使。慶曆中任福建路轉運使者爲蔡襄。

3　春蟲震蟄:指驚蟄。

4　靈芽莩坼:指茶開始發芽。

5　辰刻:指上午七點。

6　首面不勻:指製成的茶表面紋理不規整。

7　茶既熟:指茶經過蒸茶的工序之後。

8　江茶:江南茶的統稱或省稱。

9　以十六水:加十六次水研茶。北苑加水研茶,以每注水研茶至水乾爲一水。

10　蜀江:又名錦江,著名的蜀錦便是在蜀江中洗濯的,相傳若是在他水中洗濯,顔色就要遜色得多。

11　阿井：山東東阿城北門内的一口大水井，著名的阿膠便是用這口井中的水煮熬出的。

12　茶堂：此處指造茶之所，而非一般所稱的飲茶之所。

13　爁(lǎn)：焚燒，烤炙。

14　入腦子：亦稱"入香""龍腦和膏"，是唐、宋團、餅片貢茶的製作工序。製團、餅片貢茶時，茶鮮葉經蒸壓，入瓦盆兑水研成茶膏，在茶膏中加入微量龍腦香料，以增茶香。

15　内以黄斗：裝在黄色的斗狀器内。

16　角：古代量器。《管子·七法》："尺寸也，繩墨也……角量也。"注："角亦器量之名。"

17　舍人熊公：指的是熊克。

18　此後記已見於前文熊蕃《宣和北苑貢茶録》附録二汪繼壕後記，今删。

校　記

①　喻政茶書本稱作者爲"宋建陽熊克子復"，宛委本、集成本、説粹本稱作者爲"宋無名氏"。

②　喻政茶書本於此處多一"通"字。

③　益：喻政茶書本、集成本、涵芬樓本作"蓋"。

④　曆：底本作"歷"，據喻政茶書本等改。下文誤者，徑改，不出校。

⑤　千夫：喻政茶書本作"千山"。

⑥　歷：喻政茶書本、宛委本、集成本、説粹本作"曆"。

⑦　膝：喻政茶書本作"滕"。

⑧　夫：宛委本、集成本、説粹本作"天"，涵芬樓本作"大"。

⑨　阮：喻政茶書本、宛委本、集成本、説粹本作"院"。

⑩　水：喻政茶書本作"小"。

⑪　姑：宛委本、集成本、説粹本作"如"。

⑫　范：喻政茶書本、宛委本、集成本、説粹本、涵芬樓本作"苑"。

⑬　底本於此句前衍一"方"字，今據喻政茶書本等删。

⑭ 莩坼：喻政茶書本作"莩折"，宛委本、集成本、説粹本作"萌拆"。
⑮ 常：宛委本、集成本、説粹本無。
⑯ 反：宛委本、集成本、説粹本作"後"。
⑰ 少：喻政茶書本無。
⑱ 集羣夫：喻政茶書本作"羣集采夫"。
⑲ 於：底本作"子"，據喻政茶書本等版本改。
⑳ 發：底本無，據喻政茶書本等版本補。
㉑ 亦：涵芬樓本作"各"。
㉒ 二十五：宛委本、集成本、説粹本作"二十二"。
㉓ 園：喻政茶書本、宛委本、集成本、説粹本、涵芬樓本皆作"團"。
㉔ 水：喻政茶書本作"小"。
㉕ 芽：喻政茶書本、宛委本、集成本、説粹本、涵芬樓本作"小芽"。
㉖ 精：喻政茶書本作"摘"。
㉗ 入：涵芬樓本作"上"。
㉘ 以十二：涵芬樓本作"十一二"。
㉙ 力：涵芬樓本作"手力"。
㉚ 相：喻政茶書本、宛委本、集成本、説粹本、涵芬樓本無。
㉛ "龍井之水"句，底本、涵芬樓本無，據喻政茶書本等補。
㉜ 喻政茶書本於此多一"能"字。
㉝ "其深不以丈尺"句，宛委本、集成本、説粹本無。
㉞ 併而：喻政茶書本作"分"。
㉟ 揉：宛委本、集成本、説粹本作"操"。
㊱ 喻政茶書本、宛委本、集成本、説粹本於此衍一"故"字。
㊲ 爁：喻政茶書本作"焙"。
㊳ 然煙焙之：宛委本、集成本、説粹本無。
㊴ 八火至於六火：涵芬樓本作"七八九火至於十火"。
㊵ 色澤：底本無"澤"字，據喻政茶書本等版本補。
㊶ 四庫本無"綱次"標題。
㊷ 園：喻政茶書本、宛委本、集成本、説粹本、涵芬樓本作"團"。

㊸ 十二：喻政茶書本作“十六”。
㊹ 三十：喻政茶書本、宛委本、集成本、説粹本、涵芬樓本作“二十”。
㊺ 六十：宛委本、集成本、説粹本作“二十”。
㊻ 十五：喻政茶書本、宛委本、集成本、説粹本、涵芬樓本作“五十”。
㊼ 銙：喻政茶書本作“片”。
㊽ 園：喻政茶書本、宛委本、集成本、説粹本、涵芬樓本作“團”。
㊾ 春：底本作“壽”字，據喻政茶書本等其他版本改。
㊿ 葉：底本、涵芬樓本作“芽”。
51 十二宿火：宛委本、集成本、説粹本作“十宿火”。
52 九宿火：宛委本、集成本、説粹本作“十五宿火”。
53 二百：宛委本、集成本、説粹本作“一百”。
54 五百：宛委本、集成本、説粹本作“五十”。
55 六百：喻政茶書本、宛委本、集成本、説粹本作“六十”。
56 銙：喻政茶書本作“片”。
57 芽：宛委本、集成本、説粹本、涵芬樓本作“茶”。
58 五百一十：喻政茶書本作“三百十”。
59 七百五十：喻政茶書本作“七十五”，宛委本、集成本、説粹本作“七百五”。
60 五十：涵芬樓本作“七百五十”。
61 二百：涵芬樓本作“三百”。
62 一百：涵芬樓本作“二百”。
63 十宿火：底本、涵芬樓本作“十六火”，按前文焙茶火數最高是十五宿火，十六火定誤，故據喻政茶書本等其他版本改爲“十宿火”。
64 按繼壕按語有誤，實際《説郛》是“四”作“七”。
65 四十四：宛委本、集成本、説粹本作“四十”。
66 二百：喻政茶書本、宛委本、集成本、説粹本作“三百”。
67 “建寧府附發”茶色及數目，涵芬樓本作“大龍茶，四百片。大鳳茶，四百片”。
68 四十四：喻政茶書本、宛委本、集成本、説粹本作“四十”，涵芬樓本作

"七十二"。

(69) 二:喻政茶書本作"三"。

(70) 一千八片:喻政茶書本、宛委本、集成本、説粹本、涵芬樓本作"一千八百片"。

(71) 一千八片:疑爲"一千八百片"。

(72) 四百:涵芬樓本作"八百"。下條亦同,不復贅述。

(73) 四百:宛委本、涵芬樓本、説粹本及集成本俱作"四十"。

(74) 三百:喻政茶書本作"二百"。

(75) 一千六片:喻政茶書本、宛委本、集成本、説粹本、涵芬樓本作"一千六百片"。

(76) 四庫本無"大龍茶,八百片"句。

(77) 喻政茶書本、四庫本無"大鳳茶,八百片"句。

(78) 三百:喻政茶書本、宛委本、集成本、説粹本、涵芬樓本作"二百"。

(79) 五十二:宛委本、集成本、説粹本作"二十"。

(80) 龍園勝雪:涵芬樓本爲"龍團勝雪",喻政茶書本、宛委本、集成本、説粹本作"龍團"。

(81) 内以黄斗:喻政茶書本作"束以黄縷"。

(82) 重:喻政茶書本作"金"。

(83) 扃以銀鑰:喻政茶書本、宛委本、集成本、四庫本、説粹本無。另:四庫本於此處有按語曰:"《建安志》載'護以重篚'下有'扃以銀鑰',疑此脱去。"

(84) 蒨:四庫本作"蒨",涵芬樓本作"白"。

(85) 緘以蒨綾:喻政茶書本作"護以紅綾"。

(86) 導:喻政茶書本作"遵",宛委本、集成本、説粹本作"尊"。下一"導"字同,不復出校記。

(87) 培其土:喻政茶書本作"培云其";"土":宛委本、集成本、説粹本作"未"。

(88) 則:涵芬樓本作"得"。

(89) 寒:喻政茶書本作"翳"。

⑨⓪ 過黄：喻政茶書本作“其黄心”，宛委本、集成本、説粹本“其黄”，則這些版本這兩句當句斷爲“每日采茶蒸造，以其黄（心）悉送北苑併造”。

⑨① 喻政茶書本於此有徐𤑔的後跋，内容爲熊克的簡介，因喻政茶書本誤本文作者爲熊克。本書并不將此後跋録入本文之後。

⑨② “後序”字様，底本及四庫本皆無，爲本書編者所加。另，喻政茶書本、宛委本、集成本、説粹本、涵芬樓皆無此後序的内容。

邛州先茶[1]記

◇宋　魏了翁　撰

魏了翁(1178—1237),字華父,號鶴山,邛州蒲江(今四川蒲江)人。南宋寧宗(趙擴,1168—1224,1194—1224 在位)慶元五年(1199)進士,後知嘉定府,因父喪返回故里,築室白鶴山下,開門講學,士争從之。學者稱鶴山先生。官至資政殿大學士、同簽書樞密院事。卒謚文靖。南宋之衰,學派變爲門户,詩派變爲江湖,了翁獨窮經學古,自爲一家。著有《九經要義》《鶴山集》等。事見《宋史》卷四三七《儒林傳》。

南宋理宗(趙昀,1205—1264,1224—1264 在位)寶慶初年(1225 年左右),魏了翁先以集英殿修撰知常德府,未幾詔降三官,靖州居住,至紹定四年(1231)。其間"湖湘江浙之士,不遠千里負書從學"。本文當即寫於此際。

文章考索"茶"之源流,并揭示宋代茶政之失,明清時期,常被引作茶書,此次匯編,因將其收録。

版本有:(1) 四部叢刊初編本《鶴山先生大全文集》(上海涵芬樓借烏程劉氏嘉業堂藏宋開慶刊本景印),(2) 文淵閣四庫全書本《鶴山集》(明嘉靖三十年邛州吴鳳刊本)。今以四部叢刊初編爲底本,參校四庫本。

昔先王敬共[2]明神,教民報本反始。雖農嗇坊庸之蜡[3]、門行户竈[4]之享、伯侯祖纛之靈[5],有開厥先,無不宗也。至始爲飲食,所以爲祭祀、賓客之奉者,雖一飯一飲必祭,必見其所祭然,況其大者乎!

眉山[6]李君鏗,爲臨邛茶官[7],史以故事三日謁先茶告君。詰其故,則曰:"是韓氏而王,號相傳爲然。實未嘗請命於朝也。"君曰:"飲食皆有先,而況茶之爲利,不惟民生日用之所資,亦馬政[8]邊防之攸賴。是之弗圖,非忘本乎?"於是撤舊祠而增廣焉。其費則以例所當得而不欲受者爲之。園户[9]、商人,亦協力以相其成。且請於郡,上神之功狀於朝,宣錫號榮,以侈神賜。而馳書於靖[10],命記成役。

予於事物之變,必跡其所自來,獨於茶未知所始。蓋自後世典禮訛缺,風氣澆漓,嗜好日新,非復先王之舊,若此者蓋非一端,而茶尤其不可考者。

古者賓客相敬①之禮,自饗燕食飲之外,有間食,有稍事[11],有啜湆[12],有設粱[13],有擩醬[14]、有食已侑而酳[15],有坐久而葷[16],有六清以致飲[17],有瓠葉以嘗酒[18],有旨蓄以御冬[19],有流荇以爲豆菹[20],有湘蘋以爲鉶芼[21],見於《禮》。見於《詩》,則有挾菜,副瓜[22]、烹葵[23]、叔苴[24]之等。雖蔥芥、韭蓼、堇枌、滫瀡、深蒲、菭筍[25],無不備也,而獨無所謂茶者,徒以時異事殊,字亦差誤。

且今所謂韻書,自二漢以前,上泝六經,凡有韻之語,如平聲魚模,上聲麌姥,以至去聲御暮之同是音者,本無它訓,乃自音韻分於孫、沈[26],反切盛於羌胡[27],然後别爲麻馬等音,於是魚歌二音併入於麻,而魚麻二韻一字二音,以至上去二聲亦莫不然。其不可通〔者〕,則更易字文以成其説。

且茶之始,其字爲荼,如《春秋》書"齊荼",《漢志》[28]書"荼陵"之類,陸、顔[29]諸人雖已轉入茶音,而未敢輒易字文也。若《爾雅》、若《本草》,猶從"艹"、從"余",而徐鼎臣[30]訓荼,猶曰:"即今之茶也。"惟自陸羽《茶經》、盧仝《茶歌》[31]、趙贊茶禁[32]以後,則遂易"荼"爲"茶"。其字爲"艹"、爲"人"②、爲"木"。陸璣[33]謂"椒似茱萸","吴人作茗,蜀人作荼",皆煮爲香椒,與茶既不相入。且據此文,又若荼與茗異,此已爲可疑。而《山有樗》之疏則又引璣説[34],以樗葉爲茗,益使讀者貿亂,莫知所據,至蘇文忠[35]始謂:"周詩記苦荼③,茗飲出近世",其義亦既著明,然而終無有命"荼"爲"茶"者④。蓋傳注例謂荼爲茅秀、爲苦菜,予雖言之,誰實信之? 雖然,此特書名之誤耳,而予於是重有感於世變焉。

先王之時,山澤之利與民共之,飲食之物無徵也。自齊人賦鹽[36],漢武榷酒[37],唐德宗税茶[38],民之日用飲食而皆無遺算,則幾於陰復口賦[39],潛奪民産者矣。其端既啟,其禍無窮。鹽酒之入,遂埒田賦。而茶之爲利,始也,歲不過得錢四十萬緡,自王涯置使勾榷[40],由是歲增月益,塌地剩茶[41]之名、三説貼射[42]之法、招商收税之令,紛紛見於史册,極於蔡京之引法[43],假託元豐,以盡更仁祖之舊[44],王黼[45]又附益之。嘉祐以歲課均賦茶户,歲输不過三十八萬有奇,謂之茶租錢。至崇寧以後,歲入之息驟至二百萬緡,視嘉祐益五倍矣。中興[46]以後,盡鑒政宣[47]之誤,而茶法尚仍京黼之舊,國雖賴是以濟,民亦因是而窮,冒禁抵罪,剽吏⑤禦人,無時無之,甚則阻兵怙彊,伺⑥時爲亂,是安得不思所以變通之乎?

李君,字叔立,文簡公[48]之孫。文簡嘗爲《茗賦》,謂:"秦漢以還,名未曾有,勃然而興,晉魏之後。"益明於世道之升降者。其守武陵[49],嘗請減引價[50]以蠲民害,叔立生長見聞,故善於其職。予爲申述始末而告之。

注 釋

1 先茶:茶之先,茶神。

2 共:通"供""恭",供奉,恭敬。

3 啬:通"穡",啬夫,農啬,指農夫。 庸:通"傭",坊庸,工場的雇傭工人。 蜡(zhà):歲终祭祀衆神。

4 門行户竈:古代祭法有五祀:門、行、中霤、户、竈,爲諸侯之祀。漢王充《論衡・祭意》:"門、户,人所出入,井、竈,人所欲食;中霤,人所託處,五者功鈞,故俱祀之。"

5 伯侯祖纛之靈:對開國君主的祭祀。伯,諸侯之長;侯,諸侯國之統稱;祖,開國君主。《穀梁傳・僖公十五年》:"始封必爲祖。"

6 眉山:今四川眉山。

7 臨邛:今四川邛崍。 茶官:宋代管理茶事的官員都可泛稱茶官,包括官焙茶園的官員和經營管理茶專賣事宜的官員,此處指後者。

8 馬政:養馬及采辦馬匹之政事,統稱馬政。

9 園户:又稱"茶户",種植茶葉的農户。

10 靖:靖州,治所在永平縣(今湖南靖州自治縣)。理宗初年(1225年左右)魏了翁降官,居靖州。李鏗建茶神祠廟後致書在靖州的魏了翁,請其爲廟作記。

11 間食、稍事:都指正餐之外的飲食活動,《周禮·天官·膳夫》鄭玄注鄭司農云:"稍事,爲非日中大舉時而間食,謂之稍事。"

12 湆(qì):肉汁。

13 設粱:用精細之糧招待賓客。設,具饌,粱,精細之糧。

14 擩(rǔ)醬:鹹醬。擩,鹹也。

15 食已侑而酳(yìn):食畢在勸説下用酒漱口。酳:食畢用酒漱口。

16 坐久而葷:坐久了可以吃一些辛辣味的菜以防止困臥。葷:薑、葱、蒜等辛辣味的菜,食之可以止卧。

17 六清以致飲:有六種飲料可以用來飲用。六清:六種飲料,水、漿、醴、醇、醫、酏。又稱六飲。或渴時飲用,或飯後漱口。

18 瓠葉以嘗酒:就着瓠葉喝酒。典出《詩經·小雅·瓠葉》:"幡幡瓠葉,采之亨之。君子有酒,酌言嘗之。"

19 旨蓄以御冬:蓄穀米芻茭蔬菜以爲備歲。典出《詩經·邶風·谷風》:"我有旨蓄,亦以御冬。"

20 流荇以爲豆菹:撈拾荇菜做成醃菜放在豆中祭祀用。流荇:典出《詩經·周南·關雎》:"參差荇菜,左右流之。"毛亨傳云:"后妃供荇菜以事宗廟。"

21 湘蘋以爲鉶芼:烹煮浮萍以作煮肉所加之菜。典出《詩經·召南·采蘋》:"于以采蘋……於以湘之。"朱熹云:"蘋,水上浮萍也。"毛亨云:"湘,烹也。"《儀禮·特牲饋食禮》:"鉶芼設于豆南。"鄭玄注:"芼,菜也。"

22 副(pì)瓜:剖瓜。副,析也。

23 烹葵:烹食葵菜。典出《詩經·豳風·七月》:"七月烹葵。"

24 叔苴:拾取大麻的子實。典出《詩經·豳風·七月》:"九月叔苴。"毛亨云:"叔,拾也。苴,麻子也。"

25 葱芥、韮蓼:味辛香的植物,可用以調味,也可直接作蔬菜。 堇枌:兩種植物。 滫瀡:用澱粉等拌和食物,使柔軟滑爽,《禮記·内則》:"堇荁枌榆,潃瀡以滑之。"　深蒲:生在水中的蒲草。蒲,香蒲,草名,供食用等。　落笱:兩種腌菜。

26　孫:孫炎,字叔然,樂安(今山東博興)人,三國時期經學家,著《爾雅音義》,用反切注音,反切法由是盛行,後人於是以爲反切法由孫炎首創。　沈:沈約(441—513),字休文,吴興武康(今浙江湖州)人,歷仕宋、齊、梁三朝,是永明聲律的創始人。

27　反切:漢語的一種傳統注音方法,以二字相切合,"上字取聲母,下字取韵母;上字辨陰陽,下字辨平仄",拼合成一個字的音,稱爲××反或××切。　羌胡:指西域的民族。佛教自西域傳入中國,梵文隨佛典輸入,因取漢字爲三十六字母,用於反切,反切法因之日益精密。羌,指羌族,中國古代西部民族之一。胡,中國古代對北方邊地與西域民族的泛稱。

28　《漢志》:指《漢書·地理志》。

29　陸:陸法言,以字行,臨漳(今河北臨漳)人,曾與劉臻、蕭該、顔之推等人討論音韵,據以編著成著名韵書《切韻》。到宋代,《切韻》的增訂本《廣韻》成爲國家規定考試的標準。　顔:顔之推(530或531—591),字介,琅邪臨沂(今山東臨沂)人。

30　徐鼎臣(917—992):即徐鉉,字鼎臣,廣陵(今江蘇揚州)人。初仕吴,又仕南唐,歸宋官至直學士、院給事中、散騎常侍。事迹具《宋史》本傳。精小學,重校《説文解字》,下文所引句爲其重校《説文解字》中語。

31　盧仝:自號玉川子(?—835),郡望河北范陽(今河北涿州),長居洛陽,貧困不能自給,朝廷徵爲諫議大夫,不就,大和九年(835)十月於"甘露之變"中被害。《新唐書·韓愈傳》有附傳。《茶歌》,指盧仝所作《走筆謝孟諫議寄新茶》詩。

32　趙贊茶禁:《舊唐書》卷49《食貨志下》記唐德宗(李适,742—805,779—805在位)建中四年(783)(乃三年之誤):"度支侍郎趙贊議常平事,竹木茶漆盡税之,茶之有税肇於此矣。"

33　陸璣:三國吴吴郡人,字元恪,吴太子中庶人,烏程令,著有《毛詩草木鳥獸蟲魚疏》二卷。以下引文出自該書卷上《椒聊之實》。

34 見《陸氏詩疏廣要》卷上之下《山有栲》條:《唐風》云:"山有樗。"陸璣疏語云:"山樗與下田樗略無異,葉似差狹耳,吴人以其葉爲茗。"

35 蘇文忠:即蘇軾,謚文忠。以下所引爲蘇軾《問大冶長老乞桃花茶栽東坡》中句。

36 齊人賦鹽:齊人徵收鹽税。事見《管子》卷22《海王》第七十二管子建議齊桓公"官山海",即税鹽鐵以爲國用。

37 漢武榷酒:漢武帝(劉徹,前156—前87,前141—前87在位)天漢三年(前98)"初榷酒酤",官府專利賣酒。(《漢書》卷6《武帝紀》)

38 唐德宗税茶:《舊唐書》卷49《食貨志下》記唐德宗建中四年(783)(乃三年之誤):"竹木茶漆盡税之,茶之有税肇於此矣。"

39 口賦:古代的人口税。

40 王涯置使勾榷:唐文宗(李昂,809—840,826—840在位)太和九年(835)十月,王涯以宰相判鹽鐵轉運二使,獻榷茶之利,又兼任榷茶使,把茶農茶株移植於官場,焚其陳茶,强行榷茶。是爲榷茶之始。

41 塌地:塌地錢,又稱拓地錢,是唐代地方加徵的茶税。唐武宗(李瀍,814—846,840—846在位)會昌年間(841—846),諸道方鎮非法攔截茶商,額外横徵的存棧費。至大中六年(852)裴休制定税茶法十二條後才停止徵收。 剩茶:剩茶錢,唐代茶税之一。唐懿宗(李漼,833—873,859—873在位)咸通六年(865)始開徵的一種茶葉附加税,是將税茶斤兩恢復正常,而每斤增加税錢五文,謂之剩茶錢。

42 三説:又稱三分法,宋代茶法之一。北宋宿兵西北,募商人於沿邊入納糧草,按地域遠近折價,償以東南茶葉。後因茶葉不足支用,於至道元年(995)改爲支給現錢、香藥象齒和茶葉,謂之三説法,又稱三税法。 貼射:北宋令商人貼納官買茶葉應得净利息錢後,直接向園户買茶的專賣茶法。淳化中及天聖初行於東南及淮南地區。園户運茶入場,由茶商選購,給券爲驗,以防私售。

43 蔡京:字元長(1047—1126),興化仙遊(今福建仙游)人,北宋熙寧三年(1070)進士。一生中四度爲相,徽宗時官拜太師。死於欽宗時被貶嶺南途中。徽宗崇寧四年(1105),蔡京爲左仆射,推行引茶之法。茶引是宋代茶商繳納茶税後,政府發給的准許行銷茶葉的憑照。商人於京師都茶場購買茶引,自買茶於園户,至設在産茶州軍的合同場秤發、驗視、封印,裝入龍篰,官給券爲驗,然後再運往指定地點銷售。

44 仁祖之舊:指北宋仁宗嘉祐(1056—1063)時期的通商茶法。

45 王黼:字將明(1079—1126),初名甫,開封祥符(今河南開封)人,崇寧進士。由宰相何執中、蔡京等汲進引用。宣和二年(1120)代蔡京執政,僞順民心,一反蔡京所爲,號稱"賢相"。不久即大事搜括,以飽私囊。爲六賊之一。事見《宋史》卷470《佞倖傳》。

46 中興:指高宗趙構建立南宋。

47 政宣:指宋徽宗晚年的政和(1111—1117)、宣和(1119—1125)年間。

48 文簡公:當是李燾(1115—1184),謚文簡,眉州丹棱(今屬四川)人,紹興八年(1138)進士,累遷州縣官,實録院檢討官、修撰等,撰有《續資治通鑒長編》。

49 武陵:今湖南常德。

50 引價:茶引的價格。

校記

① 賓:底本作"實",據四庫本改。 敬:底本作"於",據四庫本改。

② 艹人:底本分别作"什""入",因今"茶"字上爲"艹"、中爲"人",故據四庫本改。

③ 荼:四庫本作"茶"。

④ 命荼爲茶者:底本作"命茶爲荼者",以其行文邏輯,底本應誤,故據四庫本改。

⑤ 吏:底本作"史",據四庫本改。

⑥ 伺:四庫本作"候"。

茶具圖贊

◇宋　審安老人　撰

審安老人姓名、生平無可考。

《茶具圖贊》成書於1269年，現存最早刊本明正德欣賞編本前有明人茅一相[1]所作《茶具引》，後有明人朱存理[2]所題後記。

《鐵琴銅劍樓藏書目録》説："《茶具圖贊》一卷，舊鈔本。不著撰人。目録後一行題咸淳己巳五月夏至後五日審安老人書。以茶具十二，各爲圖贊，假以職官名氏。明胡文焕刻入《格致叢書》者，乃明茅一相作，别一書也。"《八千卷樓書目》説："《茶具圖贊》一卷，明茅一相撰，茶書本。"依照瞿、丁兩家書目的説法，似乎《茶具圖贊》有兩種，一種是宋人寫的，另一種是明茅一相寫的。然此實屬誤會，實際是二而一的。只有一種，題作茅一相撰是錯誤的。因爲雖然茅序所説"乃書此以博十二先生一鼓掌云"，似乎有一些像是寫書後所作自序，但書中十二先生姓名之録後仍然明明寫着"咸淳己巳五月夏至後五日審安老人書"，足證此書原是宋人寫的，茅氏不過爲此書寫了一篇序文。

關於本文爲宋人審安老人所撰，萬國鼎已有詳細考證，此處不贅。惟大陸、台灣相關出版物中[3]，皆有所謂明正德本《欣賞編》全帙，其中戊集爲《茶具圖贊》，誤矣。因此本中已附有茅一相於萬曆年間的《茶具引》，所以不可能爲正德本。按：茅一相自稱喜愛欣賞編，并於萬曆年間編《欣賞續編》，同時爲欣賞編中的一些書文寫了序文。而現存所謂全帙的正德本欣賞編，當是後人以萬曆本欣賞編補充者。學者謹之。中國科學院圖書館藏正德本欣賞編五種，已無戊集《茶具圖贊》，當爲原帙。

傳今刊本有：(1) 明《欣賞編》戊集本，(2) 明汪士賢山居雜志本（附在陸羽茶經後），(3) 明孫大綬秋水齋刊本（附在陸羽茶經後），(4) 明喻政《茶書》本,(5) 明胡文煥百家名書本,(6) 明胡文煥《格致叢書》本,(7) 文房奇書本(作《茶具》一卷,未見,諒即《茶具圖贊》),(8) 明宜和堂茶經附刻本,(9) 明鄭熜茶經校刻本[4],(10)《叢書集成初編》本等版本。

本書以明《欣賞編》戊集本爲底本,參校喻政茶書本、明鄭熜茶經校刻本等其他版本。

茶具十二先生姓名字號:(以表格示之)

韋鴻臚[5]	文鼎	景暘	四窗閒叟
木待制[6]	利濟	忘機	隔竹居人
金法曹[7]	研古 轢古	元鍇 仲鏗①	雍之舊民 和琴先生
石轉運[8]	鑿齒	遄行	香屋隱君②
胡員外[9]	惟一	宗許	貯月仙翁
羅樞密[10]	若藥	傳③師	思隱寮長
宗從事[11]	子弗	不遺	掃雲溪友
漆雕秘閣[12]	承之	易持	古臺老人
陶寶文[13] 湯提點[14]	去越 發新	自厚 一鳴	兔園上客 温谷遺老
竺副帥[15]	善調	希點④	雪濤公子
司職方[16]	成式	如素	潔齋居士

咸淳己巳[17]五月夏至後五日審安老人書

韋鴻臚

贊曰:祝融司夏,萬物焦爍,火炎昆岡,玉石俱焚,爾無與焉。乃若不使山谷之英墮於塗炭,子與有力矣。上卿[18]之號,頗著微稱。

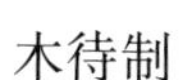

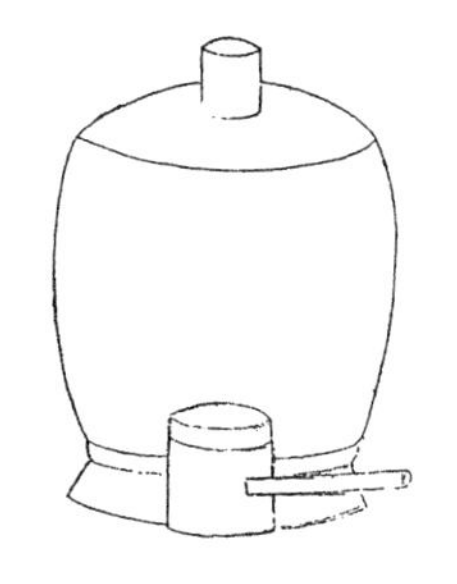

上應列宿，萬民以濟，稟性剛直，摧折強梗，使隨方逐圓之徒，不能保其身，善則善矣，然非佐[5]以法曹、資之樞密，亦莫能成厥功。

金法曹

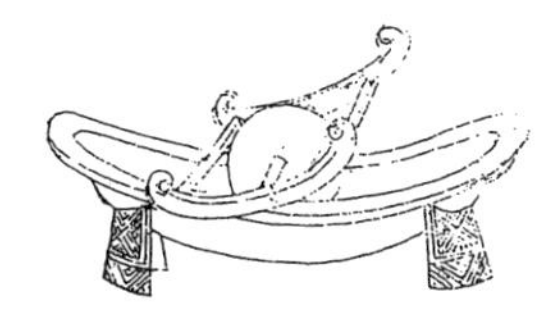

柔亦不茹，剛亦不吐，圓機運用，一皆有法，使強梗者不得殊軌亂轍，豈不韙與。

石轉運

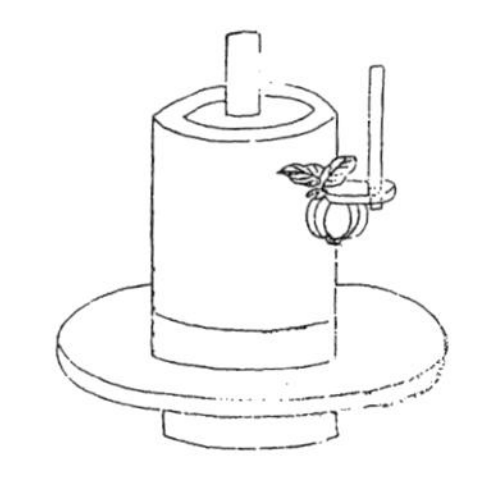

抱堅質，懷重心，嚌嚅英華，周行不怠，斡摘山之利，操漕權[19]之重，循環自常，不捨正而適他，雖沒齒無怨言。

胡員外

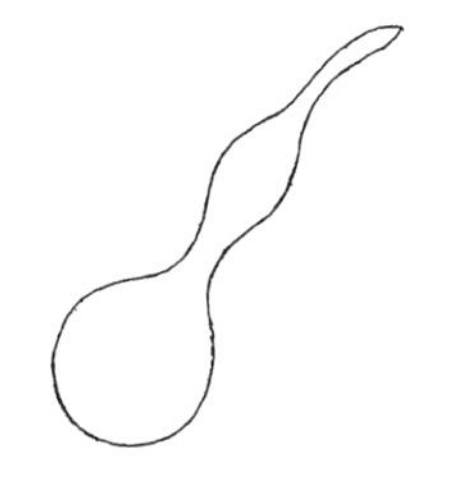

周旋中規而不踰其間，動靜有常而性苦其卓，鬱結之患悉能破之，雖中無所有而外能研究，其精微不足以望圓機之士。

羅樞密

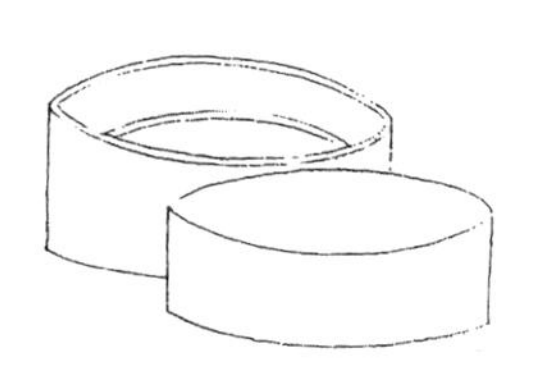

幾[6]事不密則害成，今高者抑之，下省揚之，使精粗不致於混淆，人其難諸，奈何矜細行而事諠譁，惜之。

宗從事

孔門高弟，當灑掃應對事之末者，亦所不棄，又況能萃其既散、拾其已遺，運寸毫而使邊塵不飛，功亦善哉。

漆雕秘閣

危而不持，顛而不扶，則吾斯之未能信。以其弭執熱之患，無坳堂之覆，故宜輔以寶文，而親近君子。⑦

陶寶文

出河濱而無苦窳，經緯之象，剛柔之理，炳其綳⑧中，虛己待物，不飾外貌，位高秘閣[20]，宜無愧焉。

湯提點

養浩然之氣，發沸騰之聲，以執中之能，輔成湯之德，斟酌賓主間，功邁仲叔圉[21]。然未免外爍之憂，復有内熱之患，奈何？

竺副帥

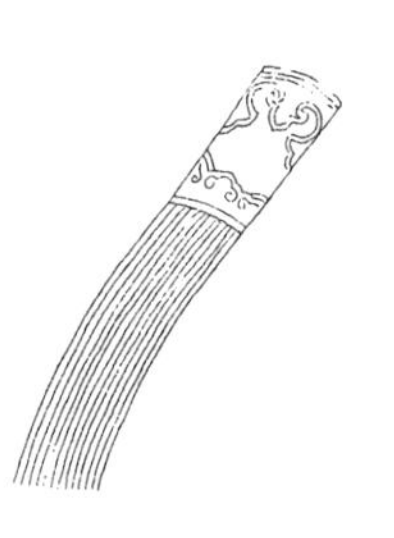

首陽餓夫[22]，毅諫於兵沸之時，方金⑨鼎揚湯，能探其沸者，幾稀！子之清節，獨以身試，非臨難不顧者疇見爾。

司職方

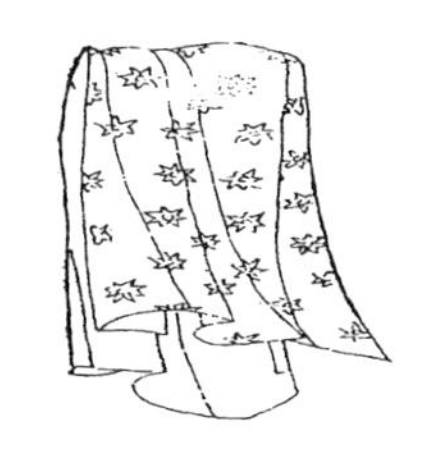

互鄉童子[23],聖人猶且與其進,況瑞方質素,經緯有理,終身涅而不緇者[24],此孔子之所以與潔也[25]。

附録一:明茅一相《茶具引》

余性不能飲酒,間與客對春苑之葩,泛秋湖之月,則客未嘗不飲,飲未嘗不醉,予顧而樂之。一染指,顔且酡矣,兩眸子懵懵然矣。而獨耽味於茗,清泉白石,可以濯五臟之污,可以澄心氣之哲,服之不已,覺兩腋習習清風自生,視客之沈酣酩酊,久而忘倦,庶亦可以相當之。

嗟呼,吾讀《醉鄉記》[26],未嘗不神遊焉,而間與陸鴻漸、蔡君謨上下其議,則又爽然自釋矣。乃書此以博十二先生一鼓掌云。

庚辰[27]秋七月既望,花溪里芝園主人茅一相撰並書

附録二:朱存理後序

飲之用,必先茶,而茶不見於《禹貢》,蓋全民用而不爲利,後世榷茶[28]立爲制,非古聖意也。

陸鴻漸著《茶經》,蔡君謨著《茶録》,孟諫議寄盧玉川三百月團[29],後侈至龍鳳之飾,責當備於君謨。

製茶必有其具,錫具姓而繫名,寵以爵,加以號,季宋之彌文。然清逸高遠,上通王公,下逮林野,亦雅道也。贊[30]法遷固[31],經世康國,斯焉攸寓,乃所願與十二先生周旋,嘗山泉極品以終身,此閒富貴也,天豈靳乎哉?

野航道人長洲朱存理題

注　釋

1　茅一相:字康伯,明代歸安(今浙江湖州)人,號芝園外史、東海生、吴

興逸人等,與王世貞(1526—1590)、顧元慶(1487—1565)等人同時,是萬曆時期的人。

2　朱存理:字性甫(1444—1513),明代長洲(今江蘇蘇州)人,號野航道人。博學工文,正德間以布衣終。著有《鐵網珊瑚》十四卷、《珊瑚木難》八卷、《畫品》六卷、《書品》十卷、《野航書稿》一卷附録一卷、《野航詩稿》一卷、《野航漫録》、《吴郡獻默徵録》、《鶴岑隨筆》等。

3　分見北京《北京圖書館古籍珍本叢刊》第78輯《欣賞編》、台灣百部叢書集成之九一《欣賞編》,皆言爲明正德沈津所輯《欣賞編》。

4　萬國鼎《茶書總目提要》稱還有一種"日本京都書肆刊本(附在陸羽茶經後)",即鄭熜茶經的日本翻刻本。

5　韋鴻臚:竹茶籠、竹茶焙。韋,去毛熟治的皮革,這裏轉指竹。鴻臚,官名,掌朝慶賀弔之贊導相禮。

6　木待制:木製的砧椎。待制,唐太宗時,命京官五品以上輪值中書、門下兩省,以備訪問。至宋,於各殿閣皆置待制之官。砧椎用以碎茶以備碾茶,"待制"一表其義。

7　金法曹:金屬製的茶碾。法曹,司法官屬名。也稱法官爲法曹。

8　石轉運:石製的茶磨。轉運,指轉運使。

9　胡員外:葫蘆做的水杓。員外,指正官以外的官員,可用錢捐買。六朝以來始有員外郎,以别於郎中。

10　羅樞密:茶羅。樞密,宋以樞密院爲最高軍事機關,掌軍國機務、兵防、邊備、軍馬等政令,出納機密命令,與中書分掌軍政大權。

11　宗從事:棕繩做的茶帚。從事,漢制,州刺史之佐吏如别駕、治中、主簿、功曹等,均稱爲從事史。

12　漆雕秘閣:木製茶盞托。漆雕,喻木製。秘閣,指尚書省,長官稱尚書令,乃宰相職務,其副職爲左右僕射;下統六部,分管國政。

13　陶寶文:陶製茶碗。寶文,寶文閣,宋代寶文閣藏宋仁宗御書、御制文集,置學士、直學士、待制等職。

14　湯提點:湯瓶。提點,宋時各路設置提點刑獄官,又設提點開封府界諸縣鎮公事,掌司法、刑獄及河渠等事。

15　竺副帥：竹製茶筅。副帥，宋代指小武官。

16　司職方：茶巾。司職方，宋代尚書省所屬四司之一，初期掌受諸州所貢閏年圖及圖經，又令畫工匯總諸州圖、繪製全國總地圖，以周知天下山川險要。元豐改制後掌州縣廢復、四夷歸附分屬諸州，及全國地圖與分州、分路地圖。

17　咸淳己巳：公曆 1269 年。咸淳（1265—1274）爲南宋度宗的年號。

18　上卿：周官制，周王室和各諸侯國最尊貴的臣屬稱上卿。

19　漕權：宋諸路轉運使（南宋稱漕司），掌管催徵税賦、出納錢糧、辦理上貢及漕運等事權。

20　位高秘閣：指寶文閣在宋代禁中藏書秘閣中的地位較高。

21　仲叔圉：即孔文子，春秋時衛國靈公時的大夫，助理靈公治理賓客。

22　首陽餓夫：指伯夷、叔齊。

23　互鄉：地名，孔子在互鄉見童子，《論語·述而》："互鄉難與言。"

24　涅而不緇：爲黑色所染而不變黑。《論語·陽貨》："不曰白乎？涅而不緇。"涅，以黑色染物，以墨塗物；緇，黑色。

25　與潔：《程氏經説》解孔子在互鄉見童子："人潔己而來，當與其潔也。"

26　《醉鄉記》：隋末唐初詩人王績（585—644）撰。

27　庚辰：茅一相主要活動在明萬曆時期（1573—1619），此當爲萬曆八年，即 1580 年。

28　榷茶：茶葉專賣。也泛指徵茶税或管制茶葉取得專利的措施。

29　孟諫議寄盧玉川三百月團：見盧仝《走筆謝孟諫議寄新茶》詩"開緘宛見諫議面，手閲月團三百片"。

30　贊：文體的一種。

31　遷固：司馬遷、班固。

校　記

① 鏗：喻政茶書本作"鑒"。

② 君：喻政茶書本作“居”。

③ 傳：喻政茶書本作“傅”。

④ 點：喻政茶書本作“默”。

⑤ 佐：鄭熜本作“佑”。

⑥ 幾：喻政茶書本作“機”。

⑦ 喻政茶書本本條的贊文與下條陶寶文的贊文相互倒錯。

⑧ 綳：喻政茶書本爲“蹦”。

⑨ 金：喻政茶書本、鄭熜本爲“今”。

煮茶夢記

◇元　楊維楨[①]　撰

楊維楨(1296—1370),字廉夫,浙江會稽(今浙江紹興)人,自號鐵崖。泰定四年(1327)進士,署天台尹,改錢清場鹽司令,後升江西儒學提舉。元末兵亂,乃避居富春山,徙錢塘。張士誠累以厚幣招之,均爲拒絶。又遷居松江。明初,朱元璋詔亦不就。其詩名擅一時,號鐵崖體。

《煮茶夢記》,《續茶經》卷下之三"七茶之事"引其殘篇。清陶珽編《説郛續》時收録,《古今圖書集成》歷代食貨典茶部藝文中亦收録。民國北京大學婁子匡教授編《民俗叢書專號[①]飲食篇》時將其作爲茶書(文)收入。

本書以古今圖書集成本爲底本,參校陶珽編《説郛續》本等其他版本。

鐵崖[②]道人臥石床,移二更,月微明及紙帳,梅影亦及半窗,鶴孤立不鳴。命小芸童汲白蓮泉,燃槁湘竹,授以凌霄芽,爲飲供道人。

乃遊心太虚,雍雍涼涼,若鴻濛,若皇芒,會天地之未生,適陰陽之若亡。恍兮不知入夢,遂坐清真銀暉之堂。堂上香雲簾拂地,中著紫桂榻、緑璚几。看太初《易》一集,集内悉星斗文[1],焕煜[③]熻熠,金流玉錯,莫别爻畫,若煙雲日月交麗乎中天。欻玉露涼,月冷如冰,入齒者易刻。因作《太虚吟》,吟曰:"道無形兮兆無聲,妙無心兮一以貞,百象斯融兮太虚以清。"歌已,光飆起林,末激華氛,郁郁霏霏,絢爛淫艶。乃有扈緑衣若仙子者,從容來謁。云名淡香,小字緑花,乃捧太玄[④]盃,酌太清神明之醴以壽予,侑以詞曰:"心不行,神不行,無而爲,萬化清。"壽畢,紓徐而退。復令小玉環侍筆牘,遂書歌遺之曰:"道可受兮不可傳,天無形兮四時以言,妙乎天兮天天之先,天天[⑤]之先復何仙?"移間,白雲微消,緑衣化煙。月反明予内間,予亦悟矣。遂冥神合玄⑥。

月光尚隱隱於梅花間,小芸呼曰:凌霄芽熟矣。

注　釋

1 星斗文:像星斗一樣的文字。或即講星象的書文。

校　記

① 婁子匡《民俗叢書專號》本署名爲“禎”。
② 崖:底本作“龍”,據《續茶經》卷下之三引改。
③ 煋:説郛續本作“熚”。
④ 玄:底本避康熙諱作“元”,據説郛續本改。
⑤ 天天:説郛續本作“天太”。
⑥ 玄:底本避康熙諱作“元”,據説郛續本改。

輯佚

北苑茶録

◇宋　丁謂　撰

丁謂(966—1037),字謂之,後改字公言,蘇州長洲(今江蘇蘇州)人。善爲文,尤喜作詩,圖畫、博弈、音律無不洞曉。淳化三年(992)進士,至道(995—997)間任福建路轉運使[1],在此任上對建安北苑貢茶事多有用力,"貢額驟益,觔至數萬"[2],促使宋代北苑貢茶日益發展[3]。景德四年(1007)召爲三司使,加樞密直學士,累官同中書門下平章事、昭文館大學士,封晋國公,是以又稱丁晋公。宋仁宗即位後遭貶,明道(1032—1033)中,授秘書監致仕。事迹見《宋史》卷二八三本傳。

關於書名:晁公武《郡齋讀書志》和馬端臨《文獻通考·經籍考》作《建安茶録》;楊億《楊文公談苑·建州蠟茶》則稱"丁謂爲《北苑茶録》三卷,備載造茶之法,今行於世"。北宋寇宗奭《本草衍義》卷十四、北宋高承《事物紀原》亦稱爲"丁謂《北苑茶録》"。雖然今存丁謂《北苑焙新茶》詩序云:"皆載於所撰《建陽茶録》"[4],但建陽非宋代福建官焙貢茶之所,而北苑與建安皆是指宋代建安北苑官焙貢茶之事;丁謂詩序自言建陽,可能是傳寫有誤,當以丁謂前後時人楊億與高承、寇宗奭所言《北苑茶録》爲是。宋尤袤《遂初堂書目》譜録類有《北苑茶經》,諒亦即此書,"經"或是"録"字的誤寫[5]。

《宋史》藝文志、《通志》藝文略、《崇文總目》皆著録爲《北苑茶録》三卷。《世善堂藏書目録》作《建安茶録》一卷,所載卷數不一。

馬端臨《文獻通考》卷二百十八説丁謂爲閩漕時,"監督州吏,創造規模,精緻嚴謹。録其團焙之數,圖繪器具,及敘採製入貢方式"。又蔡襄《茶録》説:"丁謂茶圖,獨論採造之本,至於烹試,曾未有聞。"據此可知丁謂此書的内容是有關建州北苑官焙貢茶采制入貢的方式。

丁謂原書已佚,現從楊億《楊文公談苑》、沈括《夢溪筆談》、宋子安《東溪試茶録》、熊蕃《宣和北苑貢茶録》、高承《事物紀原》諸書中輯存十一條佚文。

【蠟茶】創造之始,莫有知者。質之三館檢討杜鎬,亦曰,在江左日,始記有研膏茶。(此條見《楊文公談苑》)

北苑,里名也,今曰龍焙。

苑者,天子園囿之名,此在列郡之東隅,緣何卻名北苑?(以上二條見《夢溪補筆談》卷上)

鳳山高不百丈,無危峯絶崦,而崗阜環抱,氣勢柔秀,宜乎嘉植靈卉之所發也。

建安茶品,甲於天下,疑山川至靈之卉,天地始和之氣,盡此茶矣。

石乳出壑嶺斷崖缺石之間,蓋草木之仙骨。

【品載】北苑壑源嶺。

官私之焙,千三百三十有六。(以上見《東溪試茶録》)

【龍茶】太宗太平興國二年,遣使造之,規取像類,以别庶飲也。

【石乳】石乳,太宗皇帝至道二年詔造也。(以上見北宋高承《事物紀原》卷九)

泉南老僧清錫,年八十四,嘗示以所得李國主[6]書寄研膏茶,隔兩歲方得臘面。(此條見《宣和北苑貢茶録》)

注　釋

1　諸書目及熊蕃所引都作丁謂咸平(998—1003)初漕閩。然雍正《福建通志》卷21《職官》載:轉運使"丁謂,至道間任"。徐規先生《王禹偁事蹟著作編年》考證,至道二年(996)王禹偁在知滁州任内,"有答太子中允、直使館、福建路轉運使丁謂書";至道三年(997)王禹偁離揚州歸闕,"時丁謂奉使閩中回朝,路過揚州,與禹偁同行"。(中國社會科學出版社 1982 年版第 131、144 頁)足見丁謂漕閩確在"至道間"。

2　出元熊禾《勿齋集北苑茶焙記》。

3　蘇軾詩《荔支歎》云:"武夷溪邊粟粒芽,前丁後蔡相籠加。"當時蘇氏誤認爲北苑龍鳳茶之製造上貢始於丁謂,實誤。龍鳳茶之貢始於太宗太平興國初年,丁謂漕閩時只是更加著意於此事而已。

4　胡仔《苕溪漁隱叢話》卷 11。

5　此爲萬國鼎《茶書總目提要》中語。文淵閣四庫全書本《遂初堂書目》即作《北苑茶録》,不誤。

6　李國主:指五代南唐國主李璟(916—961)。南唐烈祖長子,二十八歲繼位,在位十九年,廟號元宗,世稱中主。

輯佚

補茶經

◇宋　周絳　撰

周絳，字幹臣，常州溧陽（今江蘇溧陽）人。少爲道士，名智進，後還俗發憤讀書，宋太宗太平興國八年（983）舉進士。真宗景德元年（1004），官太常博士，後以尚書都官員外郎知毗陵（今江蘇常州）。清嘉慶《深陽縣志》卷一三有傳。

《文獻通考·經籍考》著録《補茶經》一卷，并引"晁氏曰：皇朝周絳撰。絳，祥符初知建州，以陸羽《茶經》不載建安，故補之。又一本有陳龜注。丁謂以爲茶佳，不假水之助，絳則載諸名水云"。《直齋書録解題》説："知建州周絳撰。當大中祥符間。"此書亦見《宋秘書省續編到四庫闕書目》《福建通志》。徐一經《康熙溧陽縣志》卷之三"古蹟附書目"中云："《補茶經》，邑人周絳著。"宋熊蕃《宣和北苑貢茶録》、清陸廷燦《續茶經》卷上等書中都曾引用《補茶經》。

《直齋書録解題》與《文獻通考》都説周絳是在大中祥符年間（1008—1016）知建州時作此書，熊蕃《宣和北苑貢茶録》記其在景德中（1004—1007），《福建通志》稱在天聖間（1023—1031）。按熊蕃爲建人，又熟知建州茶史茶事，當以其説爲可靠。

《補茶經》原書已佚，今據《輿地紀勝》及熊蕃《宣和北苑貢茶録》、陸廷燦《續茶經》之一《茶之源》引録輯存二條。

芽茶只作早茶，馳奉萬乘，嘗之可矣[①]。如一鎗一旗，可謂奇茶也。（此條見北宋熊蕃《宣和北苑貢茶録》及清陸廷燦《續茶經·一茶之源》引録）

天下之茶,建爲最;建之北苑,又爲最。(此條見王象之《輿地紀勝》卷一二九引録[②])

校　記

① 矣:《續茶經》引録作"也"。

② 惟《輿地紀勝》引曰"周絳《茶苑總録》云"。按,《茶苑總録》乃曾伉所作,是其録《茶經》諸書而益以詩歌二卷而成書,本條内容與之不合。而周絳《補茶經》乃是記建茶之事,本條内容與之正相吻合。所以《輿地紀勝》此條引録當作者是而書名誤,實爲周絳《補茶經》的内容。

北苑拾遺

◇宋　劉异　撰

劉异，字成伯，福建福州人。宋仁宗天聖八年(1030)進士，以文學名。皇祐元年(1049)權御史臺推直官，累官大理評事，終官尚書屯田員外郎。

《郡齋讀書志》著録《北苑拾遺》一卷曰："皇朝劉异採新聞遺事附丁晉公《茶經》之末。"《文獻通考》進一步記："异，慶曆初在吴興採新聞，附於丁謂《茶録》之末。其書言滌磨調品之器甚備，以補謂之遺也。"[①]《直齋書録解題》言有"慶曆元年序。"所以是書當撰成於慶曆元年(1040)。内容是關於北苑茶的點試方法及器具。

紹興《秘書省續編到四庫闕書目》《郡齋讀書志》《直齋書録解題》《通志》《通考》《宋史》等書中都有著録，但《通志》誤題作者爲丁謂，或由《郡齋讀書志》所言"附丁晉公《茶經》之末"而誤。

原書已佚，現從宋代熊克增補《宣和北苑貢茶録》及王十朋《集注分類東坡先生詩》[②]引録中輯存二條。

官園中有白茶五六株，而壅培不甚至。茶户唯有王免者，家一巨株，向春常造浮屋以障風日。(《宣和北苑貢茶録》作"慶曆初，吴興劉异爲《北苑拾遺》云"云云。)

北苑之地，以溪東葉布爲首稱，葉應言次之，葉國又次之，凡隸籍者，三千餘户。(此條見四部叢刊《集注分類東坡先生詩》卷十六《岐亭》五首王十朋注)

校　記

① 萬國鼎《茶書總目提要》言此語出《郡齋讀書志》,誤。

② 唯王注蘇軾詩引録時稱書名爲《北苑拾遺録》,“録”字或爲衍文。

輯佚

茶論

◇宋　沈括　撰

沈括，參見前《本朝茶法》題記。

沈括在《夢溪筆談》卷二四中嘗謂“予山居有《茶論》”云云。《續茶經》所列茶書書目亦有此一篇。王觀國《學林》引用時稱“沈存中《論茶》”。

原書已佚，今據《夢溪筆談》《學林》輯存二條。

《嘗茶詩》云：“誰把嫩香名雀舌，定來北客未曾嘗。不知靈草天然異，一夜風吹一寸長。”（《夢溪筆談》卷二四）

“黄金碾畔緑塵飛，碧玉甌中翠濤起”，宜改“緑”爲“玉”，改“翠”爲“素”。（王觀國《學林》卷八）

輯佚

龍焙美成茶録

◇宋　范逵　撰

范逵，北宋時人。曾爲建州北苑官焙茶官，其餘事迹不詳。

《龍焙美成茶録》已佚，陸廷燦《續茶經·茶事著述名目》僅列其目。本篇輯自《宣和北苑貢茶録》，作："然龍焙初興，貢數殊少。累增至元符以片計者一萬八千，視初已加數倍，而猶未盛。今則爲四萬七千一百片有奇矣。"并注："此數見范逵所著《龍焙美成茶録》。逵，茶官也。"

由此輯得三條。

太平興國初纔貢五十片。

元符以片計者一萬八千。

〔宣和〕爲四萬七千一百片有奇。

輯佚

論茶

◇宋　謝宗　撰

謝宗，宋時人，餘不詳。

謝宗所撰《論茶》在宋代即爲多種著述引録，今據宋曾慥（1091—1155）《類説》、宋朱勝非（1082—1144）《紺珠集》、明陳耀文《天中記》等所引可輯存三條。

茶古不聞，晉宋以降，吴人採葉煮之，謂之茶茗粥。（《格致鏡原》卷二十一）

比丹丘之仙茶，勝烏程之御荈。不止味同露液，白況霜華。豈可爲酪蒼頭，便應代酒從事。（《天中記》卷四四、《藝林匯考》卷七、《續茶經》卷下之五）

候蟾背之芳香，觀蝦目之沸湧，故細漚花泛，浮餑雪騰，昏俗塵勞，一啜而散。（《紺珠集》卷十、《類説》卷十三、《續茶經》卷下之二）

輯佚

茶苑總録

◇宋　曾伉　撰

曾伉,宋興化軍判官,餘不詳。

《通志》著録"《茶苑總録》十四卷",紹興《秘書省續編到四庫闕書目》著録爲十二卷。《文獻通考》著録"《北苑總録》十二卷",稱:"陳氏曰:興化軍判官曾伉録茶經諸書,而益以詩歌二卷"。萬國鼎《茶書總目提要》認爲當作書名"茶苑總録",書撰成於公元1150年之前。

原書已佚,今從《佩文韻府》《施注蘇詩》中輯存一條。

段成式[1]《謝因禪師茶》云:"忽惠荆州紫筍茶一角,寒茸擢筍,本貴含膏,嫩葉抽芽,方珍搗草。"(《佩文韻府》卷二十一之四、卷四十九之五,《施注蘇詩》卷十九《問大冶長老乞桃花茶栽東坡》注)

注　釋

1　段成式:字柯古,臨淄人,唐宰相文昌之子,官至太常卿。事迹見新、舊《唐書》本傳。

輯佚

茹芝續茶譜

◇宋　桑莊　撰

宋代陳耆卿撰《嘉定赤城志》卷三四《人物門》"僑寓"云："桑莊，高郵人，字公肅，官至知柳州，紹興初，寓天台，曾文清公幾志其墓，有《茹芝廣覽》三百卷藏於家。"據此可知桑莊是北宋與南宋之間人。又同書卷三六《風土門》"土産·茶"尚有"桑莊《茹芝續譜》云：天台茶有三品"云云，則桑莊不僅有三百卷之巨的《茹芝廣覽》，還撰有《茹芝續譜》，當是其續書。這裏的《茹芝續茶譜》，便是《茹芝續譜》中的内容，大概寫成於南宋初年。

《續茶經》卷下之五《茶事著述名目》録作"桑莊茹芝《續茶譜》"，萬國鼎《茶書總目提要》於總目未收部分列之，但作"《續茶譜》，桑莊茹芝"。以爲作者名"桑莊茹芝"，恐有誤。此次匯編以《茹芝續茶譜》爲篇名。

原編已不存，此佚文據《嘉定赤城志》《續茶經》輯存。該文又見於《萬曆天台山方外志》《康熙天台全志》《乾隆天台山力外志要》等。本書録自《赤城志》，參校《續茶經》。

天台[1]茶有三品，紫凝爲上，魏嶺次之，小溪[2]又次之。紫凝，今普門也；魏嶺，天封也；小溪，中清也[3]。而宋祁公[4]《答如吉茶詩》有"佛天雨露，帝苑仙漿"之語，蓋盛稱茶美，而不言其所出之處。今紫凝之外，臨海言延峯山，仙居言白馬山，黄巖言紫高山，寧海言茶山[5]，皆號最珍。而紫高、茶山，昔以爲在日鑄[6]之上者也。(《嘉定赤城志》卷三十六)

天台茶有三品：紫凝、魏嶺、小溪是也。今諸處並無出産，而土人所需，多來自西坑、東陽、黄坑[7]等處。石橋[8]諸山，近亦種茶，味甚清甘，不讓他郡。蓋出名山霧中，宜多液而全味厚也。但山中多寒，萌發較遲，兼之做法不佳，以此不得取勝。又所産不多，僅足供山居而已。[9]
(《續茶經》卷下之四)

注　釋

1　天台：即今浙江天台。

2　紫凝、魏嶺、小溪：皆茶名。

3　普門、天封、中清：皆天台地名。

4　宋祁公：即宋祁(998—1061),《答如吉茶詩》見其《景文集》卷18,題作《答天台梵才吉公寄茶並長句》,其中有"佛天甘露流珍遠,帝輦仙漿待波遲"。

5　臨海、仙居、黄巖、寧海：即今浙江臨海、仙居、黄巖、寧海。延峯山、白馬山、紫高山、茶山：皆以地名指所言之茶名。

6　日鑄：山名,在浙江紹興,宋時以産茶著名,所産之茶即以日鑄爲名。亦作"日注"。

7　西坑、東陽、黄坑：皆爲天台當地地名。

8　石橋：天台當地山名。

9　《續茶經》引録,將此一段小注文字排爲大字正文,似爲桑莊原文者,其實是方志修撰者所寫之文,今仍録爲注文。

輯佚

建茶論

◇宋　羅大經　撰

羅大經，字景綸，廬陵（今江西吉水）人，大約生於南宋寧宗慶元（1195—1200）初年，卒於宋理宗淳祐（1241—1252）末年以後。少年時曾就讀於太學，嘉定十五年（1222）鄉試中舉，寶慶二年（1226）登進士第，此後做過容州（今廣西容縣）法曹掾、撫州（今江西撫州）軍事推官等幾任小官，因事被罷免，終身未返仕途。

後爲陸廷燦《續茶經》卷下《茶之略》著録。羅大經罷官之後，撰成《鶴林玉露》一書，《建茶論》即見於該書，原題“建茶”。此次匯編係由中華書局標點本《鶴林玉露》甲編卷三輯出。

陸羽《茶經》、裴汶《茶述》，皆不載建品，唐末然後北苑出焉。本朝開寶間，始命造龍團，以別庶品。厥後丁晉公漕閩，乃載之《茶録》，蔡忠惠又造小龍團以進。東坡詩云：“武夷溪邊粟粒芽，前丁後蔡相籠加。吾君所乏豈此物，致養口體何陋耶。”茶之爲物，滌昏雪滯，於務學勤政，未必無助，其與進荔枝、桃花者不同，然充類至義，則亦宦官、宫妾之愛君也。忠惠直道高名，與范、歐[1]相亞，而進茶一事，乃儕晉公，君子之舉措，可不謹哉？

注　釋

1　范、歐：范仲淹，歐陽修。

輯佚

北苑雜述

◇宋　佚名　撰

是書歷來茶書目録中未見著録。《宋史·藝文志》農家類著録有《茶苑雜録》，注曰"不知作者"，未知是否即此書。

下面兩條，是從《佩文韻府》、查慎行《蘇詩補注》中輯佚的。

第四綱曰興國岩銙，曰香口焙銙。（《佩文韻府》卷五十一之三）

北苑細色第五綱有興國巖小龍、小鳳之名。（《蘇詩補注》卷二十七《用前韻答西掖諸公見和》"小鳳"注）

跋

喝茶十來年了，漸漸有些體會。

春秋代序，人不同，茶也不同。或階柳庭花，明窗净几，心遠地自偏；或四美具，二難并，相忘於江湖。皆可以興，可以樂。至於茶的典籍，則除了《茶經》《大觀茶論》外，知之甚少。

出版這套書緣起于鄭培凱先生在復旦大學哲學學院的一次茶道講座，講的有趣，聊的盡興，茶喝的通透。特别是對"鴻漸於陸"的演繹，自出機杼，别開生面。對照《周易正義》中"進處高潔，不累於位，無物可以屈其心而亂其志"的詮釋，讓人回味悠長。一個月後，便收到了鄭培凱先生寄來的《中國歷代茶書匯編校注本》（上下）。

决定從商務印書館（香港）有限公司引進《中國歷代茶書匯編校注本》（上下）版權後的一年多時間裏，上海大學出版社迅速組建編輯團隊，除積極與商務印書館（香港）有限公司洽談版權事宜外，還從編輯加工、裝幀設計、市場營銷等方面對新版圖書作了全方位的策劃。

爲了將該書融入上海大學出版社正在策劃組稿的茶文化系列叢書，在得到商務印書館（香港）有限公司的授權後，新版書名改爲《中國茶書》（共五册）；爲了使本套叢書再版後更有意義，在保留原序的基礎上，又邀請本書主要作者之一，也是原序的作者鄭培凱先生爲本書作了新序；爲了更好地遵循國家語委最新發布的語言文字規範，特約請上海辭書出版社原副總編輯劉毅强先生對書中的部分内容進行審校、圖書審讀專家王瑞祥先生對全書的所有文字作了審讀、把關，出版社編輯傅玉芳、徐雁華、劉强綜合兩位專家的審讀意見後認真確定改稿細則，妥善處理書稿中"當繁"與"不當繁"的問題，并在正文前附以"再版編輯説明"；爲了更好地呈現本套書的内涵,美術編輯柯國富在封面設計上精心打磨,“中國茶書”四字系王鐸、米芾兩位書家的集字,他們在《五百年合璧》(上海大學出版社 2021 年版)後再次聚首,也算是一段佳話吧。

茶是日用品,也是桃花源,難得左右逢源。王鐸在行書《贈湯若望詩》帖後寫得真切:

> 書時,二稚子戲於前,嘰啼聲亂,遂落數字,如龍、形、萬、壑等字,亦可噱也。書畫事,須深山中,松濤雲影中揮灑,乃爲愉快,安可得乎?

苟燕楠

2021 年 12 月 10 日

圖書在版編目(CIP)數據

中國茶書. 唐宋元 / 鄭培凱,朱自振主編. —
上海: 上海大學出版社,2022. 1
ISBN 978 - 7 - 5671 - 4407 - 1

Ⅰ. ①中…　Ⅱ. ①鄭…　②朱…　Ⅲ. ①茶文化—
中國—唐代—宋代　Ⅳ. ①TS971. 21

中國版本圖書館 CIP 數據核字(2021)第 250404 號

上海市版權局著作權合同登記圖字: 09 - 2021 - 0879 號
本書由商務印書館(香港)有限公司授權中國內地繁體字版,
限在中國內地出版發行

責任編輯　徐雁華　劉　强
封面設計　柯國富
技術編輯　金　鑫　錢宇坤

特約審稿　王瑞祥　劉毅强

中國茶書·唐宋元
主編　鄭培凱　朱自振
上海大學出版社出版發行
(上海市上大路 99 號　郵政編碼 200444)
(http://www.shupress.cn　發行熱綫 021 - 66135112)
出版人　戴駿豪
*
南京展望文化發展有限公司排版
上海雅昌藝術印刷有限公司印刷　　各地新華書店經銷
開本 710mm×1000mm　1/16　印張 18.5　字數 266 千
2022 年 1 月第 1 版　2022 年 1 月第 1 次印刷
ISBN 978 - 7 - 5671 - 4407 - 1/TS · 17　定價　80.00 圓
